精通 AutoCAD 工程设计视频讲堂

精通 AutoCAD 2013
电气设计

李 波 主编

电子工业出版社

Publishing House of Electronics Industry

北京·BEIJING

内 容 简 介

本书围绕 AutoCAD 2013 环境下的电气设计进行详细讲解，共分 12 章，分别介绍 AutoCAD 2013 基础入门、电气工程制图概述、常用电气元件绘制、电力电气工程图绘制、电路电气工程图绘制、机械电气工程图绘制、控制电气工程图绘制、工厂电气工程图绘制、建筑电气平面图绘制、酒店照明电气工程图绘制、建筑防雷接地工程图绘制、弱电工程图的绘制等，以及实用案例。在讲解各类电气工程图纸绘制的过程中，分别提供了提示、注意、技巧、专业技能和软件知识内容，穿插讲解 AutoCAD 2013 软件知识、电气绘制方法技能、电气技能等。

本书内容全面、条理清晰、实例丰富、讲解详细、图文并茂，附带的 DVD 视频学习光盘中，包含近 13 个小时的操作视频录像文件、所有素材文件、实例文件和模板文件。

本书既适合 AutoCAD 软件的初、中级读者，也适合进一步提高的读者，还可作为大、中专院校电气设计相关专业的计算机辅助设计教材。

图书在版编目（CIP）数据

精通 AutoCAD 2013 电气设计 / 李波主编.—北京：电子工业出版社，2013.6

（精通 AutoCAD 工程设计视频讲堂）

ISBN 978-7-121-20098-4

Ⅰ．①精…　Ⅱ．①李…　Ⅲ．①电气设备－计算机辅助设计－AutoCAD 软件　Ⅳ．①TM02-39

中国版本图书馆 CIP 数据核字（2013）第 068025 号

策划编辑：许存权

责任编辑：许存权　　　特约编辑：刘丽丽　王 燕

印　　刷：北京市李史山胶印厂

装　　订：北京市李史山胶印厂

出版发行：电子工业出版社

　　　　　北京市海淀区万寿路 173 信箱　邮编　100036

开　　本：787×1 092　1/16　印张：24.75　字数：594 千字

印　　次：2013 年 6 月第 1 次印刷

印　　数：4 000 册　定价：59.80 元（含 DVD 光盘 1 张）

AutoCAD 是由美国 Autodesk 公司开发的一套通用的计算机辅助设计软件，该公司自 1982 年推出 AutoCAD 软件以来，先后经历了三次大的版本升级，于 2012 年 3 月推出最新版本 AutoCAD 2013。AutoCAD 软件经过不断的完善，现已成为国际上流行的绘图工具，被广泛应用于建筑、机械、电子、航天、造船、石油化工、土木工程、冶金等领域。

电气工程图，是用电气图形符号、带注释的围框或简化外形表示电气系统或设备组成部分之间相互关系及其连接关系的一种图；它主要阐述电的工作原理，描述产品的构成和功能，提供装接和使用信息的重要工具和手段。

本书围绕 AutoCAD 2013 环境下的电气设计进行详细讲解，全书共分 12 章，读者阅读完本书后，可以掌握以下方面知识和技能。

第 1 章　AutoCAD2013 基础入门

第 2 章　电气工程制图概述

第 3 章　常用电气元件的绘制

第 4 章　电力电气工程图的绘制

第 5 章　电路电气工程图的绘制

第 6 章　机械电气工程图的绘制

第 7 章　控制电气工程图的绘制

第 8 章　工厂电气工程图的绘制

第 9 章　建筑电气平面图的绘制

第 10 章　某酒店照明工程图设计

第 11 章　建筑防雷接地工程图的绘制

第 12 章　弱电工程图的绘制

本书内容全面、条理清晰、实例丰富、讲解详细、图文并茂。既适合于 AutoCAD 软件的初、中级读者，也适用于已经学过 AutoCAD 的读者作为提高 AutoCAD 电气设计水平的书籍，还适合作为大、中专院校电气设计相关专业的计算机辅助设计课堂教材和辅助教材。

本书附视频学习 DVD 光盘一张，制作了近 13 个小时的操作视频录像文件，另外还包含了本书所有的素材文件、实例文件和模板文件。

本书由李波主编，师天锐、刘升婷、郝德全、辛雄、倪雨龙、王任翔、汤一超、刘冰、吕开平、何娟、王红令、姜先菊、朱从英等也参与了本书的整理与编写工作。感谢读者选择本书，希望我们的努力对您的工作和学习有所帮助，也希望您把对本书的意见和建议告诉我们，邮箱是 Helpkj@163.com，由于编者水平有限，书中难免有疏漏与不足之处，敬请专家与读者批评指正。

  注：书中未做特殊说明之处的尺寸单位均默认为毫米（mm）。

目录

第 5 章　电路电气工程图的绘制

第 6 章　机械电气工程图的绘制

第 7 章　控制电气工程图的绘制

第 8 章　工厂电气工程图的绘制

第 9 章　建筑电气平面图的绘制

第1章

AutoCAD 2013基础入门

本章导读

随着计算机辅助绘图技术的不断普及和发展，用计算机绘图全面代替手工绘图将成为必然趋势，只有熟练的掌握计算机图形的生成技术，才能够灵活自如的在计算机上表现自己的设计才能和天赋。

AutoCAD 软件具有七大特点：（1）具有完善的图形绘制功能；（2）有强大的图形编辑功能；（3）可以采用多种方式进行二次开发和用户定制；（4）可以进行多种图形格式的转换，具有较强的数据交换能力；（5）支持多种硬件设备；（6）支持多种操作平台；（7）具有通用性、易用性，适用于各类用户。

主要内容

- 📖 初步认识 AutoCAD 2013
- 📖 图形文件的管理
- 📖 设置绘图环境
- 📖 设置绘图辅助功能
- 📖 图形对象的选择
- 📖 图形的显示控制
- 📖 图层与图形特性控制

效果预览

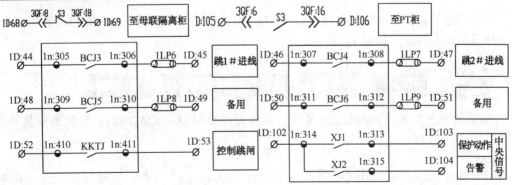

AutoCAD 2013

1.1 初步认识 AutoCAD 2013

AutoCAD 2013 软件是美国 Autodesk 公司开发的产品，是目前世界上应用较广泛的 CAD 软件之一。它已经在机械、建筑、航天、造船、电子和化工等领域得到了广泛的应用，并且取得了硕大的成果和巨大的经济效益。目前，AutoCAD 的最新版本为 AutoCAD 2013。

1.1.1 AutoCAD 2013 的安装方法

美国的 Autodesk 公司于 2012 年 3 月将其 AutoCAD 2013 最新版本推出，其安装方法同前面 2009~2012 版本的安装方法大致相同，下面就简要介绍一下其安装方法。

（1）可打开浏览器软件，在地址栏中输入网址 http://www.baidu.com 并按回车键，打开"百度"网站，在搜索文本框中输入关键字"autoCAD 2013 中文版 注册码"，并单击"百度一下"按钮，此时将搜索到相关的下载网络链接，单击并打开进行下载即可，如图 1-1 所示。

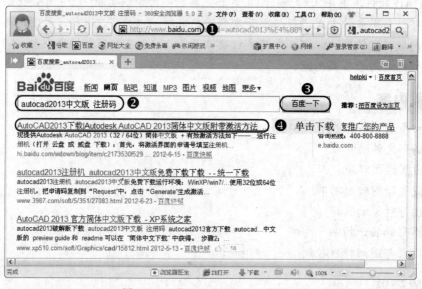

图 1-1 下载 AutoCAD 2013 软件

（2）当通过相关的下载软件将 AutoCAD 2013 软件下载并解压后，即可看到所包含的相关文件及文件夹对象，如图 1-2 所示。

可以打开其中的 "install.txt" 文件，从而可以看到 AutoCAD 2013 软件的安装步骤和方法，如图 1-3 所示。

（3）双击 AutoCAD 2013 软件的安装文件"Setup.exe"文件，按照提示一步一步进行安装即可。

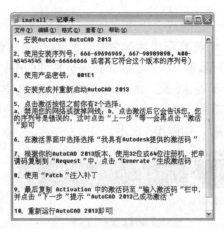

图 1-2　AutoCAD 2013 的相关文件　　　　　　图 1-3　"install.txt"文件

1.1.2　AutoCAD 2013 的注册方法

当首次安装好 AutoCAD 2013 软件后，如果是试用版本软件，这时允许试用 30 天；如果有相应的注册软件（可以在网上下载），这时应对其软件进行注册后方能正常使用。下面将依次讲解 AutoCAD 2013 软件的注册方法。

（1）在桌面上双击已经安装好的 AutoCAD 2013 程序文件，则即可显示欢迎界面，并显示"Autodesk 许可"窗口，如图 1-4 所示。

图 1-4　初次启动 AutoCAD 2013 软件

（2）稍后将会提示产品需要激活，如果不激活，那么只能试用 30 天。单击"激活"按钮，将会弹出"产品注册与激活"窗口，由于之前所输入的序列号只是试用的，所以应单击"下一步"按钮重新注册激活，如图 1-5 所示。

图 1-5　初次启动 AutoCAD 2013 软件

（3）这时就会出现产品许可激活选项，为了获得激活码，应使用注册机来获取。在"申请号"后将显示出本计算机的一些代码，使用鼠标选择这些代码文本，并右击鼠标，选择"复制"命令，或者是选择代码后按【Ctrl+C】键，如图 1-6 所示。

（4）在 AutoCAD 2013 的安装文件夹位置，双击"AutoCAD_2013_Crack"压缩文件，将弹出其压缩包内的相关文件信息，根据用户的 AutoCAD 2013 版本，使用 32 位或 64 位注册机并运行，如图 1-7 所示。

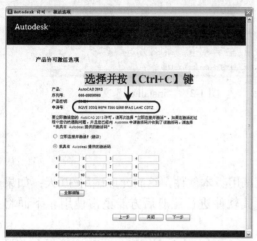

图 1-6　复制申请号　　　　　　　　图 1-7　运行注册机

（5）这时将弹出注册机的运行程序，按【Ctrl+V】键将申请码粘贴到"Request"文本框中，单击"Generate"按钮来生成激活码，并单击"Patch"按钮注入补丁，这时在"Activation"文本框中即为所需要的激活码，使用鼠标选择该文本框中的激动码并右击，选择"复制"命令，或者是选择代码后按【Ctrl+C】键，如图 1-8 所示。

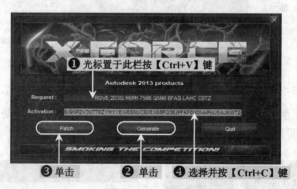

图 1-8　获取激活码

（6）返回到"产品许可激活选项"窗口中，选择"我具有 Autodesk 提供的激活码"单选项，则其下的文本框即可输入相应的激活码，将鼠标置于第一个文本框中，并按【Ctrl+V】粘贴，则其 1～16 个文本框中即显示出激活码对象，单击"下一步"按钮，将提示 AutoCAD 2013 已成功激活，然后单击"完成"按钮即可，如图 1-9 所示。

（7）至此，其 AutoCAD 2013 软件已经被注册激活了，重新运行 AutoCAD 2013 即可。

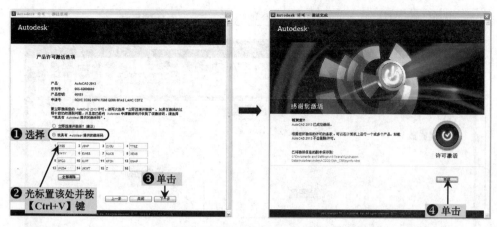

图 1-9　粘贴激活码并成功

1.1.3　AutoCAD 2013 的启动与退出

（1）AutoCAD 的启动。成功安装好 AutoCAD 2013 软件后，可以通过以下任意一种方法来启动 AutoCAD 2013 软件。

◆ 依次选择"开始"→"程序"→"Autodesk"→"AutoCAD 2013–简体中文（Simplified chinese）"→"AutoCAD 2013"命令。

◆ 成功安装好 AutoCAD 2013 软件后，双击桌面上的 AutoCAD 2013 图标 。

◆ 在目录下 AutoCAD 2013 的安装文件夹中，双击 acad.exe 图标 可执行文件。

◆ 打开任意一个扩展名为 dwg 的图形文件。

（2）AutoCAD 的退出。可以通过以下任意一种方法来退出 AutoCAD 2013 软件。

◆ 选择"文件"→"退出"菜单。

◆ 在命令行输入"Exit"或"Quit"命令后，再按【Enter】（回车）键。

◆ 在键盘上按下【Alt+F4】或【Ctrl+Q】键。

◆ 在 AutoCAD 2013 软件的环境下单击右上角的"关闭"按钮 。

在退出 AutoCAD 2013 时，如果没有保存当前图形文件，此时将弹出如图 1-10 所示的对话框，提示用户是否对当前的图形文件进行保存操作。

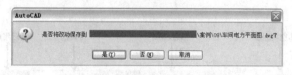

图 1-10　"AutoCAD"对话框

1.1.4　AutoCAD 2013 的工作界面

AutoCAD 软件从 2009 版本开始，其界面发生了较大的改变，提供了多种工作空间模式，即"草图与注释"、"三维基础"、"三维建模"和"AutoCAD 经典"。当正常安装并首次启动 AutoCAD 2013 软件时，系统将以默认的"草图与注释"界面显示出来，如图 1-11 所示。

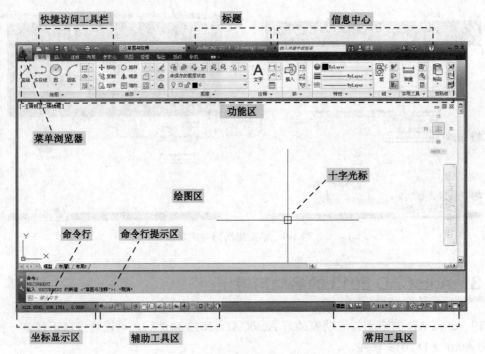

图 1-11　AutoCAD 2013 的"草图与注释"界面

由于本书主要采用 AutoCAD 2013 的"草图与注释"界面来贯穿全文进行讲解，下面将带领读者来认识该界面中的各个元素对象。

1. 标题栏

标题栏显示当前操作文件的名称。最左端依次为"新建"、"打开"、"保存"、"另存为"、"打印"、"放弃"和"重做"按钮；其次往后是工作空间列表，用于工作空间界面的选择；再其次往后是软件名称、版本号和当前文档名称信息；再往后是"搜索"、"登录"、"交换"按钮，并新增"帮助"功能；最右侧则是当前窗口的"最小化"、"最大化"和"关闭"按钮，如图 1-12 所示。

图 1-12　标题栏

2. 菜单浏览器和快捷菜单

在窗口的最左上角大"A"按钮为"菜单浏览器"按钮 ，单击该按钮会出现下拉菜单，如"新建"、"打开"、"保存"、"另存为"、"输出"、"发布"、"打印"等，另外还新增加了很多新的项目，如"最近使用的文档" 、"打开文档" 、"选项"和"退出AutoCAD"按钮，如图 1-13 所示。

AutoCAD 2013 的快捷菜单通常会出现在绘图区、状态栏、工具栏、模型或布局选项卡上的右击时，系统会弹出一个快捷菜单，该菜单中显示的命令与右击对象及当前状态相关，会根据不同的情况出现不同的快捷菜单命令，如图 1-14 所示。

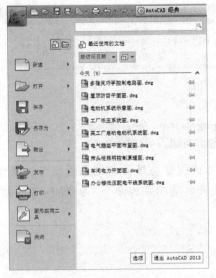

图 1-13 菜单浏览器

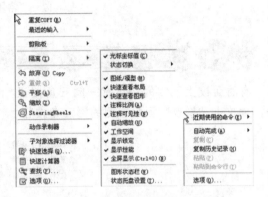

图 1-14 快捷菜单

在菜单浏览器中，其后面带有符号 ▶ 的命令表示还有级联菜单；如果命令为灰色，则表示该命令在当前状态下不可用。

3. 选项卡和面板

在使用 AutoCAD 命令的另一种方式就是应用面板上的选项卡，选项卡有"常用"、"插入"、"注释"、"布局"、"参数化"、"视图"、"管理"、"输出"、"插件"和"联机"等，如图 1-15 所示。

图 1-15 面板

在"联机"右侧显示了一个倒三角，用户单击  按钮，将弹出一快捷菜单，可以进行相应的单项选择，如图 1-16 所示。

图 1-16 标签与面板

使用鼠标单击相应的选项卡,即可分别调用相应的命令。例如,在"常用"选项卡下有"绘图"、"修改"、"图层"、"注释"、"块"、"特性"、"组"、"实用工具"和"剪贴板"等面板,如图 1-17 所示。

图 1-17 "常用"选项卡

有的面板上下侧的按钮有一倒三角按钮▼,单击该按钮会展开与该面板相关的操作命令,如单击"修改"面板右侧的倒三角按钮▼,会展开其他相关的命令,如图 1-18 所示。

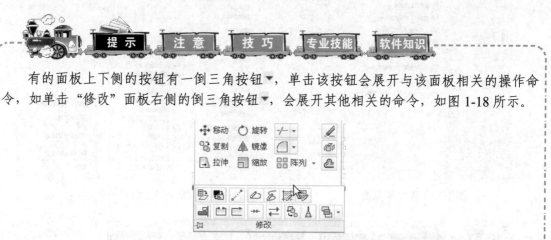

图 1-18 展开后的"修改"面板

4.菜单栏和工具栏

在 AutoCAD 2013 的环境中,默认状态下其菜单栏和工具栏处于隐藏状态,这也是与以往版本不同的地方。

在 AutoCAD 2013 的"草图与注释"工作空间状态下,如果要显示其菜单栏,那么在标题栏的"工作空间"右侧单击其倒三角按钮(即"自定义快速访问工具栏"列表),从弹出的列表框中选择"显示菜单栏",即可显示 AutoCAD 的常规菜单栏,如图 1-19 所示。

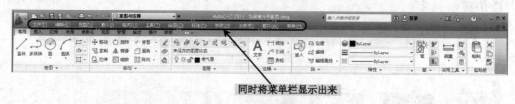

同时将菜单栏显示出来

图 1-19 显示菜单栏

5.绘图窗口

绘图窗口是用户进行绘图的工作区域,所有的绘图结果都反映在这个窗口中。在绘图窗口中不仅显示当前的绘图结果,而且还显示了用户当前使用的坐标系图标,表示了该坐标系的类型和原点、X 轴和 Z 轴的方向,如图 1-20 所示。

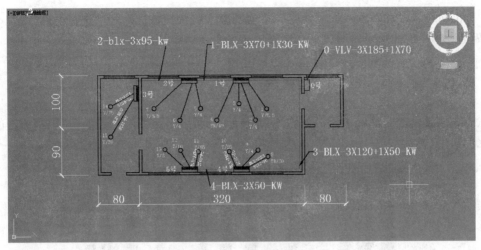

图 1-20 绘图窗口

6．命令行与文本窗口

默认情况下，命令行位于绘图区的下方，用于输入系统命令或显示命令的提示信息。用户在面板区、菜单栏或工具栏中选择某个命令时，也会在命令行中显示提示信息，如图 1-21 所示。

```
当前线宽为 0
指定下一个点或 [圆弧(A)/半宽(H)/长度(L)/放弃(U)/宽度(W)]：
指定下一点或 [圆弧(A)/闭合(C)/半宽(H)/长度(L)/放弃(U)/宽度(W)]：
命令：
```

图 1-21 命令行

在键盘上按【F2】键时，会显示出"AutoCAD 文本窗口"，此文本窗口又称专业命令窗口，是用于记录在窗口中操作的所有命令。若在此窗口中输入命令，按下【Enter】键可以执行相应的命令。用户可以根据需要改变其窗口的大小，也可以将其拖动为浮动窗口，如图 1-22 所示。

图 1-22 文本窗口

7．状态栏

在 AutoCAD2013 界面最底部左端，显示绘图区中光标定位点的坐标 x、y、z，从左往右依次有"捕捉"、"栅格"、"正交"、"极轴"、"对象捕捉"、"三维对象捕捉"、"对象追踪"、

"允许/禁止动态"、"动态输入"、"线宽"、"透明度"、"快捷特性"和"选择循环"12 个功能开关按钮，如图 1-23 所示。通过单击这些按钮可实现功能的开启与关闭。

图 1-23　状态栏

　　状态右侧显示的是注释比例，如图 1-24 所示。运用状态栏中的按钮，可以很方便的访问注释比例常用功能。

图 1-24　状态栏托盘工具

◆ 　注释比例：单击注释比例右下角的三角按钮，弹出注释比例列表，可根据实际需要选择适当的注释比例。

◆ 　注释可见性：当按钮变亮时，表示显示所有比例的注释性对象；当按钮变暗时，表示仅显示当前比例的注释对象。

◆ 　自动添加注释：注释比例被更改时，自动添加到注释对象。

◆ 　切换工作空间：单击该按钮弹出工作空间菜单，单击菜单内标签，可将工作空间在"草图与注释"、"三维建模""三维基础"和"AutoCAD 经典"之间切换，并可以将用户根据实际需要调整好当前的工作空间，存为新的工作空间名称方便下次再次使用。

◆ 　工具栏/窗口位置锁：可以控制是否对工具栏或窗口图形在图形界面上的位置进行锁定。右击位置锁定按钮，系统弹出工具栏/窗口位置锁右键菜单，如图 1-25 所示。可以选择打开或锁定相关选项位置。

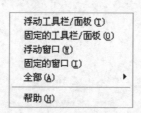

图 1-25　工具栏/窗口位置锁右键菜单

◆ 　硬件加速开关：通过此按钮可实现软件在运行时的运行速度。

◆ 　隔离对象：单击此按钮可以将所选对象进行隔离或隐藏。

◆ 　全屏显示：单击此按钮可以将 Windows 窗口中的标题栏、工具栏、和选项版等界面元素全部隐藏，是 AutoCAD 的绘图窗口全屏显示。

8．AutoCAD 中工作空间的切换

不论新版的变化怎样，Autodesk 公司都为新老用户考虑到了 AutoCAD 的经典空间模式。在 AutoCAD 2013 的状态栏中，单击右下侧的 按钮，如图 1-26 所示，然后从弹出的菜单中选择"AutoCAD 经典"项，即可将当前空间模式切换到"AutoCAD 经典"空间模式，如图 1-27 所示。

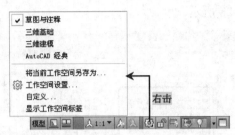

图 1-26　切换工作空间

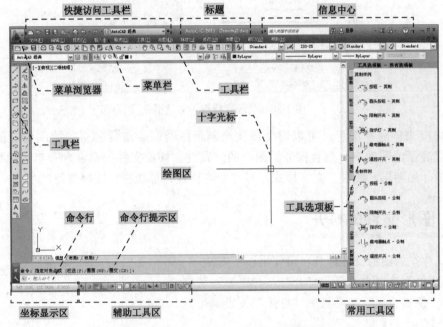

图 1-27　"AutoCAD 经典"空间模式

AutoCAD 2013

1.2　图形文件的管理

在 AutoCAD 2013 中，图形文件的管理能够快速对图形文件进行创建、打开、保存、关闭等操作。

1.2.1　图形文件的创建

通常用户在绘制图形之前，首先要创建新图的绘图环境和图形文件。可使用以下方法：

◆ 在菜单浏览器中选择"新建"→"图形"菜单；
◆ 在"快速访问"工具栏中单击"新建"按钮🗋；
◆ 按【Ctrl+N】键；
◆ 在命令行输入"New"命令并按【Enter】键。

以上任意一种方法都可以创建新的图形文件，此时将打开"选择样板"对话框，单击"打开"按钮，从中选择相应的样板文件来创建新图形，此时在右侧的"预览框"将显示出该样板的预览图像，如图 1-28 所示。

图 1-28 "选择样板"对话框

利用样板来创建新图形，可以避免每次绘制新图时需要进行的有关绘图设置的重复操作，不仅提高了绘图效率，而且保证了图形的一致性。样板文件中通常含有与绘图相关的一些通用设置，如图层、线性、文字样式、尺寸标注样式、标题栏、图幅框等。

1.2.2 图形文件的打开

要将已存在的图形文件打开，可使用以下方法：
◆ 在菜单浏览器中选择"打开"→"图形"菜单；
◆ 在"快速访问"工具栏中"打开"按钮📂；
◆ 按【Ctrl+O】键；
◆ 在命令行输入"Open"命令并按【Enter】键。

以上任意一种方法都可打开已存在的图形文件，将弹出"选择文件"对话框，选择指定路径下的指定文件，则在右侧的"预览"栏中显出该文件的预览图像，然后单击"打开"按钮，将所选择的图形文件打开，其步骤如图 1-29 所示。

单击"打开"按钮右侧的倒三角按钮🔽，将显示打开文件的 4 种方式，如图 1-30 所示。

若选择"局部打开"方式，便于用户有选择地打开自己所需要的图形内容，来加快文件装载的速度。特别是针对大型工程项目中，一个工程师通常只负责一小部分的设计，使用局部打开功能，能够减少屏幕上显示的实体数量，从而大大提高工作效率。

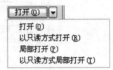

图 1-29　"选择文件"对话框　　　　　　　图 1-30　打开方式

1.2.3　图形文件的保存

要将当前视图中的文件进行保存，可使用以下方法：
◆ 在菜单浏览器中选择"保存"命令；
◆ 在"快速访问"工具栏中单击"保存"按钮🖫；
◆ 按【Ctrl+S】键；
◆ 在命令行输入"Save"命令并按【Enter】键。

通过以上任意一种方法，将以当前使用的文件名保存图形。如果在"快速访问"工具栏中单击"另存为"按钮🖫，要求用户将当前图形文件以另外一个新的文件名称进行保存，其步骤如图 1-31 所示。

图 1-31　"图形另存为"对话框

在绘制图形时，可以设置为自动定时保存图形。选择"工具"→"选项"菜单，在打开的"选项"对话框中选择"打开和保存"选项卡，勾选"自动保存"复选框，然后在"保存间隔分钟数"文本框中输入一个定时保存的时间（分钟），如图 1-32 所示。

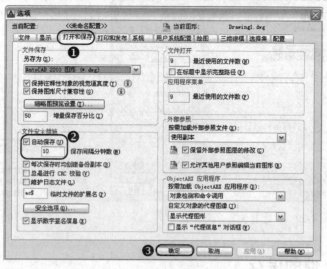

图 1-32　自动定时保存图形文件

1.2.4　图形文件的关闭

要将当前视图中的文件进行关闭，可使用以下方法：
◆　在菜单浏览器中选择"关闭"命令；
◆　在屏幕窗口的右上角单击"关闭"按钮 ；
◆　按【Ctrl+Q】键；
◆　在命令行输入"Quit"或"Exit"命令并按【Enter】键。

通过以上任意一种方法，将可对当前图形文件进行关闭操作。如果当前图形有所修改而没有存盘，系统将打开"AutoCAD"对话框，询问是否保存图形文件，如图 1-33 所示。

单击"是（Y）"按钮或直接按【Enter】键，可以保存当前图形文件并将其关闭；单击"否（N）"按钮，可以关闭当前图形文件但不存盘；单击"取消"按钮，取消关闭当前图形文件操作，既不保存也不关闭。如果当前所编辑的图形文件没命名，那么单击"是（Y）"按钮后，AutoCAD 会打开"图形另存为"对话框，要求用户确定图形文件存放的位置和名称。

图 1-33　"AutoCAD"对话框

AutoCAD 2013

1.3　设置绘图环境

通常情况下，安装好 AutoCAD 2013 后就可以在其默认设置下绘制图形了，但有时为了规范绘图，提高绘图效率，应熟悉命令与系统变量及绘图方法，掌握绘图环境的设置和坐标系统的使用方法等。

1.3.1 设置选项参数

在使用 AutoCAD 绘图前，经常需要对参数选项、绘图单位和绘图界限等进行必要的设置。AutoCAD 是通过"选项"对话框来设置系统环境的，调用"选项"对话框有以下几种方式。

◆ 图选择"工具"→"选项"菜单。
◆ 选择"工具"→"草图设置"→"选项"菜单。
◆ 在绘图区右击，在弹出的快捷菜单中选择"选项"菜单。
◆ 在命令行中输入"Options"或"Op"。

此时，系统将弹出如图 1-34 所示的"选项"对话框，其中有"文件"、"显示"、"打开和保存"、"打印和发布"、"系统"、"用户系统配置"、"绘图"、"三维建模"、"选择集"和"配置"等选项卡。

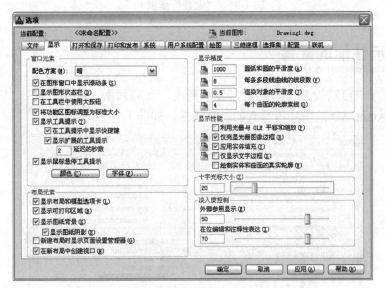

图 1-34 "选项"对话框

1.3.2 系统文件的配置

"文件"选项卡可指定 AutoCAD 搜索支持、驱动程序、菜单文件和其他文件的文件夹，还指定一些可选的用户定义设置，如图 1-35 所示。单击"浏览"按钮，打开"浏览文件夹"或"选择文件"对话框，具体打开哪一个对话框取决于在"搜索路径、文件名和文件位置"列表中选择的内容；单击"添加"按钮，可添加选定文件夹的搜索路径；单击"删除"按钮，可删除选定的搜索路径或文件；单击"上移"按钮，将选定的搜索路径移动到前一个搜索路径之上；单击"下移"按钮，将选定的搜索路径移动到下一个搜索路径之后；单击"置为当前"按钮，将选定的工程或拼写检查词典置为当前。

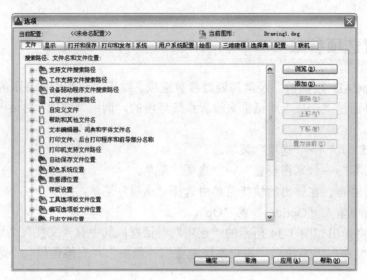

图 1-35　"文件"选项卡

1.3.3　显示性能的配置

"显示"选项卡可以设置窗口元素、显示精度、布局元素、显示性能、十字光标大小和淡入度控制等 AutoCAD 绘图环境特有的显示属性，如图 1-36 所示。

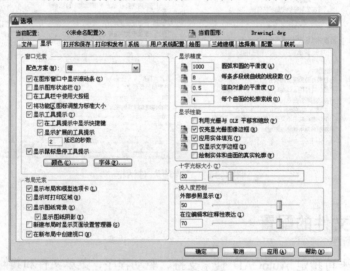

图 1-36　"显示"选项卡

在"显示"选项卡中，各部分特性如下。

1. 窗口元素

"窗口元素"选项组主要是控制绘图环境特有的显示设置，用户可以根据需要设置各元素的开启情况。其中，单击"颜色"按钮，弹出如图 1-37 所示的"图形窗口颜色"对话框，可以指定主应用程序窗口中元素的颜色；单击"字体"按钮，弹出如图 1-38 所示的"命令行窗口字体"对话框，可以指定命令窗口文字的字体。

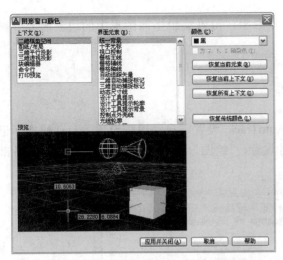

图 1-37 "图形窗口颜色"对话框　　　　图 1-38 "命令行窗口字体"对话框

2．布局元素

"布局元素"选项组主要控制现有布局和新布局的选项。布局是一个图纸空间环境，用户可在其中设置图形进行打印。

3．显示精度

"显示精度"选项组控制对象的显示质量。如果设置较高的值提高显示质量，则性能将受到显著影响。"圆弧和圆的平滑度"用于设置当前窗口中对象的分辨率；"每条多段线曲线的线段数"设置要为每条样条曲线拟合多段线（此多段线通过 PEDIT 命令的"样条曲线"选项生成）生成的线段数目；"渲染对象的平滑度"调整着色和渲染对象，以及删除了隐藏线的对象的平滑度；"每个曲面的轮廓素线"指定对象上每个曲面的轮廓素线数目。

4．显示性能

"显示性能"选项组控制影响性能的显示设置。如果打开了拖动显示并勾选"使用光栅和 OLE 平移与缩放"复选框，将有一个对象的副本随着光标移动，就好像是在重定位原始位置；"仅亮显光栅图像边框"控制是亮显整个光栅图像还是仅亮显光栅图像边框；"应用实体填充"指定是否填充图案填充、二维实体及宽多段线；"仅显示文字边框"控制文字的显示方式；"绘制实体和曲面的真实轮廓"控制三维实体对象轮廓边在二维线框或三维线框视觉样式中的显示。

5．十字光标大小

"十字光标大小"选项组按屏幕大小的百分比确定十字光标的大小。

6．淡入度控制

"淡入度控制"选项组控制 DWG 外部参照和参照编辑的淡入度的值。"外部参照显示"控制所有 DWG 外部参照对象的淡入度，此选项仅影响屏幕上的显示，而不影响打印或打印预览；"在位编辑和注释性表示"控制在位参照编辑的过程中指定对象的淡入度值，未被编辑的对象将以较低强度显示，通过在位编辑参照，可以编辑当前图形中的块参照或外部参照，有效值范围为 0～90%。

1.3.4　系统草图的配置

通过系统草图可进行自动捕捉设置、AutoTrack 设置、自动追踪设置、自动捕捉标记框颜色和大小，以及自动捕捉靶框的显示尺寸设置，"绘图"选项卡如图 1-39 所示，其各部分特性如下。

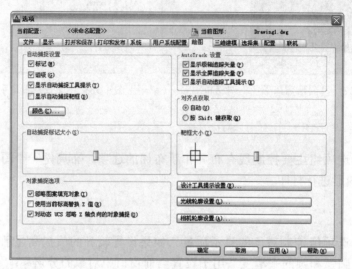

图 1-39　"绘图"选项卡

1．自动捕捉设置

自动捕捉设置用于控制标记、自动捕捉工具提示和磁吸的显示。如果光标或靶框位于对象上，可以按【Tab】键遍历该对象可用的所有捕捉点。"标记"控制自动捕捉标记的显示，该标记是当十字光标移到捕捉点上时显示的几何符号；"磁吸"打开或关闭自动捕捉磁吸，磁吸是指十字光标自动移动并锁定到最近的捕捉点上；"显示自动捕捉工具提示"控制自动捕捉工具提示的显示。工具提示是一个标签，用来描述捕捉到的对象部分；"显示自动捕捉靶框"打开或关闭自动捕捉靶框的显示，靶框是捕捉对象时出现在十字光标内部的方框。

2．AutoTrack 设置

控制与 AutoTrack™行为相关的设置，此设置在启用极轴追踪或对象捕捉追踪时可用。"显示极轴追踪矢量"：当极轴追踪打开时，将沿指定角度显示一个矢量。使用极轴追踪，可以沿角度绘制直线。极轴角是 90°的约数，如 45°、30° 和 15°。在三维视图中（TRACKPATH 系统变量=2），也显示平行于 UCS 的 Z 轴的极轴追踪矢量，并且工具提示基于沿 Z 轴的方向显示角度的+Z 或-Z；"显示全屏追踪矢量"追踪矢量是辅助用户按特定角度或按与其他对象的特定关系绘制对象的线。如果选择此选项，对齐矢量将显示为无限长的线。"显示自动追踪工具提示"（TRACKPATH 系统变量=1）控制自动捕捉标记、工具提示和吸磁的显示。

3. 对齐点获取

对齐点获取可通过自动获取和按【Shift】键获取。自动获取是当靶框移到对象捕捉上时，自动显示追踪矢量；用【Shift】键获取是按【Shift】键并将靶框移到对象捕捉上时，将显示追踪矢量。

4. 自动捕捉标记大小和靶框大小

自动捕捉标记大小用于设定自动捕捉标记的显示尺寸。靶框大小是以像素为单位设置对象捕捉靶框的显示尺寸。如果选中"显示自动捕捉靶框"（或将 APBOX 设定为 1），则当捕捉到对象时靶框显示在十字光标的中心。靶框的大小确定磁吸将靶框锁定到捕捉点之前，光标应到达与捕捉点多近的位置。取值范围为 1～50 像素。

5. 对象捕捉选项

对象捕捉选项用于设置执行对象捕捉模式。"忽略图案填充对象"是指定对象捕捉的选项。"使用当前标高替换 Z 值"是指定对象捕捉忽略对象捕捉位置的 Z 值，并使用当前 UCS 设置的标高的 Z 值。"对动态 UCS 忽略 Z 轴负向的对象捕捉"是指定使用动态 UCS 期间对象捕捉忽略具有负 Z 值的几何体。

1.3.5 系统选择集的配置

通过系统选择集可进行拾取框大小、夹点尺寸、选择集模式、选择集预览、功能区选项设置等，其"选择集"选项卡如图 1-40 所示，其各部分特性如下。

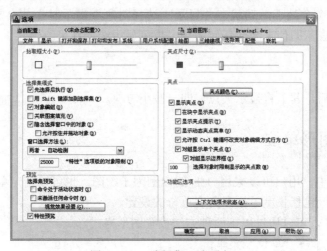

图 1-40 "选择集"选项卡

1. 拾取框大小、夹点尺寸的设置

拾取框大小是以像素为单位设置对象选择目标的高度，它是在编辑命令中出现的对象选择工具；在选择对象后，其对象将显示特点（即夹点），通过拖动"夹点尺寸"下的滑块，可以改变夹点尺寸的大小。

2．选择集模式

"选择集模式"选项组用于控制与对象选择方法相关的设置，各选项含义如下。

◆ 先选择后执行：控制在发出命令之前（先选择后执行）还是之后选择对象。许多（但并非所有）编辑和查询命令支持名词/动词选择。

◆ 用【Shift】键添加到选择集：控制后续选择项是替换当前选择集还是添加到其中。要快速清除选择集，应在图形的空白区域绘制一个选择窗口。

◆ 对象编组：选择编组中的一个对象就选择了编组中的所有对象。使用"GROUP"命令，可以创建和命名一组选择对象。

◆ 关联图案填充：确定选择关联图案填充时将选定哪些对象。如果选择该选项，那么选择关联图案填充时也选定边界对象。

◆ 隐含选择窗口中的对象：在对象外选择了一点时，初始化选择窗口中的图形。从左向右绘制选择窗口将选择完全处于窗口边界内的对象；从右向左绘制选择窗口将选择处于窗口边界内和与边界相交的对象。

◆ 允许按住并拖动对象：控制窗口选择方法。如果未选择此选项，则可以通过用定点设备单击两个单独的点来绘制选择窗口。

◆ 窗口选择方法：使用下拉列表来更改 PICKDRAG 系统变量的设置。

◆ "特性"选项板的对象限制：确定可以使用"特性"和"快捷特性"选项板一次更改的对象数的限制。

3．选择集预览

"选择集预览"选项组控制当拾取框光标滚动过对象时的亮显对象。"命令处于活动状态时"表示仅当某个命令处于活动状态并显示"选择对象"提示时，才会显示选择预览；"未激活任何命令时"表示即使未激活任何命令，也可显示选择预览。

4．夹点

在对象被选中后，其上将显示夹点，即一些小方块。

1.3.6 设置图形单位

在 AutoCAD 中，用户可以采用 1:1 的比例因子绘图，也可以指定单位的显示格式。对绘图单位的设置一般包括长度单位和角度单位的设置。

在 AutoCAD 中，可以通过以下两种方法设置图形格式。

◆ 选择"格式"→"单位"菜单；

◆ 在命令行中输入"UNITS"。

使用上面任何一种方法都可以打开如图 1-41 所示的"图形单位"对话框，在该对话框中可以对图形单位进行设置。下面将该对话框中各部分的功能介绍如下。

◆ "长度"和"角度"选项组：可以通过下拉列表框来选择长度和角度的记数类型及各自的精度。

◆ "顺时针"复选框：确定角度正方向是顺时针还是逆时针，默认的正角度方向是逆时针方向。

◆ "插入时的缩放单位"选项组：用于设置从设计中心将图块插入此图时的长度单位。若创建图块时的单位与此处所选单位不同，系统将自动对图块进行缩放。

◆ "光源"选项组：用于设置当前图形中光度控制光源强度的测量单位，下拉列表中提供了"国际"、"美国"和"常规"3种测量单位。

◆ "方向"按钮：单击"方向"按钮，弹出如图 1-42 所示的"方向控制"对话框，在对话框中可以设置起始角度（0B）的方向。在 AutoCAD 的默认设置中，0B 方向是指向右（即正东）的方向，逆时针方向为角度增加的正方向。在对话框中可以通过选中 5 个单选按钮中的任意一个来改变角度测量的起始位置。也可以通过选中"其他"单选按钮，并单击"拾取"按钮，在图形窗口中拾取两个点来确定在 AutoCAD 中 0B 的方向。

图 1-41　"图形单位"对话框

图 1-42　"方向控制"对话框

提示　注意　技巧　专业技能　软件知识

　　用于创建和列出对象、测量距离及显示坐标位置的单位格式与用于创建标注值的标注单位设置是分开的；角度的测量可以使正值以顺时针测量或逆时针测量，0°角可以设置为任意位置。

1.3.7　设置图形界限

　　图形界限就是绘图区域，又称图限，用于标明用户的工作区域和图纸边界。在命令行中输入"limits"命令后，按照如下命令行提示来设置空间界限的左下角点和右上角点的坐标。

命令: _limits　　　　　　　　　　　　　　　　// 执行"图形界限"命令
重新设置模型空间界限:
指定左下角点或 [开(ON)/关(OFF)] <0.0000,0.0000>:0，0　　// 设置绘图区域左下角坐标
指定右上角点 <12.0000,9.0000>:420，297　　// 输入图纸大小

执行"图形界限"命令中，其命令行中各选项含义如下。

◆ 指定左下角点：设置图形界限左下角的坐标。
◆ 开（ON）：打开图形界限检查以防止拾取点超出图形界限。
◆ 关（OFF）：关闭图形界限检查（默认设置），可以在图形界限之外拾取点。
◆ 指定右上角点：设置图形界限右上角的坐标。

在设置图形界限的命令提示行中，输入"开（ON）"后再按【Enter】键，AutoCAD 将打开图形界限的限制功能，此时用户则只能在设定的范围内绘图，一旦超出这个范围，AutoCAD 将不执行。

1.4 设置绘图辅助功能

在实际绘图中，用鼠标定位虽然方便快捷，但精度不高，绘制的图形很不精确，远远不能满足制图的要求，这时可以使用系统提供的绘图辅助功能。

用户可以在命令行中输入快捷键"SE"命令打开"草图设置"对话框，从而进行绘图辅助功能的设置。

1.4.1 设置捕捉和栅格

"捕捉"用于设置鼠标光标移动的间距，"栅格"是一些标定位的位置小点，使用它可以提供直观的距离和位置参照。

在"草图设置"对话框的"捕捉和栅格"选项卡中，可以启动或关闭"捕捉"和"栅格"功能，并设置"捕捉"和"栅格"的间距与类型，如图 1-43 所示。

图 1-43 "草图设置"对话框

在状态栏中右击"捕捉模式"按钮▦或"栅格显示"按钮▦，在弹出的快捷菜单中选择"设置"命令，也可以打开"草图设置"对话框。

1.4.2　设置正交模式

"正交"的含义，是指在绘制图形时指定第一个点后，连续光标和起点的直线总是平行于 X 轴或 Y 轴。若捕捉设置为等轴测模式时，正交还迫使直线平行于第三个轴中的一个。在"正交"模式下，使用光标只能绘制水平直线或垂直直线，此时只要输入直线的长度即可。

用户可通过以下方法来打开或关闭"正交"模式。

◆ 状态栏：单击"正交"按钮▦；

◆ 快捷键：按【F8】键；

◆ 命令行：在命令行输入或动态输入"Ortho"命令，然后按【Enter】键。

1.4.3　设置对象捕捉方式

在实际绘图过程中，有时经常需要找到已有图形的特殊点，如中点、圆心点、切点、象限点等，这时可以启动对象捕捉功能。

对象捕捉与捕捉的区别："对象捕捉"是把光标锁定在已有图形的特殊点上，它不是独立的命令，是在执行命令过程中结合使用的模式。而"捕捉"是将光标锁定在可见或不可见的栅格点上，是可以单独执行的命令。

在"草图设置"对话框中单击"对象捕捉"选项卡，分别勾选要设置的捕捉模式即可，如图 1-44 所示。

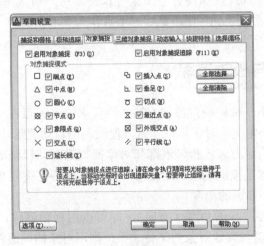

图 1-44　"对象捕捉"选项卡

设置好捕捉选项后，在状态栏激活"对象捕捉"选项卡▦，或按【F3】键，或者按【Ctrl+F】键即可在绘图过程中启用捕捉选项。

启用对象捕捉后，将光标放在一个对象上，系统自动捕捉到对象上所有符合条件的几何特征点，并显示出相应的标记。如果光标放在捕捉点达 3s 以上，则系统将显示捕捉的提示文字信息。

在 AutoCAD 2013 中，也可以使用"对象捕捉"工具栏中的工具按钮随时打开捕捉，另外，按住【Ctrl】键或【Shift】键，并右击，将弹出对象捕捉快捷菜单，如图 1-45 所示。

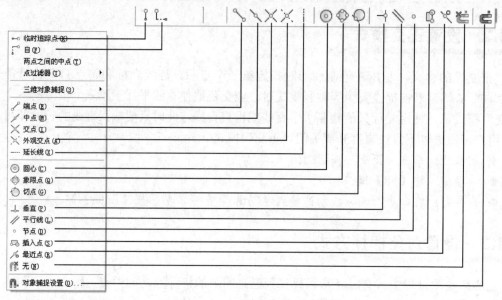

图 1-45 "对象捕捉"工具栏

"捕捉自（F）"工具，并不是对象捕捉模式，但它却经常与对象捕捉一起使用。在用相对坐标指定下一个应用点时，"捕捉自"工具可以提示用户输入基点，并将该点作为临时参考点，这与通过输入前辍"@"使用最后一个点作为参考点类似。

1.4.4 设置自动与极轴追踪

自动追踪实质上也是一种精确定位的方法，当要求输入的点在一定的角度线上，或者输入的点与其他的对象有一定关系时，可以非常方便地利用自动追踪功能来确定位置。

自动追踪包括两种追踪方式：极轴追踪和对象捕捉追踪。极轴追踪是按事先给定的角度增加追踪点；而对象追踪是按追踪与已绘图形对象的某种特定关系来追踪，这种特定的关系确定了一个用户事先并不知道的角度。

如果用户事先知道要追踪的角度（方向），即可以用极轴追踪；如果事先不知道具体的追踪角度（方向），但知道与其他对象的某种关系，则用对象捕捉追踪，如图 1-46 所示。

要设置极轴追踪的角度或方向，在"草图设置"对话框中选择"极轴追踪"选项卡，然后启用极轴追踪并设置极轴的角度即可，如图 1-47 所示。

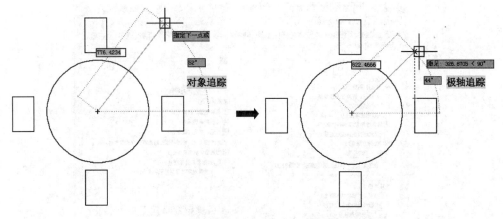

图 1-46　对象追踪与极轴追踪

图 1-47　"极轴追踪"选项卡

1.5　图形对象的选择

AutoCAD 2013

在 AutoCAD 中，选择对象的方法很多，可以通过单击对象逐个拾取，也可利用矩形窗口或交叉窗口来选择；还可以选择最近创建的对象、前面的选择集或图形中的所有对象；也可以向选择集中添加对象或从中删除对象。

1.5.1　设置选择的模式

在对复杂的图形进行编辑时，经常需要同时对多个对象进行编辑，或在执行命令之前先选择目标对象，设置合适的目标选择方式即可实现这种操作。

在 AutoCAD 2013 中，选择"工具"→"选项"菜单，在弹出的"选项"对话框中选择"选择集"选项卡，即可设置拾取框大小、选择集模式、夹点尺寸、夹点颜色等，如图 1-48 所示。

图 1-48　"选择集"选项卡

　　如果出现菜单模式（如选择"工具"→"选项"菜单），则应用可以切换至"AutoCAD 经典"空间模式来进行操作。后面如果碰到用类似的方法来执行某个命令操作时，那么也按照"AutoCAD 经典"空间模式来进行操作。

1.5.2　选择对象的方法

　　在绘图过程中，当执行到某些命令时（如复制、偏移、移动），将提示"选择对象："，此时出现矩形拾取框□，将光标放在要选择的对象位置时，将亮显对象，单击则选择该对象（也可以逐个选择多个对象），如图 1-49 所示。

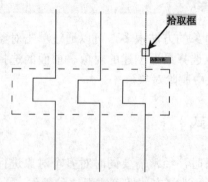

拾取框

图 1-49　拾取选择对象

　　用户在选择图标对象时有多种方法，若要查看选择对象的方法，可在"选择对象："命令提示符下输入"？"，这时将显示如下所有选择对象的方法。

选择对象:?
无效选择

需要点或窗口(W)/上一个(L)/窗交(C)/框(BOX)/全部(ALL)/栏选(F)/圈围(WP)/圈交(CP)/编组(G)/添加(A)/删除(R)/多个(M)/前一个(P)/放弃(U)/自动(AU)/单个(SI)

　　根据上面提示，用户输入的大写字母，可以指定对象的选择模式。该提示中主要选项的具体含义如下。

◆ 需要点：可逐个拾取所需对象，该方法为默认设置。

◆ 窗口（W）：从左向右拖动光标，凡是在窗口内的目标均被选中，如图 1-50 所示。

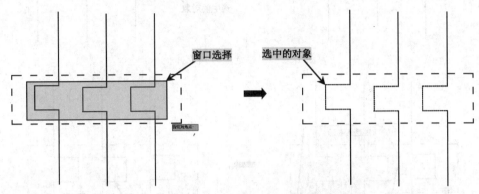

图 1-50　"窗口"方式选择

◆ 上一个（L）：此方式将用户最后绘制的图形作为编辑对象。

◆ 窗交（C）：从右向左拖动光标，凡是在窗口内的对象和与此窗口四边相交的对象都被选中，如图 1-51 所示。

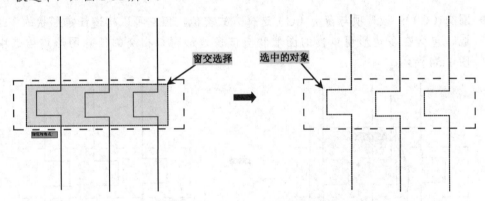

图 1-51　"窗交"方式选择

◆ 框（BOX）：当用户所绘制矩形的第一角点位于第二角点的左侧，此方式与窗口（W）选择方式相同；当用户所绘制矩形的第一角点位于第二角点右侧时，此方式与窗交（C）方式相同。

◆ 全部（ALL）：图形中所有对象均被选中。

◆ 栏选（F）：用户可用此方式画任意折线，凡是与折线相交的图形均被选中，如图 1-52 所示。

◆ 圈围(WP)：该选项与窗口（W）选择方式相似，但它可构造任意形状的多边形区域，包含在多边形窗口内的图形均被选中，如图 1-53 所示。

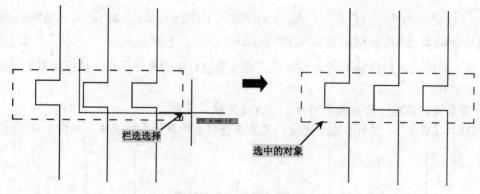

图 1-52　"栏选"方式选择

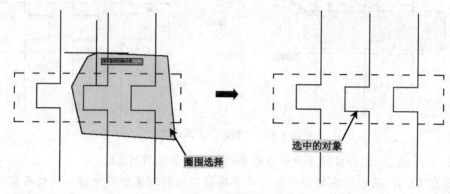

图 1-53　"圈围"方式选择

◆ 圈交（CP）：该选项与窗交（C）选择方式类似，但它可以构造任意形状的多边形区域，包含在多边形窗口内的图形和与该多边形窗口相交的任意图形均被选中，如图 1-54 所示。

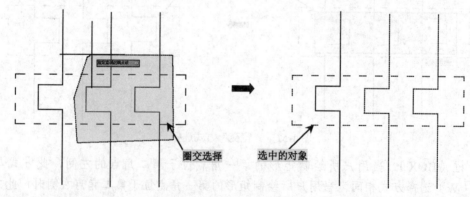

图 1-54　"圈交"方式选择

◆ 编组（G）：输入已定义的选择集，系统将提示输入编组名称。
◆ 添加（A）：当用户完成目标选择后，还有少数没有选中时，可以通过此方法把目标添加到选择集中。
◆ 删除（R）：把选择集中的一个或多个目标对象移出选择集。
◆ 前一个（P）：此方法用于选中前一次操作所选择的对象。
◆ 多个（M）：当命令中出现选择对象时，鼠标变为一个矩形小方框，逐一点取要选中的目标即可（可选多个目标）。

◆ 放弃（U）：取消上一次所选中的目标对象。

◆ 自动（AU）：若拾取框正好有一个图形，则选中该图形；反之，则用户指定另一角点
以选中对象。

◆ 单个（SI）：当命令行中出现"选择对象"时，鼠标变为一个矩形小框□，点取要选
中的目标对象即可。

1.5.3　对象的快捷选择

在 AutoCAD 中，当用户需要选择具有某些共有特性的对象时，可利用"快速选择"对
话框根据对象的图层、线型、颜色、图案填充等特性和类型来创建选择集。

选择"工具"→"快速选择"菜单，或者在视图的空白位置右击鼠标，从弹出的快捷菜
单中选择"快速选择"菜单，将弹出"快速选择"对话框，根据自己的需要来选择相应的图
形对象，如图 1-55 所示。

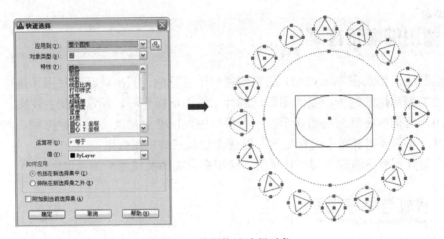

图 1-55　使用快速选择对象

1.5.4　对象的编组操作

（1）编组概述。编组是保存的对象集，可以根据需要同时选择和编辑这些对象，也可以
分别进行。编组提供了以组为单位操作图形元素的简单方法。可以将图形对象进行编组以创
建一种选择集，它随图形一起保存，且一个对象可以作为多个编组的成员。

（2）创建编组。除了可以选择编组的成员外，还可以为编组命名并添加说明。

要对图形对象进行编组，可在命令行输入"Group"（或按快捷键【G】），并按【Enter】
键；或者选择"工具"→"组"菜单，在命令行出现如下的提示信息。

命令: GROUP
选择对象或 [名称(N)/说明(D)]:n
输入编组名或 [?]: 123
选择对象或 [名称(N)/说明(D)]:指定对角点: 找到 3 个

选择对象或 [名称(N)/说明(D)]:
组"123"已创建。

（3）选择编组中的对象。选择编组的方法有几种，包括按名称选择编组或选择编组的一个成员。

（4）编辑编组。用户可以使用多种方式修改编组，包括更改其成员资格、修改其特性、修改编组的名称和说明，以及从图形中将其删除。

当用户执行了"编组"命令（G）过后，则编组过后对象不能任意成为一个整体。其解决办法如下：

在命令行中输入"OP"命令打开"选项"对话框，切换至"选择集"选项卡，在"选择集模式"选项组中勾选"对象编组"复选框，然后单击"确定"按钮即可。

AutoCAD 2013

1.6 图形的显示控制

用户绘制图形都是在 AutoCAD 的视图窗口中进行的，只有灵活地对图形进行显示与控制，才能更加精确地绘制所需要的图形。进行二维图形操作时，经常用到主视图、俯视图和侧视图，用户可同时将其三视图显示在一个窗口中，以便更加灵活地掌握控制。当进行三维图形操作时，还需要对其图形进行旋转，以便观察其三维视图效果。

本节主要介绍视图的缩放与平移视图、使用命名视图及使用平铺视口。

1.6.1 缩放与平移视图

按一定比例、观察位置和角度显示的图形称为视图。在 AutoCAD 中，可以通过缩放与平移视图来观察对象。

1．缩放视图

缩放视图可以增加或减少图形对象的屏幕显示，但对象的真实尺寸保持不变。通过改变显示区域和图形对象的大小可更准确、更详细地绘图。当在图形中进行局部特写时，可能经常需要将图形缩小以观察总体布局。使用"缩放到上一个"可以快速返回到上一个视图。此处介绍最常用的缩放工具——"缩放"菜单和"缩放"工具栏。在 AutoCAD 2013 中，选择"视图"→"缩放"菜单中的子命令或使用"缩放"工具栏，如图 1-56 所示，可在弹出的对话框中单击任一命令缩放视图。通常，在绘制图形的局部细节时，需要使用缩放工具放大该绘图区，当绘制完成后，再使用缩放工具缩小图形来观察图形的整体效果。常用的缩放命令或工具有"实时"、"窗口"、"动态"、"比例"和"中心点"。

（1）实时缩放视图。选择"视图"→"缩放"→"实时"菜单，或在"标准"工具栏中单击"实时缩放"按钮，进入实时缩放模式，此时鼠标指针呈 形状。此时向上拖动光标可放大整个图形；向下拖动光标可缩小整个图形；释放鼠标后停止缩放。

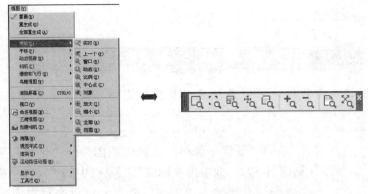

图 1-56　"缩放"菜单和"缩放"工具栏

（2）窗口缩放视图。选择"视图"→"缩放"→"窗口"菜单，可以在屏幕上拾取两个对角点以确定一个矩形窗口，之后系统将矩形范围内的图形放大至整个屏幕。

在使用窗口缩放时，如果系统变量 REGENAUTO 设置为关闭状态，则与当前显示设置的界线相比，拾取区域显得过小。系统提示将重新生成图形，并询问是否继续下去，此时应回答 No，并重新选择较大的窗口区域。

（3）动态缩放视图。选择"视图"→"缩放"→"动态"菜单，可以动态缩放视图。当进入动态缩放模式时，在屏幕中将显示一个带"×"的矩形方框。单击后窗口中的"×"消失，显示一个位于右边框的方向箭头，拖动鼠标可改变选择窗口的大小，以确定选择区域大小，最后按下【Enter】键，即可缩放图形。

（4）比例缩放视图。选择"视图"→"缩放"→"比例"菜单，可以按比例缩放视图。如果按住【Shift】键，然后单击控制盘上的"缩放"工具，则当前视图将缩小 25%，系统会从光标的当前位置而不是当前轴心点执行缩放。如果按住【Ctrl】键，然后单击控制盘上的"缩放"工具，则当前视图将放大 25%，系统会从当前轴心点而不是光标位置执行缩放。

用户从全导航控制盘启动"缩放"工具后，必须在 SteeringWheels 的特性对话框中启用增量放大，才能按住【Ctrl】键或【Shift】键并单击。

（5）设置视图中心点。选择"视图"→"缩放"→"中心点"菜单，在图形中指定一点，然后指定一个缩放比例因子或者指定高度值显示一个新视图，而选择的点将作为该新视图的中心点。如果输入的数值比默认值小，则会增大图像；如果输入的数值比默认值大，则会缩小图像。要指定相对的显示比例，可输入带 x 的比例因子数值。例如，输入"2x"将显示比当前视图大 2 倍的视图。如果正在使用浮动视口，则可以通过输入"xp"来相对于图纸空间进行比例缩放。

2．平移视图

使用平移视图可以重新定位图形，以便看清图形的其他部分。此时不会改变图形中对象的位置或比例，只改变视图。当"平移"工具处于活动状态时，会显示"平移"光标（四向箭头）。拖动定点设备可以沿拖动方向移动模型。例如，向上拖动时将向上移动模型，而向下拖动时将向下移动模型。

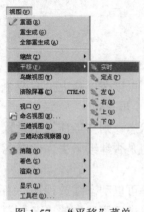

如果光标到达屏幕边缘，可以通过进一步拖动光标以使其在屏幕上折返，来继续平移。

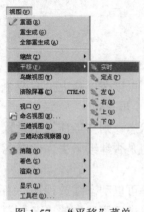

图 1-57　"平移"菜单

（1）"平移"菜单。选择"视图"→"平移"菜单中的子命令（见图 1-57），或单击"标准"工具栏中的"实时平移"按钮，或在命令行直接输入"PAN"命令，可以平移视图。使用平移命令"平移"视图时，视图的显示比例不变。除了可以上、下、左、右平移视图外，还可以使用"实时"和"定点"命令平移视图。

（2）实时平移。选择"视图"→"平移"→"实时"菜单，此时光标指针变成一只小手，按住鼠标左键拖动，窗口内的图形就可按光标移动的方向移动。释放鼠标，可返回到平移等待状态。按【Esc】键或【Enter】键可退出实时平移模式。

（3）定点平移。选择"视图"→"平移"→"定点"菜单，可以通过指定基点和位移值来平移视图。

在 AutoCAD 中，"平移"功能通常又称摇镜，它相当于将一个镜头对准视图，当镜头移动时，视口中的图形也跟着移动。

1.6.2　使用命名视图

用户可以在一张工程图纸上创建多个视图。当要观看、修改图纸上的某一部分视图时，将该视图恢复出来即可。选择"视图"→"命名视图"菜单，或在"视图"工具栏中单击"命名视图"按钮，打开如图 1-58 所示的"视图管理器"对话框。在该对话框中，用户可以创建、设置、重命名及删除命名视图。其中，"当前视图"选项后显示了当前视图的名称；"查看"选项组的列表框中列出了已命名的视图和可作为当前视图的类别。

图 1-58　"视图管理器"对话框

"视图管理器"对话框中各选项含义如下。

◆ "当前"选项：显示当前视图及其"查看"和"剪裁"特性。

◆ "模型视图"选项：显示命名视图和相机视图列表，并列出选定视图的"常规"、"查看"和"剪裁"特性。

◆ "布局视图"选项：在定义视图的布局上显示视口列表，并列出选定视图的"常规"和"查看"特性。

◆ "预设视图"选项：显示正交视图和等轴测视图列表，并列出选定视图的"常规"特性。

◆ "相机 X/Y/Z 坐标"选项：仅适用于当前视图和模型视图，显示视图相机的 X/Y/Z 坐标。

◆ "目标 X/Y/Z 坐标"选项：仅适用于当前视图和模型视图，显示视图目标的 X/Y/Z 坐标。

◆ "摆动角度"：在查看平面（平行于监视器屏幕的平面）中显示视图的旋转角度。

◆ "高度"选项：指定视图的高度。

◆ "宽度"选项：指定视图的宽度。

◆ "透视"选项：适用于当前视图和模型视图，指定透视视图是否处于打开状态。

◆ "焦距（毫米）"选项：适用于除布局视图之外的所有视图，指定焦距（以毫米为单位）。更改此值将相应更改"视野"设置。

◆ "视野"选项：适用于除布局视图之外的所有视图，指定水平视野（以当前角度单位为单位）。更改此值将相应更改"焦距"设置。

◆ "前向面"选项：如果该视图已启用前向剪裁，则指定前向剪裁平面的偏移值。

◆ "后向面"选项：如果该视图已启用后向剪裁，则指定后向剪裁平面的偏移值。

◆ "剪裁"选项：设置剪裁相关选项。

◆ "置为当前"按钮：恢复选定的视图。

◆ "新建"按钮：显示如图 1-59 所示的"新建视图/快照特性"对话框。

图 1-59　"新建视图/快照特性"对话框

◆ "更新图层"按钮：更新与选定的视图一起保存的图层信息，使其与当前模型空间和布局视口中的图层可见性匹配。

◆ "编辑边界"按钮：显示选定的视图，绘图区的其他部分以较浅的颜色显示，从而显示命名视图的边界。

◆ "删除"按钮：删除选定的视图。

"新建视图/快照特性"对话框中各选项含义如下。

◆ "视图名称"文本框：指定视图的名称。

◆ "视图类别"下拉列表框：指定命名视图的类别。

◆ "视图类型"下拉列表框：指定命名视图的视图类型。"录制的漫游"仅适用于模型空间视图。

◆ "边界"选项组：定义为命名视图指定的图形区域。使用当前显示作为新视图；使用窗口作为新视图，通过在绘图区域指定两个对角点来定义；单击"定义视图窗口"按钮 ，暂时关闭"新视图"和"视图管理器"对话框，以便可以使用定点设备来定义"新视图"窗口的对角点。

◆ "设置"选项组：提供用于将设置与命名视图一起保存的选项。勾选"将图层快照与视图一起保存"复选框，在新的命名视图中保存当前图层可见性设置；"UCS"下拉列表框（适用于模型视图和布局视图）指定要与新视图一起保存的 UCS。

◆ "背景"选项组：（适用于视觉样式未设定为"二维线框"的模型视图）指定应用于选定视图的背景类型（"纯色"、"渐变色"、"图像"或"阳光与天光"）。如图 1-60 所示为打开的"背景"对话框和"调整阳光与天光背景"对话框。

图 1-60 "背景"对话框和"调整阳光与天光背景"对话框

1.6.3 使用平铺视口

在绘图时，为了方便编辑，常常需要将图形的局部进行放大，以显示细节。当需要观察图形的整体效果时，仅使用单一的绘图视口已无法满足需要了。此时，可使用 AutoCAD 的平铺视口功能，将绘图窗口划分为若干视口。

1. 平铺视口的特点

平铺视口是指把绘图窗口分成多个矩形区域，从而创建多个不同的绘图区域，其中每一个区域都可用来查看图形的不同部分。在 AutoCAD 中，可以同时打开多达 32 000 个视口，屏幕上还可保留菜单栏和命令提示窗口。

在 AutoCAD 2013 中，使用"视图"→"视口"子菜单中的命令或"视口"工具栏，如图 1-61 所示，可以在模型空间创建和管理平铺视口。

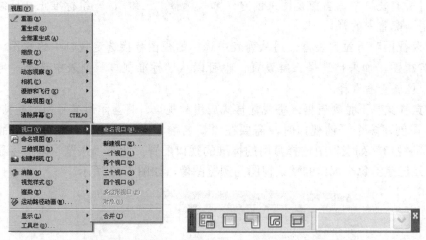

图 1-61　"视口"子菜单和"视口"工具栏

2．创建平铺视口

选择"视图"→"视口"→"新建视口"菜单，或在"视口"工具栏中单击"显示视口对话框"按钮，打开如图 1-62 所示的"视口"对话框。切换到"新建视口"选项卡，可以显示标准视口配置列表和创建并设置新平铺视口。

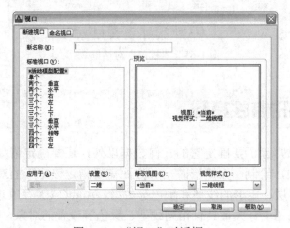

图 1-62　"视口"对话框 1

"视口"对话框中各选项含义如下。

◆ "新名称"文本框：为新模型空间视口配置指定名称。如果不输入名称，将应用视口配置但不保存。如果视口配置未保存，将不能在布局中使用。

◆ "标准视口"列表框：列出并设定标准视口配置，包括 CURRENT（当前配置）。

◆ "预览"区域：显示选定视口配置的预览图像，以及在配置中被分配到每个单独视口的默认视图。

◆ "应用于"下拉列表框：将模型空间视口配置应用到整个显示窗口或当前视口。其中 "显示"表示将视口配置应用到整个"模型"选项卡显示窗口；"当前视口"表示仅 将视口配置应用到当前视口。

◆ "设置"下拉列表框：指定二维或三维设置。如果选择"二维"，新的视口配置将最初 通过所有视口中的当前视图来创建；如果选择"三维"，一组标准正交三维视图将被 应用到配置中的视口。

◆ "修改视图"下拉列表框：用从列表中选择的视图替换选定视口中的视图。可以选择 命名视图，如果已选择三维设置，也可以从"标准视口"列表中选择。可使用"预 览"区域查看选择。

◆ "视觉样式"下拉列表框：将视觉样式应用到视口。将显示所有可用的视觉样式。

例如，在创建多个平铺视口时，需要在"新名称"文本框中输入新建的平铺视口的名 称，在"标准视口"列表框中选择可用的标准的视口配置，此时"预览"区中将显示所选视 口配置，以及已赋给每个视口的默认视图的预览图像，如图 1-63 所示。

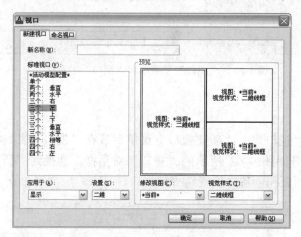

图 1-63　　"视口"对话框 2

1.7　图层与图形特性控制

确定一个图形对象，除了要确定它的几何数据以外，还要确定诸如图层、线型、颜色这 样的非几何数据。例如，绘制一个矩形时，一方面需要指定该矩形的对角点位置，另一方面 还应指定矩形所在的图层、矩形的线型和颜色等数据。AutoCAD 存放这些数据时要占用一定 的存储空间，如果一幅图上有大量具有相同线型、颜色等设置的对象，AutoCAD 存储每个对 象时会重复地存放这些数据，这样显然会浪费大量的存储空间，因此，AutoCAD 提出了图层 的概念。

图层是用户组织和管理图形的强有力的工具。在中文版 AutoCAD 2013 中，所有图形对 象都具有图层、颜色、线型和线宽这 4 个基本属性。用户可以使用不同的图层、颜色、线型 和线宽绘制不同的对象和元素，方便地控制对象的显示和编辑，从而提高绘制复杂图形的效 率和准确性。

1.7.1　图层的特点

用户可以把图层想象成没有厚度的透明片，各层之间完全对齐，一层上的某一基准点准确地对准于其他各层上的同一个基准点。引入图层，用户就可以给每一图层指定绘图所用的线型、颜色等，并将具有相同线型和颜色的对象放到对应的图层上。这样在确定每一个图形对象时，只需确定这个对象的几何数据和所在图层即可，从而节省了绘图工作量与存储空间。概括起来，图层具有以下特点。

（1）用户可以在一幅图中指定任意数量的图层。系统对图层数没有限制，对每一图层上的对象数也没有任何限制。

（2）每一图层有一个名称，加以区别。当开始绘制一幅新图时，AutoCAD 自动创建名为 0 的图层，这是 AutoCAD 的默认图层，其余图层需用户自定义。

（3）一般情况下，位于一个图层上的对象应该是同一种绘图线型和颜色。用户可以改变各图层的线型、颜色等特性。

（4）虽然 AutoCAD 允许用户建立多个图层，但只能在当前图层上绘图。

（5）各图层具有相同的坐标系和相同的显示缩放倍数，用户可以对位于不同图层上的对象同时进行编辑操作。

（6）用户可以对各图层进行打开、关闭、冻结、解冻、锁定与解锁等操作，以决定各图层的可见性与可操作性。

通过创建图层，可以将类型相似的对象指定给同一图层以使其相关联。例如，可以将构造线、文字、标注和标题栏置于不同的图层上，然后可以控制以下各项。

◆ 图层上的对象在任何视口中是可见还是暗显。

◆ 是否打印对象及如何打印对象。

◆ 为图层上的所有对象指定何种颜色。

◆ 为图层上的所有对象指定何种默认线型和线宽。

◆ 是否可以修改图层上的对象。

对象是否在各个布局视口中显示不同的图层特性。每个图形均包含一个名为 0 的图层。无法删除或重命名图层 0。该图层有以下两种用途。

◆ 确保每个图形至少包括一个图层。

◆ 提供与块中的控制颜色相关的特殊图层。

建议用户创建几个新图层来组织图形，而不是在图层 0 上创建整个图形。

1.7.2　新建图层

开始绘制新图形时，AutoCAD 将自动创建一个名为 0 的特殊图层。默认情况下，图层 0 将被指定使用 7 号颜色（白色或黑色，由背景色决定，本书中将背景色设置为白色，因此，图层颜色就是黑色）、Continuous 线型、"默认"线宽及 normal 打印样式，用户不能删除或重命名该图层。在绘图过程中，如果要使用更多的图层来组织图形，就需要先创建新图层。

在"图层特性管理器"对话框中单击"新建图层"按钮，可以创建一个名称为"图层1"的新图层。默认情况下，新建图层与当前图层的状态、颜色、线型、线宽等设置相同。

当创建了图层后，图层的名称将显示在图层列表框中。如果要更改图层名称，可单击该图层名，然后输入一个新的图层名并按【Enter】键。创建新图层的步骤如下。

（1）在"常用"工具栏中单击"图层特性"按钮，弹出如图 1-64 所示的"图层特性管理器"对话框。

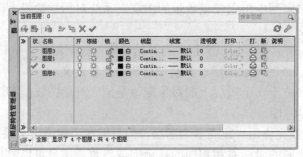

图 1-64 "图层特性管理器"对话框

（2）在"图层特性管理器"对话框中，单击"新建图层"按钮。

（3）图层名（如 LAYER1）将自动添加到图层列表中。

（4）在亮显的图层名上输入新图层名。

（5）要更改特性，应单击按钮。单击"颜色"、"线型"、"线宽"或"打印样式"按钮时，将显示相应的对话框。

（6）（可选）单击"说明"列并输入文字。

（7）单击"确定"按钮。

1.7.3 删除图层

如果觉得某个图层不必要再使用了，则可删除该图层，其操作步骤如下。

（1）选择需要删除的图层。

（2）单击"图层特性管理器"对话框顶端的"删除图层"按钮，所选图层将被删除。

删除图层时只能删除未被参照的图层。参照的图层包括图层 0 和 DEFPOINTS、包含对象（包括块定义中的对象）的图层、当前图层及依赖外部参照的图层。

如果绘制的是共享工程中的图形或是基于一组图层标准的图形，删除图层时要小心。

1.7.4 设置当前图层

当前图层就是当前的绘图层，用户只能在当前层上绘制图形，而且所绘制的实体的属性将继承当前层的属性。当前层的层名和属性状态都显示在"对象特性"工具栏上。默认 0 层为当前层。

设置当前图层的方法有以下 4 种。

◆ 在"图层特性管理器"对话框中，选择用户所需要的图层名称，然后单击"置为当前"按钮 ✔。

◆ 单击"对象特性"工具栏上的 🖉 按钮，然后选择某个图形实体，即可将该实体所在的图层设置为当前层。

◆ 在"对象特性"工具栏的"图层控制"下拉列表框中，单击所需图层的名称，即可将其置为当前层。

◆ 在命令行输入"CLAYER"。

1.7.5　设置图层颜色

颜色在图形中具有非常重要的作用，可用来表示不同的组件、功能和区域。图层的颜色实际上是图层中图形对象的颜色。每个图层都拥有自己的颜色。对不同的图层可以设置相同的颜色，也可以设置不同的颜色，绘制复杂图形时就可以很容易地区分图形的各部分。

新建图层后，要改变图层的颜色，可在"图层特性管理器"对话框中单击图层的"颜色"列对应的图标，打开如图 1-65 所示的"选择颜色"对话框。从图中可以看出，可以从 255 种 AutoCAD 颜色索引（ACI）颜色、真彩色和配色系统颜色中选择颜色。

1. 索引颜色

如图 1-65 所示为"索引颜色"选项卡，它是使用 255 种 AutoCAD 颜色索引（ACI）颜色指定颜色设置。在"索引颜色"选项卡中，各选项含义如下。

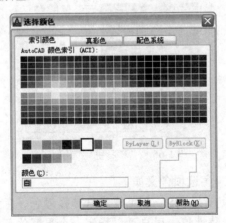

图 1-65　"选择颜色"对话框

◆ "AutoCAD 颜色索引"调色板：从 AutoCAD 颜色索引中指定颜色。如果将光标悬停在某种颜色上，该颜色的编号及其红、绿、蓝值将显示在调色板下面。可单击一种颜色以选中它，或在"颜色"文本框中输入该颜色的编号或名称。大的调色板显示编号为 10 ~ 249 的颜色。第二个调色板显示编号为 1 ~ 9 的颜色，这些颜色既有编号也有名称。第三个调色板显示编号为 250 ~ 255 的颜色，这些颜色表示灰度级。

◆ 索引颜色：将光标悬停在某种颜色上时，指示其 ACI 颜色编号。

◆ 红、绿、蓝：将光标悬停在某种颜色上时，指示其 RGB 颜色值。

◆ "ByLayer" 按钮：指定新对象采用创建该对象时所在图层的指定颜色。单击 "ByLayer" 按钮时，当前图层的颜色将显示在"旧颜色和新颜色"颜色样例中。

◆ "ByBlock" 按钮：指定新对象的颜色为默认颜色（白色或黑色，取决于背景色），直到将对象编组到块并插入块。当把块插入图形时，块中的对象继承当前颜色设置。

ByLayer 和 ByBlock 选项不适用于 LIGHT 命令。

◆ "颜色"文本框：指定颜色名称、ByLayer 或 ByBlock 颜色，或一个 1～255 之间的 AutoCAD 颜色索引编号。"新颜色"颜色样例显示最近选择的颜色。

◆ "旧颜色"颜色样例：显示以前选择的颜色。

◆ "新颜色"颜色样例：显示当前选择的颜色。

2. 真彩色

如图 1-66 所示为"真彩色"选项卡，使用真彩色（24 位颜色）可指定颜色设置（使用色调、饱和度和亮度颜色模式或红、绿、蓝颜色模式）。使用真彩色功能时，可以使用 1600 余万种颜色。"真彩色"选项卡上的可用选项取决于指定的颜色模式（HSL 或 RGB）。

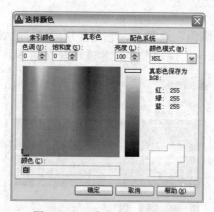

图 1-66 "真彩色"选项卡

在"真彩色"选项卡中，各选项含义如下。

◆ HSL 颜色模式：指定使用 HSL 颜色模式来选择颜色。色调、饱和度和亮度是颜色的特性。通过设置这些特性值，用户可以指定一个很宽的颜色范围。

◆ "色调"调整框：指定颜色的色调。色调表示可见光谱内光的特定波长。要指定色调，可使用色谱或在"色调"框中指定值。调整该值会影响 RGB 值。色调的有效值为 0～360°。

◆ "饱和度"调整框：指定颜色的饱和度。高饱和度会使颜色较纯，而低饱和度则使颜色褪色。要指定颜色饱和度，可使用色谱或在"饱和度"框中指定值。调整该值会影响 RGB 值。饱和度的有效值为 0～100%。

◆ "亮度"调整框：指定颜色的亮度。可使用颜色滑块或在"亮度"框中指定值。亮度的有效值为 0~100%。0 表示最暗（黑），100%表示最亮（白），而 50%表示颜色的最佳亮度。调整该值也会影响 RGB 值。

◆ 色谱：指定颜色的色调和纯度。要指定色调，可将十字光标从色谱的一侧移到另一侧，要指定颜色饱和度，可将十字光标从色谱顶部移到底部。

◆ 颜色滑块：指定颜色的亮度。可调整颜色滑块或在"亮度"框中指定值。

◆ RGB 颜色模式：指定使用 RGB 颜色模式来选择颜色。"真彩色"选项卡中的可用选项取决于指定的颜色模式（HSL 或 RGB）。颜色可以分解成红、绿和蓝 3 个分量，为每个分量指定的值分别表示红、绿和蓝色分量的强度。这些值的组合可以创建一个很宽的颜色范围。

◆ "红色"调整框：指定颜色的红色分量。调整颜色滑块或在"红色"框中指定从 1~255 之间的值。如果调整该值，会在 RGB 颜色模式值中反映出来。

◆ "绿色"调整框：指定颜色的绿色分量。调整颜色滑块或在"绿色"框中指定从 1~255 之间的值。如果调整该值，会在 RGB 颜色模式值中反映出来。

◆ "蓝色"调整框：指定颜色的蓝色分量。调整颜色滑块或在"蓝色"框中指定从 1~255 之间的值。如果调整该值，会在 RGB 颜色模式值中反映出来。

◆ "颜色"显示框：指定 RGB 颜色值。修改 HSL 或 RGB 选项时，此选项会更新。也可以按照以下格式直接编辑 RGB 值：000,000,000。

◆ "真彩色保存为 RGB"显示框：指示每个 RGB 颜色分量的值。

◆ "旧颜色"颜色样例：显示以前选择的颜色。

◆ "新颜色"颜色样例：显示当前选择的颜色。

3. 配色系统

如图 1-67 所示为"配色系统"选项卡，它显示选定配色系统的名称。

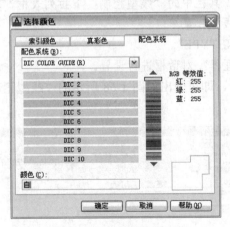

图 1-67　"配色系统"对话框

在"配色系统"选项卡中，各选项含义如下。

◆ "配色系统"下拉列表框：指定用于选择颜色的配色系统。列表中包括在"配色系统位置"（在"选项"对话框的"文件"选项卡中指定）找到的所有配色系统，显示选定配色系统的页以及每页上的颜色和颜色名称。程序支持每页最多包含 10 种颜色的配色系统。如果配色系统没有分页，程序将按每页 7 种颜色的方式将颜色分页。要查看配色系统页，可在颜色滑块上选择一个区域或用上、下箭头进行浏览。

◆ "RGB 等效值"显示框：指示每个 RGB 颜色分量的值。

◆ "颜色"显示框：指示当前选定的配色系统颜色。要在配色系统中搜索特定的颜色，可以输入该颜色样例的编号并按【Tab】键。此操作将用所请求的颜色编号更新"新颜色"颜色样例。如果没有在配色系统中找到指定的颜色，将显示最接近的颜色编号。

◆ "旧颜色"颜色样例：显示以前选择的颜色。

◆ "新颜色"颜色样例：显示当前选择的颜色。

1.7.6 设置图层线型

线型是由虚线、点和空格组成的重复图案，显示为直线或曲线。可以通过图层将线型指定给对象，也可以不依赖图层而明确指定线型。除选择线型外，还可以将线型比例设定为控制虚线和空格的大小，也可以创建自己的自定义线型。有些线型定义包括文字和符号。用户可以定义自定义线型，该线型将确定嵌入文字的方向，使其自动可读。

不应将这些线型与某些绘图仪提供的硬件线型混为一谈。这两种类型的虚线产生的效果相似。不要同时使用这两种类型，否则，可能会产生不可预料的结果。

AutoCAD 允许用户为每个图层分配一种线型。在默认状态下，线型为连续线，其他线型则应加载并设置为当前线型后才能使用。通常可采用以下几种方法进行图层线型设置。

◆ 打开"对象特性"工具栏中的"线型控制"下拉列表框，单击"其他"选项；

◆ 选择"格式"→"线型"菜单；

◆ 在命令行输入"LINETYPE"；

◆ 利用"图层特性管理器"对话框进行设置。

执行上述 3 种方法之一，即可弹出如图 1-68 所示的"线型管理器"对话框，在对话框内可实现以下操作。

图 1-68 "线型管理器"对话框

1. 加载线型

单击"加载"按钮，会弹出如图 1-69 所示的"加载或重载线型"对话框，单击要加载的线型名，再单击"确定"按钮，这样所选择的线型即被加载。然后再次单击"确定"按钮，关闭"线型管理器"对话框，结束加载线型的操作。

在"图层特性管理器"对话框中也可完成线型加载。选定一个图层，单击该图层的初始线型名称，弹出如图 1-70 所示的"选择线型"对话框。默认情况下，在"选择线型"对话框的"已加载的线型"列表框中只有"Continuous"一种线型。如果要使用其他线型，必须将其添加到"已加载的线型"列表框中。可单击"加载"按钮打开"加载或重载线型"对话框，从当前线型库中选择需要加载的线型，然后单击"确定"按钮。

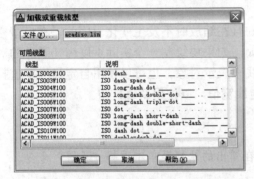

图 1-69　"加载或重载线型"对话框

图 1-70　"线型管理器"对话框

2. 线型比例

AutoCAD 提供的常用非连续线型由一系列的短线和空格组成。选择"格式"→"线型"菜单，打开如图 1-68 所示的"线型管理器"对话框，用户可通过此对话框中的"全局比例因子"或"当前对象缩放比例"来改变线型的短线和空格的相对比例，从而正确显示所使用的线型。

通过全局更改或分别更改每个对象的线型比例因子，可以以不同的比例使用同一种线型。默认情况下，全局线型和独立线型的比例均设定为 1.0。比例越小，每个绘图单位中生成的重复图案数越多。例如，设定为 0.5 时，每个图形单位在线型定义中显示两个重复图案。不能显示一个完整线型图案的短直线段将显示为连续线段。对于太短，甚至不能显示一条虚线的直线，可以使用更小的线型比例。

"线型管理器"对话框中"全局比例因子"和"当前对象缩放比例"的含义如下。

◆ 全局比例因子：其值控制 LTSCALE 系统变量，该系统变量可以全局更改新建对象和现有对象的线型比例。

◆ 当前对象缩放比例：其值控制 CELTSCALE 系统变量，该系统变量可以设定新建对象的线型比例。

将 LTSCALE 的值与 CELTSCALE 的值相乘可以获得显示的线型比例，轻松地分别更改或全局更改图形中的线型比例。

1.7.7 设置图层线宽

在 AutoCAD 中，用户可以为每个图层的线条定制实际线宽。线宽是指定给图形对象及某些类型的文字的宽度值。使用线宽，可以用粗线和细线清楚地表现出截面的剖切方式、标高的深度、尺寸线和刻度线，以及细节上的不同。例如，通过为不同的图层指定不同的线宽，可以轻松地区分新建构造、现有构造和被破坏的构造。除非选择了状态栏上的"显示/隐藏线宽"按钮 ➕，否则将不显示线宽。

TrueType 字体、光栅图像、点和实体填充（二维实体）无法显示线宽，多段线仅在平面视图外部显示时才显示线宽。可以将图形输出到其他应用程序，也可以将对象剪切到剪贴板并保留线宽信息。

在模型空间中，线宽以像素为单位显示，并且在缩放时不发生变化。因此，在模型空间中精确表示对象的宽度时不应该使用线宽。例如，如果要绘制一个实际宽度为 0.5in 的对象时不能使用线宽，而应用宽度为 0.5in 的多段线来表示对象。也可以使用自定义线宽值打印图形中的对象。使用打印样式表编辑器调整固定线宽值，以使用新值打印。

一般可通过以下几种方式设置图层线宽。

◆ 选择"格式"→"线宽"菜单。

◆ 在状态栏上的"线宽"按钮 ➕ 上右击，在弹出的快捷菜单中选择"设置"命令。

◆ 在命令行输入"LWEIGHT"。

执行以上 3 种方法之一，即可弹出如图 1-71 所示的"线宽设置"对话框。

在"图层特性管理器"对话框中，单击某一图层的"线宽"选项，可打开如图 1-72 所示的"线宽"对话框。在该对话框中，列出了一系列可供用户选择的线宽，单击"确定"按钮，即可将所选线宽赋与所选图层。

图 1-71 "线宽设置"对话框

图 1-72 "线宽"对话框

1.7.8 控制图层状态

AutoCAD 提供了一组状态开关，用于控制图层的状态属性，如图 1-73 所示。现将这些状态开关介绍如下。

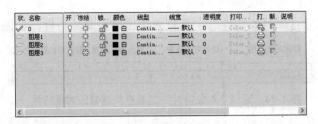

图 1-73 图层状态开关

1．开/关（ON/OFF）状态

图标 💡 代表图层打开/关闭，单击该图标可在图层的开与关之间进行切换。灯亮表示该图层被打开，灯暗表示该图层被关闭。系统默认图层为打开状态。如图 1-73 所示，图层 2 被关闭，其他图层均处于打开状态。

被打开的图层上的图形是可见的，也可被打印，且该层上的图形能被重新生成。

2．冻结/解冻（Freeze/Thaw）状态

图标 ☼ 表示图层的冻结/解冻状态，单击该图标即可在冻结与解冻之间进行切换。图标发亮表示该图层被解冻，图标发暗表示该图层被冻结，系统默认图层为解冻状态。如图 1-73 所示，图层 3 被冻结，其他图层均处于解冻状态。

被冻结的图层上的图形既不可见也不可被打印，也不能被重新生成，且被冻结的层不能置为当前层。

可以通过锁定图层使图层淡入，而无需关闭或冻结图层。

3．锁定/解锁（Lock/Unlock）状态

图标 🔓 表示图层的锁定/解锁状态，单击该图标即可在锁定与解锁之间进行切换。锁锁上表示该图层被锁定，锁打开表示该图层被解锁。系统默认图层为解锁状态。如图 1-73 所示，图层 1 为锁定状态，而其他层为解锁状态。

图层被锁定后，用户只能观察层上的实体，不能对其进行编辑和修改，但实体仍可显示和输出。

4．打印状态

图标 🖶 表示图层的打印/不打印状态，单击该图标即可在打印与不打印之间进行切换。图标上有红圈时表示该层不能被打印，没有红圈则表示该层能被打印。系统默认图层能被打印。如图 1-73 所示，图层 0 不可被打印，而其他图层均可被打印。

1.7.9 快速改变所选图形的特性

在 AutoCAD 中，用户除了可以通过改变图层特性来改变图层上相互对应的特性外，还

可直接在绘图状态下通过"对象特性"工具栏来快速修改对象特性,如图 1-74 所示。

图 1-74 通过"对象特性"工具栏快速修改对象特性

1. 改变图形颜色特性

在 AutoCAD 中,系统提供了 1600 万种颜色供用户选择,用户可以将所选对象设置为任意颜色。如果用户需要定义新绘制对象的颜色,则需要改变系统当前颜色。系统默认的当前颜色为 ByLayer,即随图层颜色。可以通过以下几种方法改变其当前颜色。

◆ 选择"格式"→"颜色"菜单。

◆ 单击"对象特性"工具栏"颜色控制"下拉列表框中的任意颜色。

◆ 在命令行输入"COLOR(COL)"命令。

若用户需要自定义对象颜色,可选择"格式"→"颜色"菜单,在弹出如图 1-75 所示的"选择颜色"对话框中选择所需要的颜色,单击"确定"按钮即可。

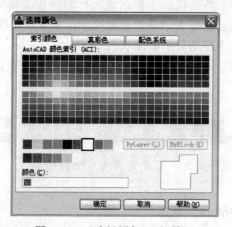

图 1-75 "选择颜色"对话框

系统默认在"对象特性"工具栏的"颜色控制"下拉列表框中提供了红、黄、蓝、青、绿、洋红和白色 7 种颜色,若用户要设置对象颜色为这几种颜色中的某一种,则可直接在"颜色控制"下拉列表框中选择相应的颜色。

设置当前颜色后,"对象特性"工具栏的"颜色控制"下拉列表框中显示当前颜色的名称。若要改变某些对象的颜色特性,操作步骤如下。

(1)在绘图区中选择需要改变颜色特性的对象。

(2)在"对象特性"工具栏的"颜色控制"下拉列表框中选择所需要的颜色特性。

这样,可以很方便地控制每一个图形对象的颜色,即使它所处图层为另外的颜色特性。

2．改变图形线型特性

在绘图区中可以直接改变图形的线性特性，而无需改变对象所在图层的线性特性。可以通过以下几种方法改变其当前线性特性。

◆ 选择"格式"→"线型"菜单。

◆ 单击"对象特性"工具栏中"线型控制"下拉列表框内的供选择线型。

◆ 在命令行输入"LINETYPE（LT）"命令。

在默认情况下，AutoCAD 只加载了 Continuous 线型，如果要使用其他线型，用户还需要手动添加所需的线型特性。执行 LINETYPE 命令后，会弹出如图 1-76 所示的"线型管理器"对话框，在该对话框中显示了当前的线型名称，以及用户已加载的线型列表。在对话框中双击某线型即可将其设置为当前线型。

若用户需要加载新的线型，可在"线型管理器"对话框中单击"加载"按钮，在弹出的如图 1-77 所示的"加载或重载线型"对话框中选择所需的线型，再单击"确定"按钮即可。

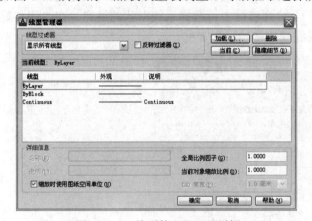

图 1-76　"线型管理器"对话框

图 1-77　"加载或重载线型"对话框

在"线型管理器"对话框中单击"显示细节"按钮，在该对话框下方将显示如图 1-76 所示的"详细信息"选项组，其中各选项的含义如下。

◆ "名称"文本框：显示当前用户所选线型的名称，用户也可以自行修改名称。

◆ "说明"文本框：显示当前用户所选线型的说明信息。

◆ "全局比例因子"文本框：在该文本框中指定当前绘图区中所有对象线型的缩放比例。这也相当于用户在命令行中输入"LTSCALE"命令。

◆ "当前对象缩放比例"文本框：更改当前线型在绘图区中的缩放比例。例如，当前线型缩放比例为 2，全局线型比例为 5，则当前线型在绘图区中的显示比例为 10。因此，默认当前对象缩放比例为 1 时，而只设置全局比例。

◆ "缩放时使用图纸空间单位"复选框：勾选该复选框，表示按相同比例在图纸空间或模型空间中缩放线型。

改变某些图形对象线型特性的操作步骤如下。

（1）在绘图区中选择需要改变线型特性的对象。

（2）在"对象特性"工具栏的"线型控制"下拉列表框中选择所需要的线型。

3. 改变图形线宽特性

根据实际需要，用户可以改变某对象的线宽特性，也可以手动设置系统的默认线宽及线宽单位。"对象特性"工具栏"线宽控制"下拉列表框中显示了 AutoCAD 提供的多种线宽特性，因此，在改变对象线宽特性之前，无需加载其他线宽特性。选择对象后，直接在"对象特性"工具栏的"线宽控制"下拉列表框中选择所需线宽即可改变该对象的线宽。

通过以下两种方式可以改变默认线宽。

◆ 选择"格式"→"线宽"菜单。

◆ 在命令行输入"LWEIGHT"命令。

执行该命令后，将弹出如图 1-78 所示的"线宽设置"对话框，在该对话框的"线宽"列表中显示了当前可用的线宽值。在"列出单位"选项组中可以设置线宽初始宽度的单位，有"毫米"和"英寸"两种单位。勾选"显示线宽"复选框，表示在绘图区中将显示出对象的线宽特性；若不勾选该复选框，则所有对象将按最细线宽显示，但即使关闭线宽显示，也不会影响图形打印输出的效果。在"默认"下拉列表框中可选择系统默认的线宽。在"调整显示比例"选项组中拖动滑块可以调整所选线宽的初始显示宽度。

图 1-78　"线宽设置"对话框

1.7.10　改变对象所在的图层

通过改变对象所在图层就可以改变其相应的特性，其操作步骤如下。

（1）选择需要改变图层的图形对象。

（2）在"图层"工具栏的"图层"下拉列表框中选择相应的图层名称。

1.7.11　通过"特性匹配"来改变图形特性

使用"特性匹配"，可以将一个对象的某些特性或所有特性复制到其他对象。可以复制的特性类型包括（但不仅限于）：颜色、图层、线型、线型比例、线宽、打印样式、透明度、视口特性替代和三维厚度。

默认情况下，所有可用特性均可自动从选定的第一个对象复制到其他对象。如果不希望复制特定特性，可使用"设置"选项禁止复制该特性。可以在执行命令过程中随时选择"设置"选项。

通过以下 3 种方式可以调用"特性匹配"功能。

◆ 选择"修改"→"特性匹配"菜单。

◆ 在"标准"工具栏中单击"特性匹配"按钮 。

◆ 在命令行输入"MATCHPROP（MA）"命令。

若在命令行中执行该命令后，命令行提示与操作如下。

命令：MATCHPROP	//执行 MATCHPROP 命令
选择源对象：	//选择作为特性匹配的对象
当前活动设置：颜色 图层 线型 线型比例	//可进行特性匹配的对象特性类型
打印样式 线宽 厚度 文字 标注 填充图案	
多段线 视口 表格	
选择目标对象或"设置（S)"：	//选择需特性匹配的目标对象
选择目标对象或"设置（S)"：　//继续选择其他目标对象，完成特性匹配后，按【Enter】键结束命令	

若在"选择目标对象或'设置（S)'："提示下选择"设置"选项，则将弹出如图 1-79 所示的"特性设置"对话框，通过该对话框，可以选择在特性匹配过程中哪些特性可以被复制。完成设置后，单击"确定"按钮即可。

图 1-79　"特性设置"对话框

第2章

电气工程制图概述

本章导读

在国家颁布的工程制图标准中，对电气工程图的制图规则做了详细的规定。本章主要介绍电气工程图的基本知识，通过本章的学习使读者掌握电气工程图的种类和特点，了解电气工程图的制图规范及电气符号的分类，并认识常用的电气符号。本章介绍的常用电气符号包括导线连接符号、电阻符号、电容符号、电感符号、桥式整流器符号、开关符号、电流互感器符号、电抗器符号、扬声器符号、接地符号等，为后面的电气符号画法做铺垫。

主要内容

- 了解电气工程图的分类与特点
- 熟悉电气工程CAD制图规范
- 了解电气符号的构成与分类
- 了解电气样板文件的创建

效果预览

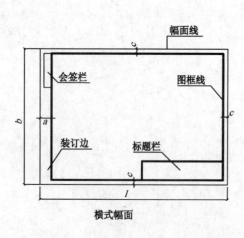

横式幅面

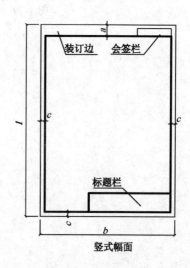

竖式幅面

2.1 电气工程图的分类及特点

　　电气工程图是用图的形式来表示信息的一种技术文件，主要用图形符号、简化外形的电气设备、线框等表示系统中有关组成部分的关系，是一种简图。本章介绍的相关内容主要参照国家标准 GB/T 18135—2008《电气工程 CAD 制图规则》中常用的有关规定。

　　由于电气工程图的使用非常广泛，几乎遍布工业生产和日常生活的各个环节。为了表示清楚电气工程的功能、原理、安装和使用方法，需要有不同种类的电气图进行说明。本节根据电气工程的应用范围介绍一些常用电气工程图的种类及其应用特点。

2.1.1 电气工程图的分类

　　电气工程图主要为用户阐述电气工程的工作原理、系统的构成，提供安装接线和使用维护的依据。根据表达形式和工程内容不同，一般电气工程图主要分为以下几类。

- ◆ 电力工程：发电工程、变电工程、线路工程。
- ◆ 电子工程：家用电器、广播通信、计算机等弱电。
- ◆ 工业电气：机床、工厂、汽车等。
- ◆ 建筑电气：动力照明、电气设备、防雷接地等。

2.1.2 电气工程图的组成

　　根据表达形式和工程内容不同，一般电气工程图主要由以下几部分组成。

1. 电气系统图

　　电气系统图主要表示整个工程或其中某一项目的供电方式和电能输送的关系，可表示某一装置各主要组成部分的关系，如电气一次主接线图、建筑供配电系统图、控制原理图等。

　　例如，如图 2-1 所示的电动机供电系统图表示了它的供电关系，它的供电过程是电源 L1、L2、L3 三相→熔断器 FU→接触器 KM→热继电器热元件 FR→电动机。如图 2-2 所示的是某变电所供电系统图，表示把 10kV 电压通过变压器变换为 380V 电压，经继路器 QF，通过 FU—QK₁、FU—QK₂、FU—QK₃ 分别供给 3 条支路。系统图或框图常用来表示整个工程或其中某一项目的供电方式和电能输送关系，也可表示某一装置或设备各主要组成部分的关系。

2. 原理电路图

　　电路图主要表示某一系统或者装置的工作原理，如机床电气原理图、电动机控制回路图、继电保护原理图等。

　　例如，在如图 2-3 所示的磁力启动器电路图中，当按下启动按钮 SB₂ 时，接触器 KM 的线圈得电，其常开主触点闭合，使电动机得电，启动运行，另一个辅助常开触点 KM 闭合，进行自锁；当按下停止按钮 SB₁ 或热继电器 FR 运作时，KM 线圈失电，常开主触点 KM 断开，电动机停止。

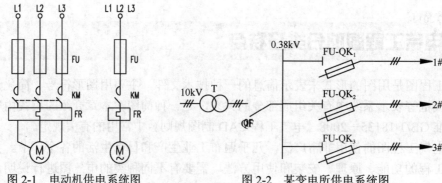

图 2-1 电动机供电系统图   图 2-2 某变电所供电系统图

3. 安装接线图

安装接线图主要表示电气装置的内部各元件之间，以及其他装置之间的连接关系，便于设备的安装、调试及维护。

如图 2-4 所示为磁力启动器控制电动机的主电路接线图，它清楚地表示了各元件之间的实际位置和连接关系。电源（L1、L2、L3）由 BX-3×6 的导线接至端子排 X 的 1、2、3 号，然后通过熔断器 FU₁～FU₃ 接至交流接触器 KM 的主触点，再经过继电器的发热元件接到端子排的 4、5、6 号，最后用导线接入电动机的 U、V、W 端子。

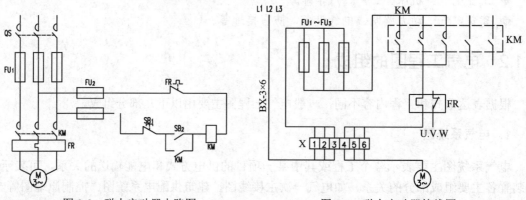

图 2-3 磁力启动器电路图   图 2-4 磁力启动器接线图

4. 电气平面图

电气平面图主要表示某一电气工程中的电气设备、装置和线路的平面布置。它一般是在建筑平面的基础上绘制出来的。常见的电气平面图主要有线路平面图、变电所平面图、弱电系统平面图、照明平面图、防雷与接地平面图等。如图 2-5 所示为某办公楼配电平面图。

5. 设备布置图

设备布置图主要表示各种设备的布置方式、安装方式及相互间的尺寸关系，主要包括平面布置图、立面布置图、断面图、纵横剖面图等。

6. 大样图

大样图主要表示电气工程某一部件的结构，用于指导加工与安装，其中一部分大样图为国家标准图。

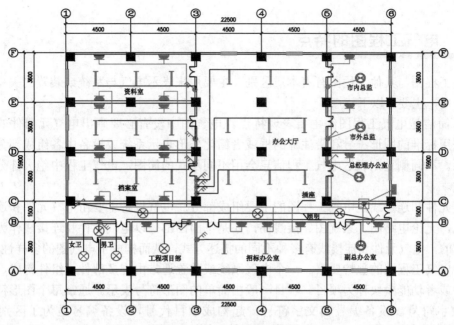

图 2-5 某办公楼配电平面图

7. 产品使用说明书电气图

电气工程中选用的设备和装置，其生产厂家往往随产品使用说明书附上电气图，这种电气图也属于电气工程图。

8. 设备元件和材料表

设备元件和材料表是把某一电气工程中用到的设备、元件和材料列成表格，表示其名称、符号、型号、规格和数量等。

9. 其他电气图

在电气工程图中，电气系统图、电路图、安装接线图和设备布置图是最主要的图。在一些较复杂的电气工程中，为了补充和详细说明某一方面，还需要一些特殊的电气图，如逻辑图、功能图、曲线图、表格等。

一般而言，一项电气工程的电气图除了有以上所介绍的电气工程图，还需要在最前面加上目录和前言。目录是对某个电气工程的所有图纸编出目录，便于检索图样、查阅图纸，内容主要由序号、图名、图纸编号、张数、备注等构成。前言中包括设计说明、图例、设备材料明细表（见表 2-1）、工程经费概算等，这样一套完整的电气工程图就完成了。

表 2-1 设备材料明细表

序 号	符 号	名 称	型 号	规 格	单 位	数 量	备 注
1	M	异步电动机	Y	380V，15kW	台	1	
2	KM	交流接触器	CJ10	380V，40A	个	1	
3	FU	熔断器	RT18	250V，1A	个	1	配熔芯 1A
4	K	热继电器	JR3	40A	个	1	整定值 25A
5	S	按钮	LA2	250V，3A	个	2	常开、常闭触点

2.1.3　电气工程图的特点

电气工程图与其他工程图有着本质区别，主要用来表示电气与系统或装置的关系，具有独特的一面，主要有以下特点。

（1）简洁是电气工程图的主要表现特点。电气图中没有必要画出电气元器件的外形结构，可采用标准的图形符号和带注释的框或者简化外形表示系统或设备中各组成部分之间的相互关系。不同侧重则表达电气工程信息会用不同形式的简图，电气工程中绝大部分采用简图的形式。

（2）元件和连接线是电气工程图的主要组成部分。电气设备主要由电气元件和连接线组成。因此，无论电路图、系统图、接线图，还是平面图都是以电气元件和连接线作为描述的主要内容的。电气元件和连接线有多种不同的描述方式，从而构成了电气图的多样性。

（3）电气工程图的独特要素。一个电气系统或装置通常由许多部件、组件构成，这些部件、组件或者功能模块称为项目。项目一般由简单的图形符号表示。通常每个图形符号都有相应的文字符号。设备编号和文字符号一起构成项目代号，设备编号是为了区别相同的设备。

（4）电气工程图主要采用功能布局法和位置布局法。功能布局法指在绘图时，图中各元件的位置只考虑元件之间的功能关系，而不考虑元件的实际位置的一种布局方法。电气工程图中的系统图和电路图采用的就是这种方法。位置布局法是指电气工程图中的元件位置对应于元件的实际位置的一种布局方法。电气工程图中的接线图和设备布置图采用的就是这种方法。

（5）电气工程图的表现形式具有多样性。可用不同的描述方法，如能量流、逻辑流、信息流、功能流等，形成不同的电气工程图。系统图、电路图、框图、接线图就是描述能量流和信息流的电气工程图；逻辑图是描述逻辑流的电气工程图；辅助说明的功能表图、程序框图描述的是功能流。

AutoCAD 2013
2.2　电气工程 CAD 制图规范

根据国家标准《电气工程 CAD 制图规划》的常用规定，图样必须有设计和施工等部门遵守的格式和规定。电气工程设计部门设计、绘制图样，施工单位按图样组织工程施工才有统一的图样格式，避免工作中引起不必要的误会。

2.2.1　图纸格式

图纸是工程师的语言。在 AutoCAD 中绘图时，若要对绘图进行打印，就需要选择图纸空间工作空间，在图纸空间中可以进行图纸的合理布局，对其中任何一个视图本身进行基本的编辑操作。

1．图纸幅面（图幅）

图幅是指图纸幅面的大小，所有绘制的图形都应在图纸幅面之内。图纸幅面分为横式幅面和立式幅面，国标规定的机械图纸的幅面有 A0～A4 五种。绘制图纸时，优选的图纸幅面见表 2-2，较长的图纸幅面见表 2-3。

表2-2 优选的图纸幅面

代　号	尺寸（B×L）
A0	841×1189
A1	594×841
A2	420×594
A3	297×420
A4	210×297

表2-3 较长的图纸幅面

代　号	尺寸（B×L）
A3×3	420×891
A3×4	420×1189
A4×3	297×630
A4×4	297×841
A4×5	297×1051

2．图框

（1）图框尺寸。图框又分为内框和外框，外框尺寸即表 2-2、表 2-3 中规定的尺寸。内框尺寸为外框尺寸减去相应的"a"、"c"、"e"的尺寸，如表 2-4 和图 2-5 所示。加长幅面的内框尺寸，按选用的基本幅面大一号的图框尺寸确定。

表2-4 图纸的图框尺寸

幅面代号	A0	A1	A2	A3	A4
e	20			10	
c	10			5	
a	25				

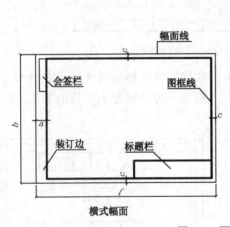

横式幅面

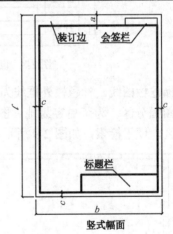

竖式幅面

图 2-6　图框尺寸

（2）图框线宽。图幅的内框线，根据不同幅面、不同输出设备宜采用不同的线宽（见表 2-5），各种图幅的外框均为 0.25mm 的实线。

表2-5 图幅内框线宽

幅　面	绘图机类型	
	喷墨绘图机	笔式绘图机
A0、A1 及其加长图	1.0mm	0.7mm
A2、A3、A4 及其加长图	0.7mm	0.5mm

3. 标题栏的格式

（1）标题栏位置。无论对 x 型水平放置的图纸，还是 y 型垂直放置的图纸，标题栏都应放在图面的右下角。标题栏的看图方向一般应与图的看图方向一致。

（2）国内工程通用标题栏的基本信息及尺寸如图 2-7 和图 2-8 所示。

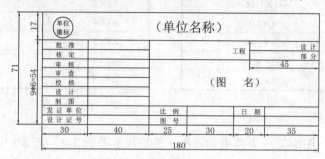

图 2-7　设计通用标题栏（A0～A1）

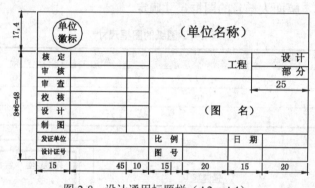

图 2-8　设计通用标题栏（A2～A4）

（3）标题栏图线。标题栏外框线为 0.5mm 的实线，内分格线为 0.2mm 的实线。

（4）图幅分区。为了更容易地读图和检索，需要一种确定图上位置的方法，因此，把幅面做成分区，便于检索，如图 2-9 所示。

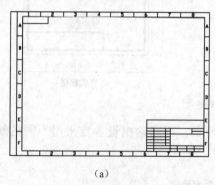

（a）

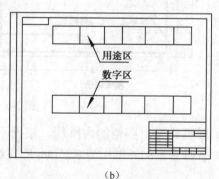

（b）

图 2-9　图幅分区

图幅分区有两种方式，第一种图幅分区的方法如图 2-9（a）所示，在图的周边内划定分区，分区数必须是偶数，每一分区的长度为 25～75mm，横竖两个方向可以不统一，分区线用细实线。竖边所分为"行"，用大写拉丁字母作为代号；横边所分为"列"，用阿拉伯数字作为代号，都从图的左上角开始顺序编号，两边注写。分区的代号用分区所在的"行"与

"列"的两个代号组合表示，如"A2"、"C3"等。

如果电气图中表示的控制电路内的支路较多，并且各支路元器件布置与功能又不同，可采用另一种分区方法，如图 2-9（b）所示。这种方法只对图的一个方向分区，根据电路的布置方式选定。例如，电路垂直布置时，只作为横向分区。分数不限，各个分区的长度也可以不等，一般是一个支路一个分区。分区顺序编号方式不变，但只需要单边注写，其对边则另行划区，标注主要设备或支电路的名称、用途等，称为用途区。两对边的分区长度也可以不一样。

2.2.2 图线

电气图中的各种线条统称为图线。

根据用途的不同，图线宽度宜从以下线宽中选用：

0.18mm、0.25mm、0.35mm、0.5mm、0.7mm、1.0mm、1.4mm、2.0mm。

图形对象的线宽应尽量不多于 2 种，每两种线宽间的比值应不小于 2。平形线（包括画阴影线）之间的最小间距不小于粗线宽度的 2 倍，建议不小于 0.7mm。

根据不同的结构含义，采用不同的线型，一般有 6 种常用图线，见表 2-6。

表 2-6　常用图线

代　号	图线名称	图线形式	应用范围
A	粗实线	▬▬▬▬▬▬▬▬	一次线路、轮廓线、过渡线
B	细实线	——————————	二次线路、一般线路、边界线、剖面线
F	虚线	– – – – – – –	屏蔽线、机械连线
G	细点画线	– · – · – · – ·	辅助线、轨迹线、控制线
J	粗点画线	▬ · ▬ · ▬ · ▬	表示线、特殊的线
K	双点画线	– · · – · · – · ·	轮廓线、中断线

2.2.3 字体

电气图中的文字如汉字、字母和数字等必须符合国家标准。国家标准中对电气工程图中字体的规定可归纳为以下几点。

（1）书写字体必须做到：字体工整、笔画清楚、间隔均匀、排列整齐。

（2）字体的号数，即字体高度 h，公称系列为 1.8mm、2.5mm、3.5mm、5mm、7mm、10mm、14mm、20mm，字符的宽高比约为 0.7。图样中采用的各种文本尺寸见表 2-7。

表 2-7　图样中采用的各种文本尺寸

文本类型	中　文		数字及字母	
	字　　高	字　　宽	字　　高	字　　宽
标题栏图名	7～10	5～7	5～7	3.5～5
图形图名	7	5	5	3.5
说明抬头	7	5	5	3.5
说明条文	5	3.5	3.5	2.5

续表

文 本 类 型	中 文		数字及字母	
	字 高	字 宽	字 高	字 宽
图形文字标注	5	3.5	3.5	2.5
图号与日期	5	3.5	3.5	2.5

（3）字母和数字可写成斜体或正体，但全图要统一。斜体字字头向右倾斜，与水平基准线成 75°。

2.2.4 比例

电气图中画的图形符号与实际设备的尺寸大小不同，图中画的符号大小与实物大小的比值称为比例。电气图大部分都不是按比例绘制的，但位置平面图大部分都按比例绘制。常用的比例见表 2-8。

表 2-8 常用比例

类 别	常 用 比 例			
放大比例	2:1 2×10^n:1	2:1 2.5×10^n:1	2:1 4×10^n:1	2:1 5×10^n:1
原尺寸	1:1			
缩小比例	1:1.5 $1:1.5\times10^n$	1:2 $1:2\times10^n$	1:2.5 $1:2.5\times10^n$	1:3 $1:3\times10^n$
	1:4 $1:4\times10^n$	1:5 $1:5\times10^n$	1:6 $1:6\times10^n$	1:10 $1:10\times10^n$

电气工程图常用的比例是 1:500、1:200、1:100、1:60、1:50。而大样图的比例可用 1:20、1:10 或 1:5。不论采用缩小的还是放大的比例绘图，图样中所标注的尺寸均为电气元件的实际尺寸。

对于同一张图样上的各个图形，原则上应采用相同的比例绘图，并在标题栏内的"比例"一栏中进行填写。比例符号以":"表示，如 1:100。当某个图形需采用不同的比例绘制时，可在视图名称的下方以分数形式标出该图形所采用的比例。

2.3 电气符号的构成与分类

电气设备元件、线路、安装方法等必须通过图形符号、文字符号或代号绘制在电气工程图中，要分析这些电气工程图，首先需要了解这些符号的组成形式、内容、含义及它们间的相互关系。本节主要介绍电气工程图中常用的电气符号及其分类。

2.3.1 部分常用的电气符号

用户需要对电气工程图中常用的电气符号有所了解，掌握常用电气符号的特征和含义。一般常用的电气符号有导线、电阻、电感、二极管、三极管、交流电动机、单极开关、灯、蜂鸣器、接地等。在以后的章节里会对部分符号的画法做详细的介绍。下面列出了一些电气工程图中最常见的电气图形符号，以帮助读者熟悉这些电气元件的表达形式。

（1）电阻器、电容器、电感器和变压器的图形符号见表2-9。

表2-9　电阻器、电容器、电感器和变压器的图形符号

名　称	图　形　符　号	名　称	图　形　符　号
电阻器	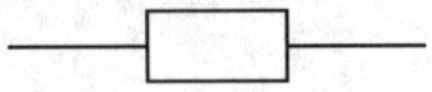	可变电容器	
可变电阻器	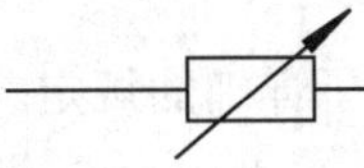	电感器	
滑动变阻器	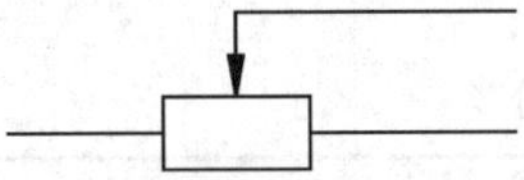	带铁芯的电感器	
电容器	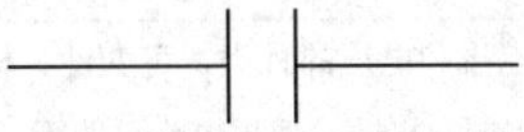	双绕组变压器	

（2）常用开关的图形符号见表2-10。

表2-10　常用开关的图形符号

名　称	图　形　符　号	名　称	图　形　符　号
三极开关	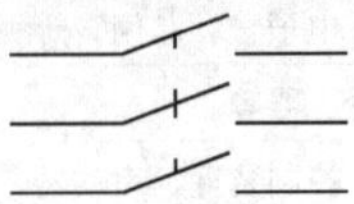	复合触点开关	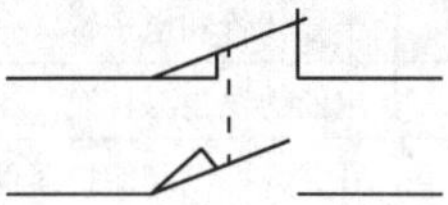
低压断路器	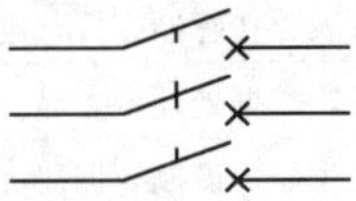	启动按钮	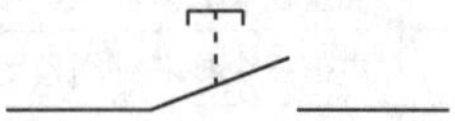
常开触点开关		停止按钮	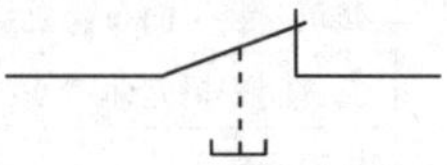
常闭触点开关	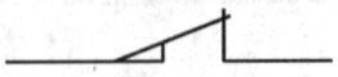	延时动作的动合触点开关	

（3）其他常用的电气图形符号见表2-11。

表2-11　其他常用的电气图形符号

名　称	图　形　符　号	名　称	图　形　符　号
扬声器		接地符号	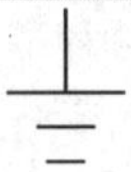
电抗器		端子	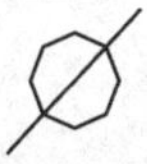
电流互感器	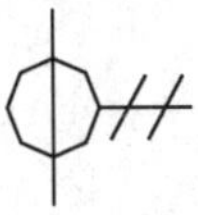	连接片	

名　　称	图 形 符 号	名　　称	图 形 符 号
桥式整流器		导线的连接	

2.3.2 电气符号的分类

最新的《电气图形符号总则》对各种电气符号的绘制做了详细的规定。按照这个规定，一般电气图用图形符号主要由表 2-12 所示的几部分组成。

表 2-12　电气符号分类

序　　号	分 类 名 称	内　　容
1	符号要素、限定符号和其他常用符号	包括轮廓外壳、电流和电压的种类、可变性、材料类型、机械控制、操作方法、非电量控制、接地、理想电路元件等
2	导体和连接件	包括电线、柔软和屏蔽或绞合导线，同轴导线；端子、导线连接；压电晶体、驻极体、延迟线等
3	基本无源元件	包括电阻、电容、电感器；铁氧体磁芯、磁存储器；压电晶体、驻极体、延迟线等
4	半导体管和电子管	包括二极管、三极管、电子管、晶闸管等
5	电能的发生与转换	包括绕组、发电机、变压器等
6	开关、控制和保护器件	包括触点、开关装置、控制装置、启动器、接触器、继电器等
7	测量仪表、灯和保护器件	包括指示仪表、记录仪表、传感器、灯、电铃、扬声器等
8	电信：交换和外围设备	包括交换系统、电话机、数据处理设备等
9	电信：传输	包括通信线路、信号发生器、调制解调器、传输线路等
10	建筑安装平面布置图	包括发电站、变电所、音响和电视分配系统等
11	二进制逻辑元件	包括存储器、计数器等
12	模拟元件	包括放大器、电子开关、函数器等

第3章

常用电气元件的绘制

本章导读

在绘制电气图时，有一些电气元件经常被用到。本章将介绍如何使用 AutoCAD 2013 绘制一些常用电气元件的方法及技巧。通过本章的学习，用户不仅可以熟悉 AutoCAD 2013 的常用绘图功能，掌握常见电气元件的绘制方法，并且可以举一反三，使用 AutoCAD 2013 的基本绘图和修改工具绘制其他电气元件符号。

主要内容

 无源器件的绘制

 导线与连接器件的绘制

半导体器件的绘制

开关的绘制

信号器件的绘制

测量仪表的绘制

常用电气符号的绘制

效果预览

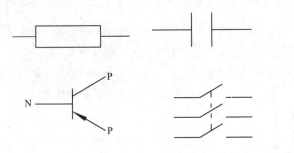

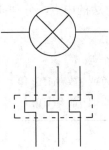

3.1 无源器件的绘制

无源器件是指对流经额电流信号不进行任何的运算处理，只是将信号强度放大或单纯地让电流信号通过而已，这类器件是被动器件，是电路组成的基础，在电气设计中尤为重要，其中基本的无源器件包括电阻、电容、电感等。

3.1.1 电阻的绘制

视频\03\电阻的绘制.avi
案例\03\电阻.dwg

电阻的主要物理特征是变电能为热能，也可以说它是一个耗能元件，电流经过它就产生内能。对信号来说，电阻在电路中通常起分压分流的作用。交流信号与直流信号都可以通过电阻，电阻通常用字母 R 表示，单位是欧姆，简称欧，符号是Ω，比较大的单位有千欧（kΩ）、兆欧（MΩ）(兆=百万，即 100 万)，其换算关系：$1T\Omega=103G\Omega$；$1G\Omega=103M\Omega$；$1M\Omega=103k\Omega$；$1M\Omega=103\Omega$（也就是一千进制）。下面介绍电阻的绘制方法。

电阻符号由一个矩形和两段直线组成，其操作步骤如下：

（1）启动 AutoCAD 2013 软件，按【Ctrl+S】键保存该文件为"案例\03\电阻.dwg"。

（2）执行"矩形"命令（REC），按照如下命令行提示，在视图中绘制 30×10 的矩形，如图 3-1 所示。

命令: RECTANG	// 执行"矩形"命令
指定第一个角点或 [倒角(C)/标高(E)/圆角(F)/厚度(T)/宽度(W)]:	// 指定第一角点
指定另一个角点或 [面积(A)/尺寸(D)/旋转(R)]: @30,10	// 输入下一点坐标点值

（3）执行"直线"命令（L），按照如下命令行提示，利用"对象捕捉"命令，捕捉矩形左右两侧竖直边的中点，分别向外绘制长度为 10mm 的水平直线段，如图 3-2 所示。

命令: LINE	// 执行"直线"命令
指定第一个点:	// 指定第一点
指定下一点或 [放弃(U)]: 10	// 输入线段长度值
指定下一点或 [放弃(U)]:	// 按空格键结束

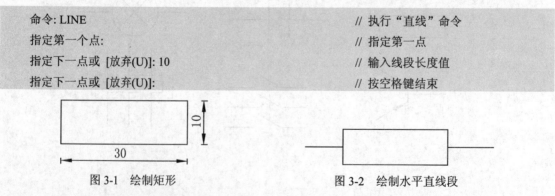

图 3-1　绘制矩形　　　　　　　　　　　　图 3-2　绘制水平直线段

（4）至此，电阻图例绘制完成，按【Ctrl+S】键将文件进行保存。

对象捕捉（快捷键【F3】）功能的含义如下：

1. 对象捕捉不能单独使用，必须配合别的命令一起使用，仅当命令行提示输入点时，对象捕捉才生效。如果试图在命令行未提示的情况下使用对象捕捉，Auto CAD 将显示错误信息。

2. 对象捕捉只影响绘图区中可见的对象，包括锁定图层、布局视口边界和多段线上的对象等，不能捕捉不可见的对象、关闭或冻结图层上的对象及虚线的空白部分。

3. 用户可以设置自己经常使用的捕捉方式，在每次需要进行捕捉时，所设定的目标捕捉方式就会被激活，而不是仅对一次选择有效。当同时使用多种捕捉方式时，系统将捕捉距光标最近，同时又满足目标捕捉方式之一的点。当光标要获取的点非常近时，按【Shift】键暂时不获取对象点。

"图块"是多个对象的集合，是一个单一图元，用户可以多次灵活应用此单一图元，这样不仅可以很大程度地提高绘图速度，还可以使绘制的图形更标准化和规范化。本章所绘制的图形都是常用的电气元件，在以后的章节中都将重复使用。

3.1.2　电容的绘制

视频\03\电容的绘制.avi
案例\03\电容.dwg

电容是表征电容器容纳电荷本领的物理量。它的用途较广，是电子、电力领域中不可缺少的电子元件，主要用于电源滤波、信号滤波、信号耦合、谐振、隔直流等电路中。电容通常用字母 C 表示，单位是法拉，简称法，符号是 F。常用的电容单位有毫法（mF）、微法（μF）、纳法（nF）和皮法（pF，皮法又称微微法）等，其换算关系：1F=103mF=106μF，1μF=103nF=106 pF。

电容符号由两段水平直线和两段竖直直线组成。其操作步骤如下：

（1）启动 AutoCAD 2013 软件，按【Ctrl+S】键保存该文件为"案例\03\电容.dwg"。

（2）执行"矩形"命令（REC），在视图中绘制 9×15 的矩形，如图 3-3 所示。

（3）执行"分解"命令（X），将绘制的矩形进行分解，分解成 4 条单独的线段，如图 3-4 所示。

（4）执行"直线"命令（L），分别捕捉矩形左右侧竖直边的中点，向外绘制长度为 17.5mm 的水平直线段，如图 3-5 所示。

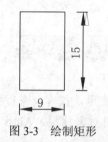

图 3-3 绘制矩形

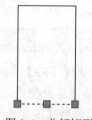

图 3-4 分解矩形

如果用户要指定所绘制图形的基点位置，用户可执行"基点"命令（BASE），再捕捉电容符号水平线段最左侧的端点来作为基点，后面所绘制的电气元件符号同样按照此方法来定义基点。

（5）执行"删除"命令（E），将矩形上下侧的水平边删除掉，如图 3-6 所示。

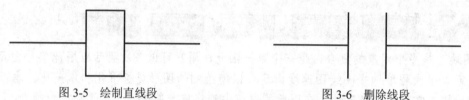

图 3-5 绘制直线段　　　　　　　　　　　图 3-6 删除线段

（6）至此，电容图例绘制完成，按【Ctrl+S】键将文件进行保存。

3.1.3 电感的绘制 视频\03\电感的绘制.avi　　案例\03\电感.dwg

电感线圈的作用是阻碍电流的增大或减少，对电流有调节作用。电感通常用 L 字母表示，单位是亨利，简称亨，符号是 H。常用的电感单位有毫亨（mH）、微亨（μH）、纳亨（nH）和皮亨（pH）等，其换算关系是：1H=103mH=106μH，1μH=103nH=106pH。

电感符号由几段首尾连接的半圆弧和两段水平直线组成，其操作步骤如下：

（1）启动 AutoCAD 2013 软件，按【Ctrl+S】键保存该文件为"案例\03\电感.dwg"。

（2）执行"圆弧"命令，按照如下命令行提示，在视图中绘制以点（100，100）为圆弧的起点，以点（94，100）为圆心，包含角为 180°的圆弧，其绘制的圆弧如图 3-7 所示。

命令: ARC	// 执行"圆弧"命令
指定圆弧的起点或 [圆心(C)]: c	// 选择"圆心(C)"选项
指定圆弧的圆心: 100,100	// 输入圆弧圆心坐标值
指定圆弧的起点: 94,100	// 输入圆弧起点坐标值
指定圆弧的端点或 [角度(A)/弦长(L)]: a	// 选择"角度(A)"选项
指定包含角: 180	// 输入角度值

（3）执行"阵列"命令（AR），设置行为 1，列为 4，列偏移为 12 的矩形阵列操作，如图 3-8 所示。

图 3-7　绘制圆弧　　　　　　　　　　　图 3-8　阵列圆弧

（4）执行"直线"命令（L），绘制以左起第 1 个圆弧起向下绘制长度为 12mm 的垂直线段，如图 3-9 所示。

（5）继续执行"直线"命令（L），以左起第 4 个圆弧的右侧端点为起点，向下绘制长度为 12 的垂直线段，如图 3-10 所示。

提 示　注 意　技 巧　专业技能　软件知识

绘制圆弧时，需要注意指定端点或圆心，指定端点的时针方向即为绘图圆弧的方向。

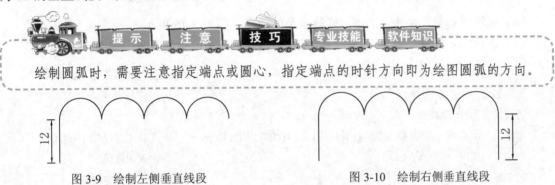

图 3-9　绘制左侧垂直线段　　　　　　　　图 3-10　绘制右侧垂直线段

（6）至此，电感图例绘制完成，按【Ctrl+S】键将文件进行保存。

3.1.4　可调电阻的绘制

视频\03\可调电阻的绘制.avi
案例\03\可调电阻.dwg

提 示　注 意　技 巧　专业技能　软件知识

可调电阻又称可变电阻，其英文为 Rheostat，是电阻的一类，其电阻值的大小可以人为调节，以满足电路的需要。可调电阻按照电阻值的大小、调节的范围、调节形式、制作工艺、制作材料、体积大小等可分为许多不同的型号和类型。可调电阻分为电子元气件可调电阻、瓷盘可调电阻、贴片可调电阻、线绕可调电阻等。

（1）启动 AutoCAD 2013 软件，按【Ctrl+S】键保存该文件为"案例\03\可调电阻.dwg"。

（2）执行"矩形"命令（REC），在视图中绘制 12×4 的矩形，如图 3-11 所示。

（3）执行"分解"命令（X），将绘制的矩形进行分解，如图 3-12 所示。

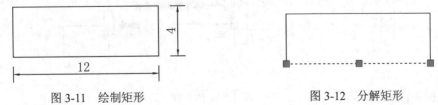

图 3-11　绘制矩形　　　　　　　　　　图 3-12　分解矩形

（4）执行"直线"命令（L），分别捕捉矩形左、右两侧垂直边的中点，绘制一条水平线段，如图 3-13 所示。

（5）利用钳夹拉伸，将绘制的水平线段向左右各拉伸 10 的距离，如图 3-14 所示。

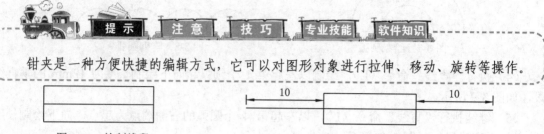

钳夹是一种方便快捷的编辑方式，它可以对图形对象进行拉伸、移动、旋转等操作。

图 3-13　绘制线段　　　　　　　　　　图 3-14　拉伸线段

（6）执行"修剪"命令（TR），修剪多余的线段，如图 3-15 所示。

（7）执行"多段线"命令（PL），按照如下命令行提示，绘制箭头，如图 3-16 所示。

```
命令: PLINE                                                    // 执行"多段线"命令
指定起点:                                                      // 指定起点
当前线宽为 0.0000
指定下一个点或 [圆弧(A)/半宽(H)/长度(L)/放弃(U)/宽度(W)]: w      // 选择"宽度(W)"选项
指定起点宽度 <0.0000>: 0                                        // 输入宽度值
指定端点宽度 <0.0000>: 1                                        // 输入端点宽度值
指定下一个点或 [圆弧(A)/半宽(H)/长度(L)/放弃(U)/宽度(W)]:         // 按空格键
指定下一点或 [圆弧(A)/闭合(C)/半宽(H)/长度(L)/放弃(U)/宽度(W)]: w  // 选择"宽度(W)"选项
指定起点宽度 <1.0000>: 0                                        // 输入起点宽度值
指定端点宽度 <0.0000>: 0                                        // 输入端点宽度值
指定下一点或 [圆弧(A)/闭合(C)/半宽(H)/长度(L)/放弃(U)/宽度(W)]     // 按空格键结束
```

图 3-15　修剪线段　　　　　　　　　　图 3-16　绘制多段线

（8）执行"旋转"命令（RO），将绘制的电阻图形旋转 90°，如图 3-17 所示。

（9）执行"移动"命令（M），将绘制的箭头图形选中，再捕捉箭头的左侧端点将其移动到矩形右侧垂直边的中点处，从而完成可调电阻的绘制，如图 3-18 所示。

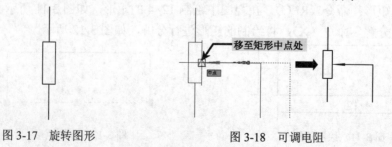

移至矩形中点处

图 3-17　旋转图形　　　　　　　　　　图 3-18　可调电阻

（10）至此，可调电阻的绘制已完成，按【Ctrl+S】键保存。

3.2 导线与连接器件

视频\03\导线与连接器件的绘制.avi
案例\03\导线与连接器件.dwg

　　导线与连接器件是将各分散元件组合成一个完整电路图的必备材料。导线的一般符号可用于表示一根导线、导线组、电线、电缆、电路、传输电器、线路、母线、总线等，根据具体情况加粗、延长或缩小。

　　三相交流电路中的三相导线符号由 3 根截面积为 130mm^2，中性截面为 50mm^2 的导线组成，其操作步骤如下：

　　（1）启动 AutoCAD 2013 软件，按【Ctrl+S】键保存该文件为"案例\03\导线与连接器件.dwg"。

　　（2）执行"直线"命令（L），在视图中绘制长度为 100mm 的水平直线段，如图 3-19 所示。

　　（3）执行"偏移"命令（O），按照如下命令行提示，将绘制的水平直线段水平向下进行偏移，偏移距离为 15，如图 3-20 所示。

命令: FFSET	// 执行"偏移"命令
当前设置: 删除源=否　图层=源　OFFSETGAPTYPE=0	// 显示当前设置
指定偏移距离或 [通过(T)/删除(E)/图层(L)]<通过>:　15	// 输入偏移距离
选择要偏移的对象，或 [退出(E)/放弃(U)]<退出>:	// 选择偏移对象
指定要偏移的那一侧上的点，或 [退出(E)/多个(M)/放弃(U)]<退出>:	// 指定偏移方向
选择要偏移的对象，或 [退出(E)/放弃(U)]<退出>:	// 按空格键结束

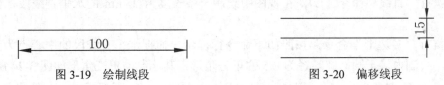

图 3-19　绘制线段　　　　　　　　　　　　　图 3-20　偏移线段

　　（4）执行"文字"命令（T），在图形的上侧相应位置输入文字"3N50Hz，380V"，如图 3-21 所示。

命令: MTEXT	// 执行"多行文字"命令
当前文字样式: "Standard"　文字高度: 0.2000　注释性: 否	
指定第一角点:	//指定一角点
指定对角点或 [高度(H)/对正(J)/行距(L)/旋转(R)/样式(S)/宽度(W)/栏(C)]:	

　　（5）继续执行"文字"命令（T），在图形的下侧输入文字"3*130+1*50"，即可完成导线的绘制，如图 3-22 所示。

3N50Hz, 380V

3N50Hz, 380V

3*130+1*50

图 3-21　编辑文字说明　　　　　　　　　　　图 3-22　编辑文字说明

（6）至此，三相导线的绘制已完成，按【Ctrl+S】键保存。

3.3 半导体器件的绘制

半导体器件最常见的有二极管和三极管，而半导体是导电能力介于导体和绝缘体之间的物质，它的电阻率在 $10^{-3} \sim 10^{9}\Omega \cdot cm$ 的范围内，半导体器件有二极管、三级管及场效应管等，是电气绘图中常见的符号，是组成电路的主要部分，被广泛应用在各种电路图的绘制中。

3.3.1 二极管的绘制

视频\03\二极管的绘制.avi
案例\03\二极管.dwg

二极管是半导体器件中的一种，广泛应用于各种电子设备中，它是一种 PN 结构成的电子器件。PN 结构是由 P 型半导体和 N 型半导体有机结合而形成的。其中，接到 P 型半导体的引线称为正极（或阳极）；接到 N 型半导体的引线称为负极（或阴极）。二极管的主要特性是单向导电性，即将直流电源的正极和负极分别接二级管的正极和负极时二级管导通，反之二极管截止。

二极管由一个正三角形和两段直线组成，其操作步骤如下：

（1）启动 AutoCAD 2013 软件，按【Ctrl+S】键保存该文件为"案例\03\二极管.dwg"。

（2）执行"直线"命令（L），在视图中绘制一条长度为 25mm 的水平直线段，如图 3-23 所示。

（3）执行"多边形"命令，按照如下命令行提示，捕捉水平直线段的中心点为正三角形的中心点，绘制内接于圆，圆半径为 2.5 的正三角形，其绘制的正三角形如图 3-24 所示。

命令: _polygon	// 执行"多边形"命令
输入侧面数 <3>: 3	// 输入侧面数值
指定正多边形的中心点或 [边(E)]:	// 捕捉直线中心点
输入选项 [内接于圆(I)/外切于圆(C)] <I>:	// 选择"内接于圆(I)"选项
指定圆的半径: 2.5	// 输入圆半径值

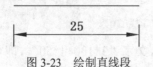

图 3-23 绘制直线段

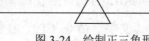

图 3-24 绘制正三角形

（4）执行"旋转"命令（RO），按照如下命令行提示，捕捉直线的中点为基点，将绘制的正三角形旋转 30°，如图 3-25 所示。

命令: ROTATE	// 执行"旋转"命令
UCS 当前的正角方向: ANGDIR=逆时针 ANGBASE=0	// 显示当前设置
选择对象: 找到 1 个	// 选择正三角形

选择对象：

指定基点：

指定旋转角度，或 [复制(C)/参照(R)] <0>： 30   // 输入旋转角度值

（5）执行"直线"命令（L），在捕捉正三角形右侧的顶点向上、下侧分别绘制长为 2.5mm 的垂直线段，即可完成二极管的绘制，如图 3-26 所示。

图 3-25   旋转正三角形   图 3-26   绘制线段

（6）至此，二极管的绘制已完成，按【Ctrl+S】键保存。

3.3.2   稳压二极管的绘制

视频\03\稳压二极管的绘制.avi
案例\03\稳压二极管.dwg

提 示   注 意   技 巧   专业技能   软件知识

稳压二极管 Zener diode 又称齐纳二极管。此二极管是一种直到临界反向击穿电压前都具有很高电阻的半导体器件。在这临界击穿点上，反向电阻降低到一个很小的数值，在这个低阻区中电流增加而电压则保持恒定，稳压二极管是根据击穿电压来分档的，因为这种特性，稳压管主要被作为稳压器或电压基准元件使用。稳压二极管可以串联起来以便在较高的电压上使用，通过串联就可获得更多的稳定电压。

（1）启动 AutoCAD 2013 软件，按【Ctrl+S】键保存该文件为"案例\03\稳压二极管.dwg"。

（2）按照 3.3.1 节介绍的方法绘制一个二极管图例，然后执行"旋转"命令（RO），将绘制的二极管旋转 90°，如图 3-27 所示。

（3）执行"直线"命令（L），捕捉水平线段的右侧端点为起点，向下绘制长度为 2 的垂直线段，如图 3-28 所示。

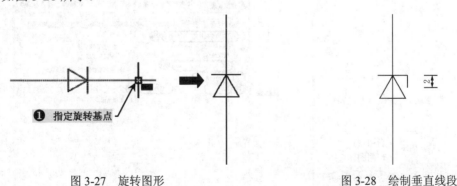

❶ 指定旋转基点

图 3-27   旋转图形   图 3-28   绘制垂直线段

（4）至此，稳压二极管的绘制已完成，按【Ctrl+S】键保存。

3.3.2 三极管的绘制

视频\03\三极管的绘制.avi
案例\03\三极管.dwg

半导体三极管又称"晶体三极管"或"晶体管"。在半导体锗或硅的单晶上制备两个能相互影响的 PN 结，组成一个 PNP（或 NPN）结构。中间的 N 区（或 P 区）称为基区，两边的区域称为发射区和集电区，这三部分各有一条电极引线，分别称为基极 B、发射极 E 和集电极 C，是能起放大、振荡或开关等作用的半导体电子器件。

三极管分为 PNP 和 NPN 两种，其符号大致相同，绘制过程类似，其操作步骤如下：

（1）启动 AutoCAD 2013 软件，按【Ctrl+S】键保存该文件为"案例\03\三极管.dwg"。

（2）执行"直线"命令（L），在视图中绘制长度为 5mm 的水平直线段，如图 3-29 所示。

（3）继续执行"直线"命令（L），以上一步绘制的水平直线段右侧端点为起点，分别向上及向下绘制长度为 2mm 的垂直线段，如图 3-30 所示。

图 3-29　绘制直线段　　　　图 3-30　绘制垂直线段

（4）右击状态栏下的"极轴追踪"按钮，然后在弹出的关联菜单下单击"设置"，打开"草图设置"对话框，再在"极轴追踪"选项卡下，勾选"启用极轴追踪（F10）"，设置增量角为"90"，附加角为"30"，单击"确定"按钮，完成极轴追踪功能的设置，如图 3-31 所示。

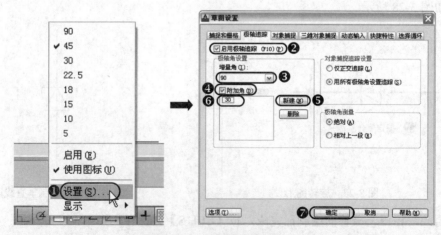

图 3-31　设置"极轴追踪"

AutoCAD 中的极轴功能就是可以沿某一角度追踪的功能。可用【F10】键打开或关闭极轴追踪功能。默认的极轴追踪是正交方向的，即 0、90°、180°、270° 方向。可以在草图设置中选择增量角度，如 15°，那每增加 15° 的角度的方向都能追踪。还可用户自定设置追踪角度。使用极轴追踪给绘图带来极大的方便，也可以更加准确的绘制图形。

（5）执行"直线"命令（L），捕捉上侧垂线段的中点为起点，绘制一条角度为 30°，长度为 5mm 的斜线段，如图 3-32 所示。

（6）执行"多段线"命令（PL），根据如下命令行提示，绘制多段线图形，其绘制的多段线如图 3-33 所示。

命令: PLINE	// 执行"多段线"命令
指定起点:	
当前线宽为 0.0000	
指定下一个点或 [圆弧(A)/半宽(H)/长度(L)/放弃(U)/宽度(W)]: w	// 选择"宽度(W)"选项
指定起点宽度 <0.0000>: 0	// 输入起点宽度
指定端点宽度 <0.0000>: 0.5	// 输入端点宽度
指定下一个点或 [圆弧(A)/半宽(H)/长度(L)/放弃(U)/宽度(W)]: 2	// 指点下一点
指定下一点或 [圆弧(A)/闭合(C)/半宽(H)/长度(L)/放弃(U)/宽度(W)]: w	// 选择"宽度(W)"选项
指定起点宽度 <0.5000>: 0	// 输入起点宽度
指定端点宽度 <0.0000>: 0	// 输入端点宽度
指定下一点或 [圆弧(A)/闭合(C)/半宽(H)/长度(L)/放弃(U)/宽度(W)]: 3	// 指定下一点
指定下一点或 [圆弧(A)/闭合(C)/半宽(H)/长度(L)/放弃(U)/宽度(W)]:	// 按空格键结束

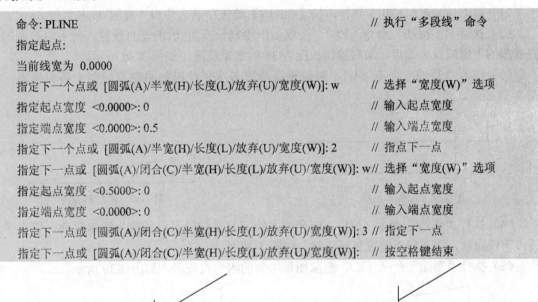

图 3-32 绘制斜线段   图 3-33 绘制多段线

（7）执行"文字"命令（T），将文字指定在图形的适当位置，然后输入相应文字内容，如图 3-34 所示为 PNP 型三级管，如图 3-35 所示为 NPN 型三级管。

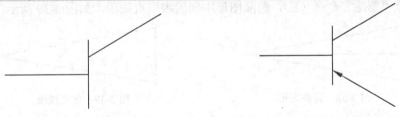

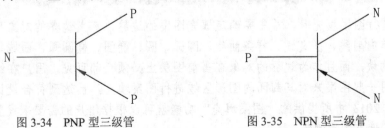

图 3-34 PNP 型三级管   图 3-35 NPN 型三级管

（8）至此，三极管的绘制已完成，按【Ctrl+S】键保存。

3.3.3 晶体管的绘制

视频\03\晶体管的绘制.avi
案例\03\晶体管.dwg

晶体管（transistor）是一种固体半导体器件，可以用于检波、整流、放大、开关、稳压、信号调制和许多其他功能。晶体管作为一种可变开关，基于输入的电压，控制流出的电流，因此，晶体管可作为电流的开关，和一般机械开关（如 Relay、switch）不同之处在于晶体管是利用电讯号来控制，而且开关速度可以非常之快，在实验室中的切换速度可达100GHz 以上。

（1）启动 AutoCAD 2013 软件，按【Ctrl+S】键保存该文件为"案例\03\晶体管.dwg"。

（2）执行"多段线"命令（PL），在视图中绘制长度为 6 的垂直线段，然后以绘制的垂直线段的下侧端点为起点，向右绘制长度为 35 的水平线段，如图 3-36 所示。

（3）执行"直线"命令（L），捕捉垂直线段与水平线段的两端点绘制一条斜线段，如图 3-37 所示。

图 3-36　绘制多段线　　　　　　　　　　　　图 3-37　绘制斜线段

（4）执行"镜像"命令（MI），选择前面绘制的垂线段及斜线段为镜像对象，以水平直线段为镜像轴，将其向下镜像复制一份，如图 3-38 所示。

（5）执行"删除"命令（E），删除图形中间的水平直线段，如图 3-39 所示。

图 3-38　镜像图形　　　　　　　　　　　　图 3-39　修剪线段

（6）执行"图案填充"命令（H），为上一步的三角形内部填充图案，如图 3-40 所示。

用户要进行图案填充时，首先要确定填充图案的边界。定义边界的对象只能是直线、双向射线、单向射线、多义线、样条曲线、圆弧、圆、椭圆、椭圆弧、面域等对象或用这些对象定义的块，而且作为边界的对象在当前图层上必须全部可见。用户在绘制过程中，经常需要使用一些图案来对其封闭的图形区域进行图案填充，已达到符合设计的需要。通过 AutoCAD 2013 中所提供的"图案填充"功能就可以根据用户的需要来设置填充的团、填充的区域、填充的比例等。

（7）执行"多边形"命令，绘制等边三角形，边长均为 34mm，如图 3-41 所示。

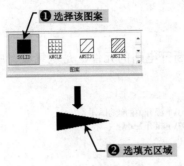

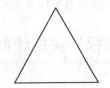

图 3-40　填充图案

图 3-41　绘制等边三角形

（8）执行"旋转"命令（RO），选择上一步绘制的等边三角形，以左下角点为旋转基点，将等边三角形旋转-30°，如图 3-42 所示。

（9）执行"直线"命令（L），捕捉等边三角形左侧端点为起点，向左绘制长度为 25mm 的水平直线段，如图 3-43 所示。

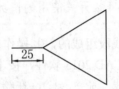

图 3-42　旋转三角形

图 3-43　绘制水平线段

（10）利用钳夹功能，以上一步绘制的水平线段右侧端点为起点，水平向右拉伸至三角形右侧垂直线段的中点处，如图 3-44 所示。

（11）执行"偏移"命令（O），将等边三角形的右侧垂直边向左偏移 20mm，如图 3-45 所示。

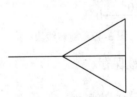

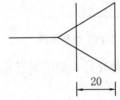

图 3-44　拉伸线段

图 3-45　偏移线段

（12）执行"修剪"命令（TR），修剪图中多余的线段，如图 3-46 所示。

（13）执行"移动"命令（M），将填充的三角形图形移至下侧的斜线段上，完成晶体管的绘制，如图 3-47 所示。

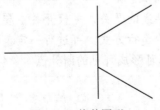

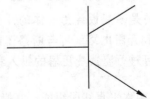

图 3-46　修剪图形

图 3-47　移至填充图形

（14）至此，晶体管的绘制已完成，按【Ctrl+S】键保存。

3.4 开关的绘制

开关是一种基本的低压电器，是用来接通和断开电路的元件，是电气设计中常用的电气控制器件，一般分为单极开关和多极开关两种。

3.4.1 单极开关的绘制

视频\03\单极开关的绘制.avi
案例\03\单极开关.dwg

单极开关就是一个翘板的开关，是只分一根导线的开关，单极开关的极数是指开关断开（闭合）电源的线数，如对 220V 的单相线路可以使用单极开关断开相线（火线），而零线（N 线）不经过开关，也可以使用双极开关同时断开相线和零线。对于三相 380V 的线路，分别有 3 极或 4 极开关使用的情况。

单击开关由直线段组成的，其操作步骤如下：

（1）启动 AutoCAD 2013 软件，按【Ctrl+S】键保存该文件为"案例\03\单极开关.dwg"。

（2）执行"直线"命令（L），在绘图区域内连续绘制 3 条长度为 10，首尾相连的水平直线段，其中用点×表示线段的分界点，如图 3-48 所示。

（3）执行"旋转"命令（RO），以线段 2 的左侧端点为旋转基点，将其逆时针旋转 20°，以完成单极开关的绘制，如图 3-49 所示。

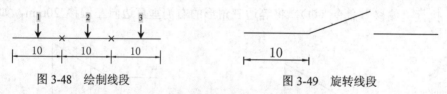

图 3-48 绘制线段   图 3-49 旋转线段

（4）至此，单极开关的绘制已完成，按【Ctrl+S】键保存。

3.4.2 多极开关的绘制

视频\03\多极开关的绘制.avi
案例\03\多极开关.dwg

多极开关是多翘板连为一体的开关，分为多根导线的开关，多极开关主要是在无负荷情况下关合和开断电路；可与断路器配合改变设备的运行方式，可进行一定范围内空载线路的操作，可进行空载变压器的投入和退出操作，也可形成可见的断开点。

多极开关由水平直线段组成，其操作步骤如下：

（1）启动 AutoCAD 2013 软件，按【Ctrl+S】键保存该文件为"案例\03\多极开关.dwg"。

（2）执行"直线"命令（L），在视图中分别绘制首尾相连的 3 条长度均为 10 的水平直线段，如图 3-50 所示。

（3）执行"旋转"命令（RO），以线段 2 的左侧端点为旋转基点，将其逆时针旋转 30°，如图 3-51 所示。

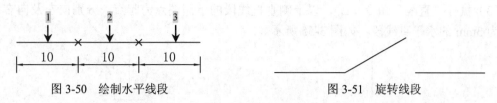

图 3-50　绘制水平线段　　　　　　　　　图 3-51　旋转线段

（4）执行"复制"命令（CO），捕捉上一步图形的的任意点为基点，垂直向上复制出两份，复制距离为 10，如图 3-52 所示。

（5）单击"常用"标签下的"特性"面板，设置线型为"ACAD-ISO03W100"，依次捕捉旋转线段的中点以绘制一条垂直虚线，以完成多极开关的绘制，如图 3-53 所示。

如果用户所设置的线段样式不能显示出来，可在"线型管理器"对话框中选择需要设置的线型，并单击"显示细节"按钮，将显示该线性的细节，并在"全局比例因子"文本框中输入一个较大的比例因子即可。

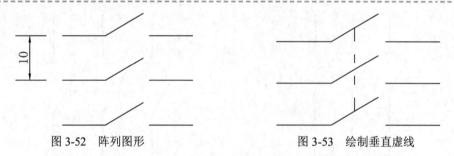

图 3-52　阵列图形　　　　　　　　　　图 3-53　绘制垂直虚线

（6）至此，多极开关的绘制已完成，按【Ctrl+S】键保存。

3.4.3　转换开关的绘制

视频\03\转换开关的绘制.avi
案例\03\转换开关.dwg

转换开关又称组合开关，与刀开关的操作不同，它是左右旋转的平面操作。转换开关具有多触点、多转换开关位置、体积小、性能可靠、操作方便、安装灵活等优点，多用于机床电气控制线路中电源的引入开关，起着隔离电源作用，还可作为直接控制小容量异步电动机不频繁启动和停止的控制开关。转换开关同样也有单极、双极和三极。

（1）启动 AutoCAD 2013 软件，按【Ctrl+S】键保存该文件为"案例\03\转换开关.dwg"。

（2）执行"插入块"命令（I），将"案例\03\单极开关.dwg"文件插入到视图中，如图 3-54 所示。

（3）执行"直线"命令（L），以上侧垂直线段的下侧端点为起点，分别向左及向右绘制长度为 3mm 的水平直线段，如图 3-55 所示。

图 3-54　插入单极开关　　　　　　　　图 3-55　绘制水平线段

（4）执行"复制"命令（CO），将绘制的图形水平向右进行复制，复制距离分别为 10 和 10，如图 3-56 所示。

（5）执行"直线"命令（L），分别捕捉图中斜线段的中点，绘制水平线段，并将线型改为虚线，如图 3-57 所示。

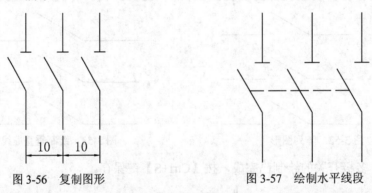

图 3-56　复制图形　　　　　　　　　　图 3-57　绘制水平线段

（6）利用钳夹功能，捕捉线段左侧端点水平向左拉伸，拉伸距离为 3，如图 3-58 所示。

（7）执行"直线"命令（L），在前面绘制的水平虚线的左侧绘制一条长度为 6 的垂直线段，从而完成转换开关的绘制，如图 3-59 所示。

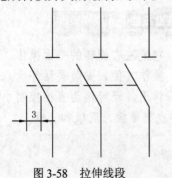

图 3-58　拉伸线段　　　　　　　　　　图 3-59　绘制垂直线段

（8）至此，转换开关的绘制已完成，按【Ctrl+S】键保存。

3.4.4 单极暗装开关的绘制

视频\03\单极暗装开关的绘制.avi
案例\03\单极暗装开关.dwg

　　单极暗装开关是一个翘板的开关，是分合一根导线的开关，单极开关的级数是指开关断开电源的线数，在这里的单极开关是不显露的。

（1）启动 AutoCAD 2013 软件，按【Ctrl+S】键保存该文件为"案例\03\单极暗装开关.dwg"。

（2）执行"圆"命令（C），在视图中绘制半径为 1 的圆，如图 3-60 所示。

（3）执行"直线"命令（L），以上一步绘制圆的圆心为起点，绘制长度为 5，角度为 30° 的斜线段，如图 3-61 所示。

图 3-60　绘制圆　　　　　　　　图 3-61　绘制斜线段

（4）继续执行"直线"命令（L），捕捉斜线段右侧端点为起点，绘制角度为 90°，长度为 2 的斜线段，如图 3-62 所示。

（5）执行"修剪"命令（TR），将圆内侧多余的线段修剪掉，如图 3-63 所示。

图 3-62　绘制线段　　　　　　　　图 3-63　修剪线段

（6）执行"图案填充"命令（H），将圆形进行图案的填充，完成单极暗装开关的绘制，如图 3-64 所示。

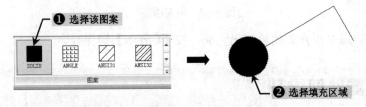

❶ 选择该图案

❷ 选择填充区域

图 3-64　填充图案

（7）至此，单极暗装开关的绘制已完成，按【Ctrl+S】键保存。

3.4.5 防爆单极开关的绘制

视频\03\防爆单极开关的绘制.avi
案例\03\防爆单极开关.dwg

提示　注意　技巧　专业技能　软件知识

　　防爆开关就是能够应用在恶劣的较为危险的爆炸环境中。例如，煤矿行业、油漆或油墨厂家、木材加工厂、水泥厂、船务和污水处理。

　　目前，市场上防爆开关的品牌与种类很多，但真正意义上，具备过硬的防爆性能，安全可靠的质量的防爆开关，市场上还是比较少。其中，英国的 Bulgin 品牌较为理想。Bulgin 的防爆开关，基于危险环境专业防爆开关的设计，符合 ROHS 认证，通过专门的测试，适合各种恶劣环境。

　　（1）启动 AutoCAD 2013 软件，按【Ctrl+S】键保存该文件为"案例\03\防爆单极开关.dwg"。

　　（2）按照 3.4.4 节介绍的方法绘制一个单极暗装开关图例，并不对圆进行填充，如图 3-65 所示。

　　（3）执行"直线"命令（L），捕捉圆形上侧的象限点为起点，垂直向下过圆心，绘制垂直线段，如图 3-66 所示。

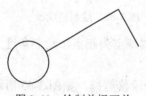

图 3-65　绘制单极开关

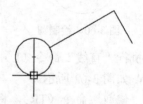

图 3-66　绘制垂直线段

　　（4）执行"图案填充"命令（H），将右侧半圆进行图案填充，完成防爆单极开关的绘制，如图 3-67 所示。

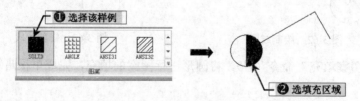

图 3-67　填充图案

　　（5）至此，防爆单极开关的绘制已完成，按【Ctrl+S】键保存。

AutoCAD 2013

3.5　信号器件的绘制

　　在电气工程图中常用的有 3 种信号器件，包括信号灯、电铃、蜂鸣器、防水防尘灯等，如图 3-68、图 3-69、图 3-70、图 3-71 所示。

图 3-68　信号灯

图 3-69　电铃

图 3-70　蜂鸣器

图 3-71　防水防尘灯

3.5.1　信号灯的绘制

视频\03\信号灯的绘制.avi
案例\03\信号灯.dwg

信号灯用于放映有关照明、灯光信号和工作系统的技术状况，并对异常情况发出警报灯光信号。

信号灯由圆形与直线段组成，其操作步骤如下：

（1）启动 AutoCAD 2013 软件，按【Ctrl+S】键保存该文件为"案例\03\信号灯.dwg"。

（2）执行"圆"命令（C），在视图中绘制半径为 20 的圆，如图 3-72 所示。

（3）执行"直线"命令（L），以上一步绘制圆的圆心为起点，以圆形上侧的象限点为端点，绘制一条向上的垂直线段，如图 3-73 所示。

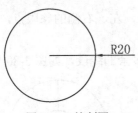

图 3-72　绘制圆

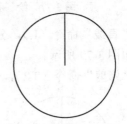

图 3-73　绘制垂直线段

（4）执行"旋转"命令（RO），以圆心为旋转基点，将垂直线段旋转 45°，如图 3-74 所示。

（5）执行"阵列"命令（AR），设置项目数为 4 的环形阵列操作，如图 3-75 所示。

（6）执行"直线"命令（L），分别捕捉圆心左、右侧的象限点为起点，绘制长度适当的水平线段，以完成信号灯的绘制，如图 3-76 所示。

图 3-74　旋转线段

图 3-75　阵列图形

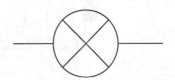

图 3-76　绘制水平线段

（7）至此，信号灯的绘制已完成，按【Ctrl+S】键保存。

3.5.2　防水防尘灯的绘制

视频\03\防水防尘灯的绘制.avi
案例\03\防水防尘灯.dwg

提 示　　注 意　　技 巧　　专业技能　　软件知识

防水防尘灯又称防爆油站灯,主要用在油站、油库等场所。

（1）启动 AutoCAD 2013 软件，按"Ctrl+S"键保存该文件为"案例\03\防水防尘灯.dwg"。

（2）执行"圆"命令（C），在视图中绘制半径为 2.5 的圆，如图 3-77 所示。

（3）执行"偏移"命令（O），将上一步绘制的圆向内侧偏移，偏移距离为 1.5mm，如图 3-78 所示。

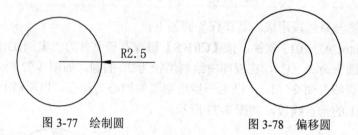

图 3-77　绘制圆　　　　　　　　　　　　图 3-78　偏移圆

（4）执行"直线"命令（L），分别捕捉圆上、下、左、右侧的象限点，绘制圆的水平及垂直向直径，如图 3-79 所示。

（5）执行"修剪"命令（TR），修剪内侧小圆内多余的线段，如图 3-80 所示。

图 3-79　绘制线段　　　　　　　　　　　图 3-80　修剪图形

（6）执行"图案填充"命令（H），为中间的小圆进行图案填充，如图 3-81 所示。

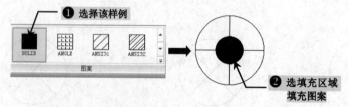

❶ 选择该样例

SOLID　ANGLE　ANSI31　ANSI32
图案

❷ 选填充区域填充图案

图 3-81　填充内侧圆

（7）至此，防水防尘灯的绘制已完成，按【Ctrl+S】键保存。

3.5.3　电铃的绘制

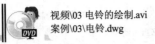

视频\03 电铃的绘制.avi
案例\03\电铃.dwg

　　电铃利用电流的磁效应，通电时，电磁铁有电流通过，产生了磁性，把小锤下方的弹性片吸过来，使小锤打击电铃发出声音，同时电路断开，电磁铁失去了磁性，小锤又被弹回，电路闭合，不断重复，电铃便发出连续击打声，从而起到报警作用。

　　电铃由圆弧、线段和圆组成，其操作步骤如下：

　　（1）启动 AutoCAD 2013 软件，按【Ctrl+S】键保存该文件为"案例\03\电铃.dwg"。

　　（2）执行"圆弧"命令（A），按照如下命令行提示，在视图中绘制圆弧，如图 3-82 所示。

命令: ARC	// 执行"圆"命令
指定圆弧的起点或 [圆心(C)]: c	// 选择"圆心(C)"选项
指定圆弧的圆心: 0,0	// 输入圆心坐标点
指定圆弧的起点: -10,0	// 输入圆弧起点坐标
指定圆弧的端点或 [角度(A)/弦长(L)]: a	// 选择"角度(A)"选项
指定包含角: 180	// 输入角度值

　　（3）执行"直线"命令（L），捕捉圆弧圆心为起点，分别向左、右侧连接圆弧的端点绘制线段，如图 3-83 所示。

图 3-82　绘制圆弧

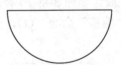

图 3-83　绘制水平线段

　　（4）执行"镜像"命令（MI），将绘制的图形进行水平向上镜像，再将删除之前绘制的图形，如图 3-84 所示。

　　（5）执行"直线"命令（L），捕捉左、右侧线段的中点为起点绘制垂直向下，长度为 3mm 的直线，再以绘制的线段的终点为起点绘制水平向左的长度为 10mm 的水平线段，如图 3-85 所示。

　　（6）执行"镜像"命令（MI），将上一步绘制的线段向右侧进行镜像复制操作，以完成电铃的绘制，如图 3-86 所示。

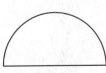

图 3-84　镜像效果

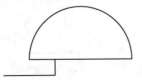

图 3-85　绘制直线段

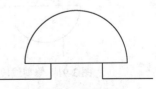

图 3-86　镜像效果

　　（7）至此，电铃的绘制已完成，按【Ctrl+S】键保存。

3.5.4 蜂鸣器的绘制

视频\03 蜂鸣器的绘制.avi
案例\03\蜂鸣器.dwg

提 示　注 意　技 巧　专业技能　软件知识

　　蜂鸣器是一种一体化结构的电子讯响器，采用直流电压供电，广泛应用于计算机、打印机、复印机、报警器、电子玩具、汽车电子设备、电话机、定时器等电子产品中做发声器件。蜂鸣器主要分为压电式蜂鸣器和电磁式蜂鸣器两种类型，蜂鸣器在电路中用字母"H"或"HA"表示。

　　蜂鸣器由线段和圆弧组成，其操作步骤如下：

（1）启动 AutoCAD 2013 软件，按【Ctrl+S】键保存该文件为"案例\03\蜂鸣器.dwg"。

（2）执行"圆弧"命令（A），在视图中绘制长度为 10，包含角度为 180°的圆弧，如图 3-87 所示。

（3）执行"直线"命令（L），连接上一步绘制圆弧的左右侧端点，如图 3-88 所示。

图 3-87　绘制圆弧

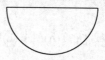

图 3-88　绘制线段

（4）执行"直线"命令（L），以上一步绘制水平线段的中点为起点，向下绘制长度为 14mm 的垂直线段，如图 3-89 所示。

（5）执行"偏移"命令（O），分别将上一步绘制的垂直线段向左、右各偏移 5 的距离，如图 3-90 所示。

图 3-89　绘制垂线段

图 3-90　偏移线段

（6）执行"修剪"命令（TR），修剪图中多余的线段，如图 3-91 所示。

（7）执行"直线"命令（L），以左侧垂线段的下侧端点为起点，向左绘制长度为 18mm 的水平线段，再以右侧垂线段的端点为起点，向右绘制长度为 18mm 的水平线段，以完成蜂鸣器的绘制，如图 3-92 所示。

图 3-91　修剪线段

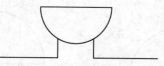

图 3-92　绘制线段

（8）至此，蜂鸣器的绘制已完成，按【Ctrl+S】键保存。

3.6　测量仪表的绘制

测量仪表适用于测量、记录和计量各种电学量的表计和仪器。在电气工程图中，常用的器件有电流表和电压表，欧姆表、功率表、相位表、同步指示器、电能表盒多种用途的万用电表等。

3.6.1　频率表的绘制

视频\03\频率表的绘制.avi
案例\03\频率表.dwg

频率表用于测量工频电网的频率。对于 50Hz 的频率来说，频率表的测量误差小于0.1Hz。测量频率的机械式指示电表。频率表种类很多，有电动系、铁磁电动系和属于整流式的变换器式频率表等。生产现场用来监测频率用的安装式频率表，大多采用铁磁电动系电表的测量机构。

频率表由圆形、文字和直线段组成，其操作步骤如下：

（1）启动 AutoCAD 2013 软件，按【Ctrl+S】键保存该文件为"案例\03\频率表.dwg"。

（2）执行"圆"命令（C），在视图中绘制一个半径为 4mm 的圆。

（3）执行"多行文字"命令（MT），将文字指定在圆内，在弹出的"文字格式"对话框中选择文字样式为"Standard"，设置字体为"宋体"，文字高度为"4"，颜色为"黑色"，输入字母"Hz"，如图 3-93 所示。

图 3-93　输入文字

（4）执行"直线"命令（L），分别以圆形左、右侧的象限点为起点，向左及向右绘制长度为 10 的水平直线段，以完成频率表的绘制，如图 3-94 所示。

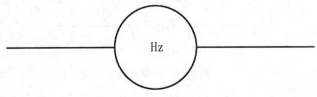

图 3-94　绘制线段

（5）至此，频率表的绘制已完成，按【Ctrl+S】键进行保存。

3.6.2 功率因素表的绘制

视频\03\功率因素表的绘制.avi
案例\03\功率因素表.dwg

提 示　注 意　技 巧　专业技能　软件知识

功率因数指在交流电路中，电压与电流之间的相位差（ψ）的余弦称为功率因数，用符号 $\cos\psi$ 表示，在数值上，功率因数是有功功率和视在功率的比值，即 $\cos\psi=P/S$。单相交流电路或电压对称负载平衡的三相交流电路中测量功率因数的仪表。单相表在频率不同时会影响读数准确性。常见的有电动系、铁磁电动系、电磁系和变换器式等几种。

功率因素表由文字和圆形组成，其操作步骤如下：

（1）启动 AutoCAD 2013 软件，按【Ctrl+S】键保存该文件为"案例\03\功率因素表.dwg"。

（2）执行"圆"命令（C），在视图中绘制半径为 4mm 的圆，如图 3-95 所示。

命令：CIRCLE	// 执行"圆"命令
指定圆的圆心或 [三点(3P)/两点(2P)/切点、切点、半径(T)]:	// 指定圆心
指定圆的半径或 [直径(D)] <4.2560>: 4	// 输入半径值

（3）执行"多行文字"命令（MT），设置好文字样式后，在圆内输入相应的文字内容，如图 3-96 所示。

图 3-95　绘制的圆

图 3-96　输入文字

（4）执行"直线"命令（L），分别以圆形左、右侧的象限点为起点，向左及向右绘制长度为 10 的水平直线段，以完成频率表的绘制，如图 3-97 所示。

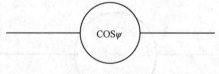

图 3-97　绘制直线

（5）至此，功率因素表的绘制已完成，按【Ctrl+S】键进行保存。

3.6.3　电流表的绘制

视频\03\电流表的绘制.avi
案例\03\电流表.dwg

提示　注意　技巧　专业技能　软件知识

　　电流表又称"安培表"，是测量电路中电流大小的工具，一般可直接测量微安或毫安数量级的电流。为测量更大的电流，电流表应有关联电阻器（又称分流器）。分流器的电阻值要使满量程电流通过时，电流表满偏转，即电流表知识达到最大。对于几安的电流，可在电流表内设置专用分流器；对于几安以上的电流，则采用外附分流器。大电流分流器的电阻值很小，为避免引线电阻和接触电阻附加于分流器而引起误差，分流器要制成四端形式，即有两个电流端、两个电压端。

　　电流表由圆和文字命令绘制，其操作步骤如下：

（1）启动 AutoCAD 2013 软件，按【Ctrl+S】键保存该文件为"案例\03\电流表.dwg"。

（2）执行"圆"命令（C），在视图中绘制半径为 4mm 的圆，如图 3-98 所示。

（3）执行"多行文字"命令（MT），设置好文字样式后，在圆内输入文字"A"，如图 3-99 所示。

图 3-98　绘制圆　　　　　　　　　　图 3-99　输入文字

　　（4）执行"直线"命令（L），分别以圆形左、右侧的象限点为起点，向左及向右绘制长度为 10 的水平直线段，以完成电流表的绘制，如图 3-100 所示。

图 3-100　绘制线段

　　（5）至此，电流表的绘制已完成，按【Ctrl+S】键进行保存。

3.6.4　电压表的绘制

视频\03\电压表的绘制.avi
案例\03\电压表.dwg

提示　注意　技巧　专业技能　软件知识

　　电压表是测量电压的一种仪器，常用电压表——伏特表符号为 V，在灵敏电流计里面有一个永磁体，在电流计的两个接线柱之间串联一个由导线构成的线圈，线圈放置在永磁体的磁场中，并通过传动装置与表的指针相连。大部分电压表都分为两个量程：0～3V 和 0～15V。电压表由三个接线柱，一个负接线柱，两个正接线柱，电压表的正极与电路的正极连接，负极与电路的负极连接。

电压表由圆和文字命令绘制，其操作步骤如下：

（1）启动 AutoCAD 2013 软件，按【Ctrl+S】键保存该文件为"案例\03\电压表.dwg"。

（2）执行"圆"命令（C），在视图中绘制半径为 4mm 的圆，如图 3-101 所示。

（3）执行"多行文字"命令（MT），设置好文字样式后，在圆内输入文字"V"，如图 3-102 所示。

图 3-101　绘制圆　　　　　　　　　　　　图 3-102　输入文字

（4）执行"直线"命令（L），分别以圆形左、右侧的象限点为起点，向左及向右绘制长度为 10 的水平直线段，以完成电流表的绘制，如图 3-103 所示。

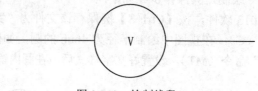

图 3-103　绘制线段

（5）至此，电压表的绘制已完成，按【Ctrl+S】键进行保存。

AutoCAD 2013
3.7　常用电器符号的绘制

电器是接通和断开电路或调节、控制和保护电路及电气设备用的电工器具。完成由控制电器组成的自动控制系统，称为继电器—接触电器控制系统，简称电器控制系统，电器的用途广泛，功能多样，种类繁多，结构各异。

3.7.1　电动机的绘制

视频\03\电动机的绘制.avi
案例\03\电动机.dwg

提示　注意　技巧　专业技能　软件知识

电动机是把电能转换成机械能的设备，它是利用通电线圈在磁场中受力转动的现象制成的，电动机按使用电源的不同分为直流电动机和交流电动机，电力系统中的电动机大部分是交流电机，可以是同步电机或者是异步电机（电机定子磁场转速与转子旋转转速不保持同步）。电动机主要由定子与转子组成。通电导线在磁场中受力运动的方向跟电流方向和磁感线（磁场方向）方向有关。电动机的工作原理是磁场对电流受力的作用，使电动机转动。

电动机由圆形和直线段组成，其操作步骤如下：

（1）启动 AutoCAD 2013 软件，按【Ctrl+S】键保存该文件为"案例\03\电动机.dwg"。

（2）执行"圆"命令（C），在绘图区域内绘制半径为 15mm 的圆，如图 3-104 所示。

（3）执行"直线"命令（L），以上一步绘制圆的圆心为起点，向上绘制长度为 30mm 的垂直线段，如图 3-105 所示。

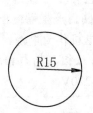

图 3-104　绘制圆

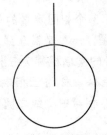

图 3-105　绘制垂直线段

（4）执行"偏移"命令（O），将上一步绘制的垂直线段分别向左及向右偏移，偏移距离为 18mm，如图 3-106 所示。

（5）执行"直线"命令（L），以圆心为起点，再以左、右侧线段的中点为端点，绘制两条斜线段，如图 3-107 所示。

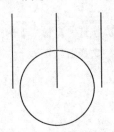

图 3-106　偏移直线段

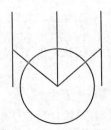

图 3-107　绘制斜线段

（6）执行"修剪"命令（TR），修剪图中多余的线段，如图 3-108 所示。

（7）执行"多行文字"命令（MT），将文字指定在圆内，在弹出的"文字格式"对话框中选择文字样式为"Standard"，设置字体为"宋体"，文字高度为"4"，颜色为"黑色"，输入字母"M"后按回车键，再输入"3～"，如图 3-109 所示。

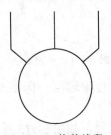

图 3-108　修剪线段

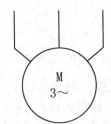

图 3-109　输入文字

（8）至此，电动机的绘制已完成，按【Ctrl+S】键进行保存。

3.7.2 三相变压器的绘制

视频\03\三相变压器的绘制.avi
案例\03\三相变压器.dwg

| 提 示 | 注 意 | 技 巧 | 专业技能 | 软件知识 |

三相变压器是 3 个相同容量的单相变压器的组合，它有 3 个铁芯柱，每个铁芯柱都绕着相同的 2 个线圈，一个是高压线圈，另一个是低压线圈。产生幅值相等、频率相等、相位互差 120°电势的发电机称为三相发电机；以三相发电机作为电源，称为三相电源，以三相电源供电的电路，称为三相电路。U、V、W 称为三相，相与相之间的电压是线电压，电压为 380V。相与中心线之间称为相电压，电压是 220V。

三相变压器由圆、直线和复制命令绘制而成，其操作步骤如下：

（1）启动 AutoCAD 2013 软件，按【Ctrl+S】键保存该文件为"案例\03\三相变压器.dwg"。

（2）执行"圆"命令（C），在视图中绘制半径为 5mm 的圆，如图 3-110 所示。

（3）执行"复制"命令（CO），捕捉圆心为基点，垂直向上复制距离为 8mm 的圆，如图 3-111 所示。

命令: COPY	// 执行"复制"命令
选择对象: 指定对角点: 找到 1 个	// 选择圆对象
选择对象:	
当前设置: 复制模式 = 多个	
指定基点或 [位移(D)/模式(O)] <位移>:	
指定第二个点或 [阵列(A)] <使用第一个点作为位移>: 8	// 输入复制距离值
指定第二个点或 [阵列(A)/退出(E)/放弃(U)] <退出>:	// 按空格键结束

图 3-110 绘制圆

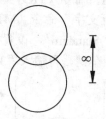

图 3-111 复制圆

（4）执行"直线"命令（L），分别以两个圆的圆心为起点，向上及向下绘制长度为 15mm 的垂直线段，如图 3-112 所示。

（5）执行"修剪"命令（TR），修剪掉圆内多余的线段，如图 3-113 所示。

（6）执行"直线"命令（L），捕捉图形上侧的垂直线段的中点绘制长度为 5mm 的线段，并将线段旋转 45°，如图 3-114 所示。

（7）执行"复制"命令（CO），捕捉线段的中点，分别向上、下进行复制，复制距离为 1mm，如图 3-115 所示。

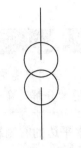

图 3-112　绘制线段

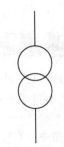

图 3-113　修剪线段

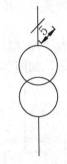

图 3-114　绘制斜线段

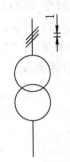

图 3-115　复制斜线段

（8）至此，三相变压器的绘制已完成，按【Ctrl+S】键进行保存。

3.7.3　热继电器的绘制

视频\03\热继电器的绘制.avi
案例\03\热继电器.dwg

　　热继电器主要用来对异步电动机进行过载保护，其工作原理是过载电流通过热元件后，使双金属片加入弯曲去推动动作机构来带动触电动作，从而将电动机控制电路断开，实现电动机断电停车，起到过载保护的作用。

　　热继电器由矩形、直线、复制、分解等命令绘制的，其操作步骤如下：

（1）启动 AutoCAD 2013 软件，按【Ctrl+S】键保存该文件为"案例\03\热继电器.dwg"。

（2）执行"矩形"命令（REC），在视图中绘制 5×5 的矩形，如图 3-116 所示。

（3）执行"分解"命令（X），将绘制的矩形进行分解操作，分解称为 4 条线段，再将右侧的线段进行删除，如图 3-117 所示。

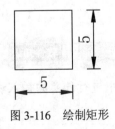

图 3-116　绘制矩形

图 3-117　分解并删除线段

提 示　注 意　技 巧　专业技能　软件知识

"分解"命令是 AutoCAD 2013 中常见的一个特色命令,当用户需要对整体图形对象和块中的直线、圆弧等基本图形元素进行操作时,都可以使用"分解"命令。

(4)执行"直线"命令(L),分别捕捉矩形上、下侧水平边的右侧端点,向上及向下绘制长度为 15mm 的垂直线段,如图 3-118 所示。

(5)执行"复制"命令(CO),捕捉左侧垂直线段中点为基点,依次向右复制图形,复制距离为 10mm,如图 3-119 所示。

(6)在"常用"标签下的"特性"面板中,设置线型为"ACAD-ISOO3W100",执行"矩形"命令(REC),在距离图形 2.5mm 处绘制 35×10 的矩形,如图 3-120 所示。

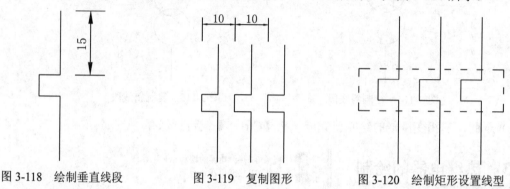

图 3-118　绘制垂直线段　　　图 3-119　复制图形　　　图 3-120　绘制矩形设置线型

(7)至此,热继电器的绘制已完成,按【Ctrl+S】键保存。

3.7.4　熔断器的绘制

视频\03\熔断器的绘制.avi
案例\03\熔断器.dwg

提 示　注 意　技 巧　专业技能　软件知识

熔断器又称保险丝,IEC127 标准将它定义为"熔断体(fuse-link)"。它是一种安装在电路中,保证电路安全运行的电器元件。熔断器其实就是一种短路保护器,广泛用于配电系统和控制系统,主要进行短路保护或严重过载保护。

(1)启动 AutoCAD 2013 软件,按【Ctrl+S】键保存该文件为"案例\03\熔断器.dwg"。

(2)执行"插入块"命令(I),将"案例\03\单极开关"图块,插入到视图中,如图 3-121 所示。

提 示　注 意　技 巧　专业技能　软件知识

当在图形文件中定义了图块后,即可在内部文件中进行任意的插入块操作,还可以改变所插入图块的比例和选中角度。

（3）利用钳夹功能，捕捉斜线段下侧端点将其拉伸，拉伸距离为 2，如图 3-122 所示。

图 3-121 插入单击开关　　　　　　　图 3-122 拉伸斜线段

（4）执行"直线"命令（L），捕捉下部分垂直线段上端点为起点，水平向右绘制长度为 5mm 的线段，如图 3-123 所示。

（5）执行"直线"命令（L），捕捉斜线段的中点水平向左绘制长度为 8mm 的水平线段，如图 3-124 所示。

（6）执行"多段线"命令（PL），以上一步绘制线段的左侧端点为起点，分别绘制长度为 3mm 的垂直线段，长度为 2mm 的水平线段，长度为 2mm 的垂直线段，如图 3-125 所示。

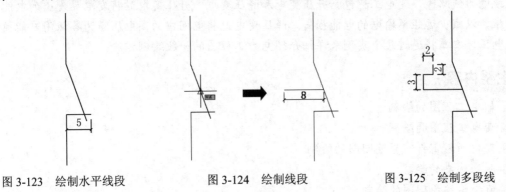

图 3-123 绘制水平线段　　　图 3-124 绘制线段　　　图 3-125 绘制多段线

（7）执行"镜像"命令（MI），将绘制的多段线，以中间绘制的水平线段为镜像线，垂直向下镜像并复制，如图 3-126 所示。

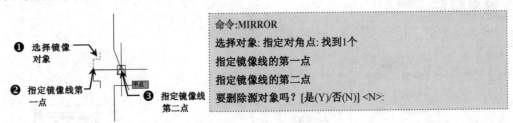

❶ 选择镜像对象

❷ 指定镜像线第一点

❸ 指定镜像线第二点

命令:MIRROR
选择对象: 指定对角点: 找到1个
指定镜像线的第一点
指定镜像线的第二点
要删除源对象吗？[是(Y)/否(N)] <N>:

图 3-126 镜像多段线

（8）至此，熔断器的绘制已完成，按【Ctrl+S】键进行保存。

第4章

电力电气工程图的绘制

本章导读

　　电力工程图是一类重要的电气工程图，主要包括输电工程图和变电工程图。输电工程主要是指连接发电厂、变电站和各级电力用户的输电线路，包括内线工程和外线工程。内线工程指室内动力、照明电气线路及其他线路。外线工程指室外电源供电线路，包括架空电力线路、电缆电力线路等，变电工程包括升压变电和降压变电。升压变电站将发电站发出的电能进行升压，以减少远距离输电的电能损失；降压变电站将电网中的高电压降为各级用户能使用的低电压。本章将通过几个实例来详细介绍电力工程图的一般绘制方法。

主要内容

📖 输电工程图的绘制

📖 变电工程图的绘制

📖 变电所避雷针布置范围图的绘制

📖 耐张线夹的绘制

📖 直流系统原理图的绘制

📖 电缆线路工程图的绘制

效果预览

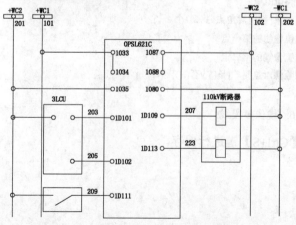

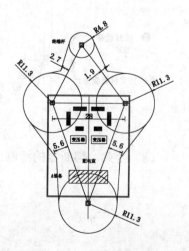

AutoCAD 2013

4.1 输电工程图的绘制

视频\04\输电工程图的绘制.avi
案例\04\输电工程图.dwg

输电工程图是发电厂、输电线路、升降压变电站、配电设备及用电设备构成了电力系统，为了减少系统备用容量，错开高峰负荷，实现跨区域、跨流域调节，增强了系统的稳定性，提高抗冲击负荷的能力，在电力系统之间采用高压输电线路进行联网。电力系统联网，既提高了系统的安全性、可靠性和稳定性，又可实现经济调度，使各种能源得到充分利用。起系统联络作用的输电线路可进行电能的双向输送，实现系统间的电能交换和调节。

为了能把发电厂的电能（电力、电工率）送到用户，必须要有电力输送线路。输电工程图就是用来描述输送线路的电气工程图。如图 4-1 所示为 110kV 输电线路保护图。

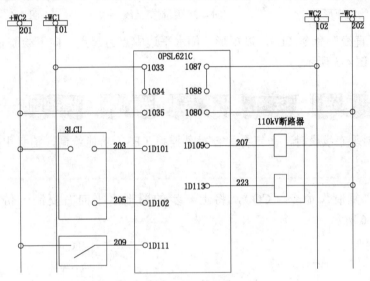

图 4-1　110kV 输电线路保护图

4.1.1 设置绘图环境

在绘制该输电工程图之前，首先设置绘图的环境，其操作步骤如下：

（1）首先启动 AutoCAD 2013 软件，在"快捷访问"工具栏中单击"新建"按钮，在"选择文件"对话框中，单击"打开"按钮右侧的倒三角按钮，以"无样板打开-公制（I）"方式建立新文件。

（2）选择"文件"→"保存"菜单，将新建文件命名为"案例\04\输电工程图.dwg"。

4.1.2 绘制线路图

从如图 4-1 所示的图形分析可知，该线路图主要由接线端子、电源插件、压板、保护装置和 110kV 断路器部分组成，下面将结合"矩形"、"圆"、"直线"、"移动"、"修剪"、"旋转"和"镜像"等命令进行该图形的绘制。

1. 绘制接线端子

（1）执行"矩形"命令（REC），在视图中绘制一个 100mm×20mm 的矩形，如图 4-2 所示。

（2）执行"直线"命令（L），捕捉矩形上的相应端点绘制两条交叉线，如图 4-3 所示。

（3）执行"圆"命令（C），以上一步绘制的两条交叉线的交点为圆心，绘制半径为 10mm 的圆，然后将绘制的交叉线删除，如图 4-4 所示。

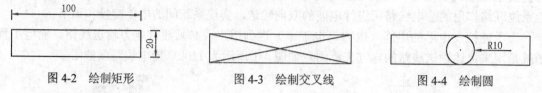

图 4-2 绘制矩形   图 4-3 绘制交叉线   图 4-4 绘制圆

（4）执行"直线"命令（L），以矩形下侧水平边中点为起点，向下绘制长度为 1000mm 的垂直线段，如图 4-5 所示。

在这里绘制垂直线段时，一定要配合对象捕捉（F3）功能绘制，捕捉中点才能更加准确的绘制线段。

（5）执行"复制"命令（CO），将上一步的图形水平向右复制一份，复制距离为 150mm，如图 4-6 所示。

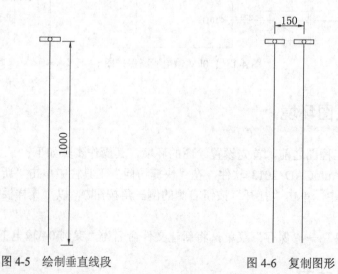

图 4-5 绘制垂直线段   图 4-6 复制图形

2. 绘制电源插座

（1）执行"矩形"命令（REC），绘制一个 200mm×350mm 的矩形，如图 4-7 所示。

（2）执行"圆"命令（C），以上一步绘制矩形的左上角点为圆心，绘制半径为 10mm 的圆，如图 4-8 所示。

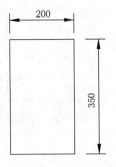

图 4-7　绘制矩形

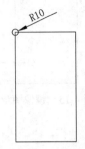

图 4-8　绘制圆

（3）执行"移动"命令（M），捕捉圆心为基点，分别垂直向下移动 65mm，水平向右移动距离 50mm，如图 4-9 所示。

（4）执行"直线"命令（L），以圆心为起点，向左绘制长度为 210mm 的水平直线段，如图 4-10 所示。

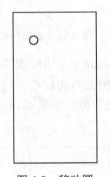

图 4-9　移动圆

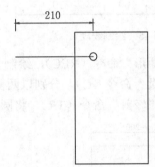

图 4-10　绘制水平直线段

（5）执行"圆"命令（C），以水平线段的左侧端点为圆心，绘制半径为 10mm 的圆，如图 4-11 所示。

（6）执行"镜像"命令（MI），将绘制的水平线段与圆对象向右镜像复制一份，如图 4-12 所示。

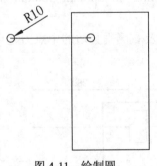

图 4-11　绘制圆

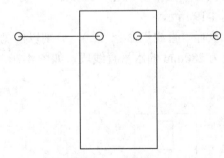

图 4-12　镜像图形

（7）继续执行"镜像"命令（MI），将右侧的两个圆和水平线段选中，然后分别捕捉矩形左侧及右侧垂直边的中点为镜像线的第 1 点和第 2 点，将其向下镜像复制 1 份，如图 4-13 所示。

（8）执行"修剪"命令（TR），将所有圆内的多余线段修剪掉，如图 4-14 所示。

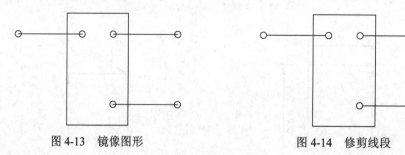

图 4-13 镜像图形   图 4-14 修剪线段

3. 绘制压板

（1）执行"直线"命令（L），绘制两端线段长为 210mm，中间线段长为 100mm 的水平直线段，如图 4-15 所示。

（2）执行"旋转"命令（RO），以长度为 100mm 直线段的右侧端点为旋转基点，将其旋转 30°，如图 4-16 所示。

图 4-15 绘制线段   图 4-16 旋转线段

（3）执行"矩形"命令（REC），绘制一个 200mm×120mm 的矩形，如图 4-17 所示。

（4）执行"圆"命令（C），分别以两侧水平线段的外侧端点为圆心，绘制半径为 10mm 的两个圆，执行"修剪"命令（TR），将圆内多余的线段修剪掉，如图 4-18 所示。

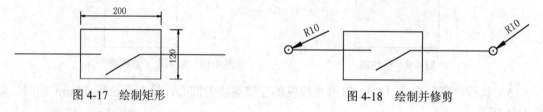

图 4-17 绘制矩形   图 4-18 绘制并修剪

4. 绘制 110kV 断路器

（1）执行"矩形"命令（REC），分别绘制 50mm×90mm 和 200mm×300mm 的两个矩形，如图 4-19 所示。

（2）执行"直线"命令（L），分别以内侧小矩形左侧及右侧垂直边的中点为起点，向外绘制长度为 280mm 的水平直线段，如图 4-20 所示。

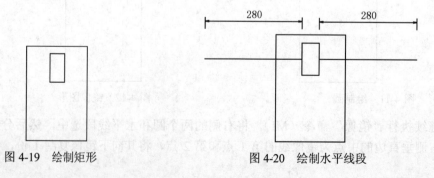

图 4-19 绘制矩形   图 4-20 绘制水平线段

（3）执行"圆"命令（C），分别以两侧水平线段的外侧端点为圆心，绘制半径为 10mm 的两个圆，再执行"修剪"命令（TR），修剪圆内多余的线段，如图 4-21 所示。

（4）执行"镜像"命令（MI），将上侧的小矩形、两条水平线段、两个小圆选中，然后分别以大矩形左侧及右侧垂直边的中点为镜像的第 1 点和第 2 点，将其向下镜像复制一份，如图 4-22 所示。

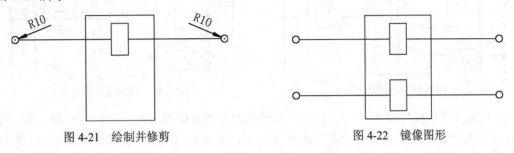

图 4-21　绘制并修剪　　　　　　　　　　　　　　　图 4-22　镜像图形

4.1.3　组合图形

在前面已经分别绘制好了输电线路的各种电气元件，下面将介绍如何将这些元件组合成一个完整的输电线路图，下面主要结合"移动"、"复制"、"直线"、"镜像"等命令进行操作。

（1）执行"移动"命令（M），将接线端子、电源插件、压板和 110kV 断路器 4 种图形移动如图 4-23 所示的位置中。

（2）执行"复制"命令（CO），选择接线端子图形，然后水平向右复制一份，复制距离为 1239mm，如图 4-24 所示。

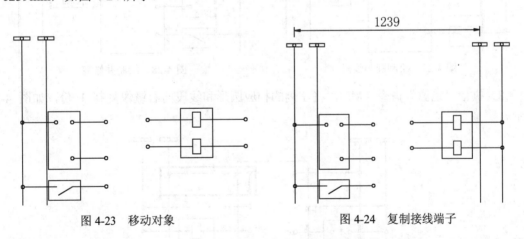

图 4-23　移动对象　　　　　　　　　　　　　　　图 4-24　复制接线端子

（3）执行"矩形"命令（REC），在图形的中间相应位置绘制一个 400mm×900mm 的矩形，如图 4-25 所示。

（4）执行"圆"命令（C），以上一步绘制矩形的左上角端点为圆心，绘制一个半径为 10mm 的圆。

（5）执行"移动"命令（M），将上一步绘制的圆选中，然后以圆的圆心为移动基点，将其垂直向下移动 65mm，水平向右移动 44mm，如图 4-26 所示。

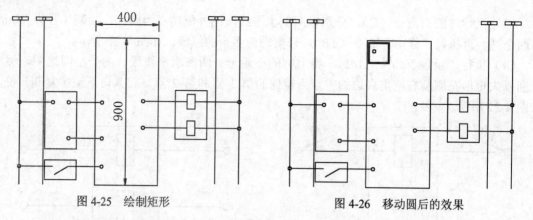

图 4-25 绘制矩形　　　　　　　　　图 4-26 移动圆后的效果

（6）执行"直线"命令（L），以上一步绘制圆左侧象限点为起点，向左绘制一条长度为350mm的水平直线段，再执行"圆"命令（C），以水平直线段的左侧端点为圆心，绘制一个半径为10mm的圆，如图 4-27 所示。

（7）执行"直线"命令（L），以步骤（5）中移动圆的圆心为起点，向下绘制一条长度为 100mm 的垂直线段，接着捕捉绘制垂线段的下侧端点为圆心绘制一个半径为 10mm 的圆，再执行"修剪"命令（TR），将圆内的多余线段修剪掉，如图 4-28 所示。

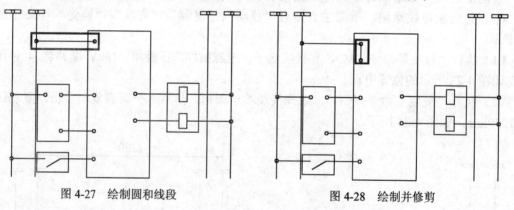

图 4-27 绘制圆和线段　　　　　　　图 4-28 绘制并修剪

（8）执行"镜像"命令（MI），将左侧的相应圆形和线段向右镜像复制 1 份，如图 4-29 所示。

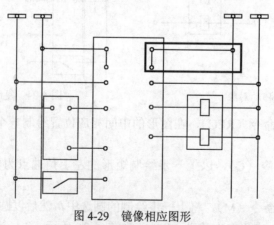

图 4-29 镜像相应图形

4.1.4　添加文字注释

在前面已经完成了输电线路图的绘制，下面将对绘制完成的图形添加相应的文字标注说明，主要使用"多行文字"命令进行操作。

（1）执行"多行文字"命令（MT），在弹出的"文字格式"对话框下选择文字的样式为默认的"Standard"样式，设置字体为"宋体"，文字高度为"25"，颜色为"黑色"，如图 4-30 所示。

图 4-30　设置文字样式

（2）设置好文字样式后，在图中相应位置输入相关的文字说明，以完成输电工程图的绘制，如图 4-31 所示。

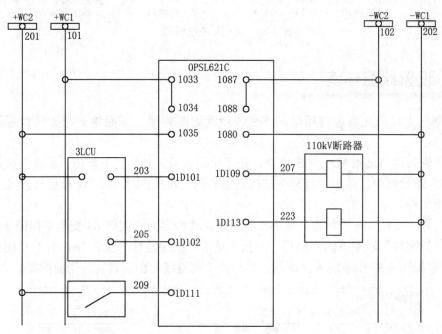

图 4-31　输入文字说明

（3）至此，该输电工程图的绘制已完成，按【Ctrl+S】键进行保存。

AutoCAD 2013
视频\04\变电工程图的绘制.avi
案例\04\变电工程图.dwg

4.2　变电工程图的绘制

变电站是联系发电厂和用户的中间环节，起着变换和分配电能的作用。变电站和输电线路作为电力系统的变电部分同其他部分一样，是电力系统重要的组成部分，如图 4-32 所示为变电站主接线图，全图基本上是由图形符号、连线及文字注释组成，不涉及出图比例。

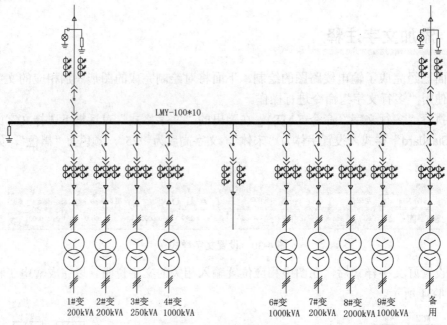

图 4-32　变电站主接线图

4.2.1　设置绘图环境

在绘制日光灯调光器电路图时，首先要设置绘图环境，下面将介绍如何设置绘图的环境。

（1）首先启动 AutoCAD 2013 软件，在"快捷访问工具"栏中单击"新建"按钮，在"选择文件"对话框中，单击"打开"按钮右侧的倒三角按钮，以"无样板打开-公制（I）"方式建立新文件。

（2）选择"文件"→"保存"菜单，将新建文件命名为"案例\04\变电工程图.dwg"。

（3）在"常用"标签下的"图层"面板中单击"图层特性"按钮，打开"图层特性管理器"，新建如图 4-33 所示的 4 个图层，然后将"构造线"图层设置为当前图层。

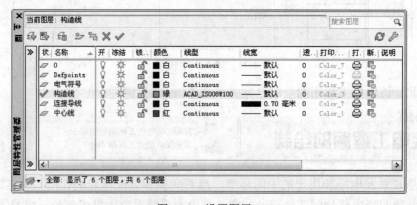

图 4-33　设置图层

4.2.2 绘制构造线和母线

从图 4-32 所示分析可知，该变电工程图主要由结构图和电气元件组成，最后添加文字注释，下面将介绍如何绘制构造线。

1. 绘制构造线

（1）执行"构造线"命令（XL），在视图中分别绘制一条水平及垂直的构造线，如图 4-34 所示。

（2）执行"偏移"命令（O），将水平构造线垂直向下偏移，偏移距离依次为 1600mm、2000mm、2000mm、2000mm、2500mm，再将垂直构造线水平向右偏移，偏移距离为 3000mm、1500mm、1500mm、1500mm、4000mm、1500mm、1500mm、1500mm、1500mm、2200mm，其偏移后的效果如图 4-35 所示。

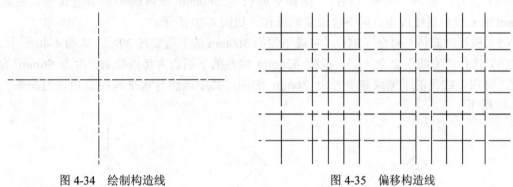

图 4-34 绘制构造线　　　　　　　　图 4-35 偏移构造线

2. 绘制母线

（1）在"图层控制"下拉列表框中，将"连接导线"图层设置为当前图层。

（2）执行"直线"命令（L），在视图中绘制长度为 20 000mm 的水平直线，如图 4-36 所示。

图 4-36 绘制母线

4.2.3 绘制主变支路

从图 4-32 中分析可知，该线路图主要由主变支路、变电所支路、接地线路和供电部分组成。主要结合"直线"、"圆"、"偏移"、"复制"、"旋转"和"镜像"等命令进行操作。

1. 绘制电气符号

（1）在"图层控制"下拉列表框中，将"电气符号"图层设置为当前图层。

（2）执行"直线"命令（L），分别绘制长度为 360mm、180mm、420mm 和 360mm 的 4 条首尾相连的垂直线段，如图 4-37 所示。

（3）执行"直线"命令（L），捕捉长度为 180mm 线段的两端点为起点，绘制一条夹角为 45°，长为 200mm 斜线段，在对图形镜像并复制到左侧，并删除长度 180mm 的线段，如图 4-38 所示。

图 4-37　绘制水平线段　　　　　图 4-38　绘制垂直线段

（4）执行"镜像"命令（MI），捕捉下侧长度 360mm 线段的中点为镜像点，将直线 420mm 的线段和斜线段垂直向下镜像复制操作，如图 4-39 所示。

（5）执行"旋转"命令（RO），将最下侧的 360mm 的下端旋转 30°，如图 4-40 所示。

（6）执行"直线"命令（L），捕捉 420mm 线段的下端点为起点绘制长度为 96mm 的直线段，再在该线段的下侧绘制半径为 36mm 的圆，其中该圆与水平线段是相切的关系，如图 4-41 所示。

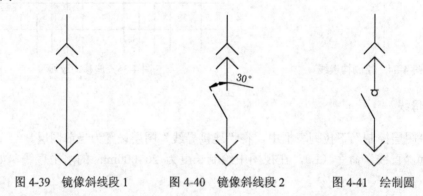

图 4-39　镜像斜线段 1　　　图 4-40　镜像斜线段 2　　　图 4-41　绘制圆

（7）执行"圆"命令（C），绘制半径为 120mm 的圆，并过圆心绘制长度为 360mm 的垂直线段，如图 4-42 所示。

（8）执行"直线"命令（L），捕捉圆心为起点水平向右绘制长度为 270mm 的水平线段，如图 4-43 所示。

图 4-42　绘制圆和线段　　　　　图 4-43　绘制水平线段

（9）执行"修剪"命令（TR），将多余的线段进行修剪，如图 4-44 所示。

（10）执行"直线"命令（L），绘制两条长为 180mm，与水平线段相交成 60° 的斜线段，如图 4-45 所示。

图 4-44 修剪效果

图 4-45 绘制斜线段

（11）执行"阵列"命令（AR），对上一步图形进行行数为 2，列数为 3，行间距为 300，列间距为 420 的矩形阵列操作，如图 4-46 所示。

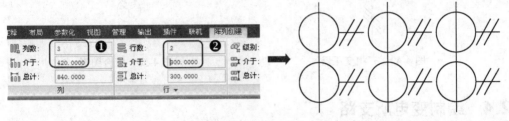

图 4-46 阵列操作

（12）执行"直线"命令（L），绘制长度为 720mm 的垂直线段，再捕捉直线段的中点为中心点绘制一个正三角形，如图 4-47 所示。

（13）执行"镜像"命令（MI），捕捉垂直线段的下端点为镜像点，镜像并复制图形，如图 4-48 所示。

图 4-47 绘制正三角形

图 4-48 镜像图形

2．组合图形

（1）执行"插入块"命令（I），将"案例\04\三相变压器.dwg"文件插入视图中，如图 4-49 所示。

提 示　　注 意　　技 巧　　专业技能　　软件知识

三相变压器的主副绕阻的连接方式有△-Y、Y-Y、Y-△等，在本节中的电路图中的变压器为 Y-Y 接法。

（2）执行"移动"命令（M），将主变支路的电气元件按顺序依次组合起来，从而完成主变支路的绘制，如图 4-50 所示。

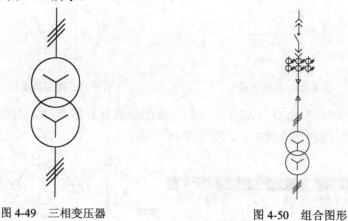

图 4-49　三相变压器　　　　　　　　　　　　图 4-50　组合图形

4.2.4　绘制变电所支路

下面将介绍如何绘制变电所支路，主要结合"直线"、"圆"、"偏移"、"复制"、"旋转"、"镜像"等命令进行操作。

（1）执行"复制"命令（CO），将之前所绘制的图形复制一份，如图 4-51 所示。

图 4-51　复制图形

（2）执行"阵列"命令（AR），设置行数为 2，列数为 3，行间距为 300mm，列间距为 720mm 的矩形阵列，如图 4-52 所示。

（3）执行"移动"命令（M），将图形移动组合，如图 4-53 所示。

图 4-52　阵列图形　　　　　　　　　图 4-53　组合图形

4.2.5　绘制供电线路及组合图形

下面将介绍如何绘制接地线路，主要结合"直线"、"圆"、"偏移"、"复制"、"旋转"和"插入块"等命令进行操作。

（1）执行"插入块"命令（I），"案例\04\信号灯、电容、电阻、接地线.dwg"图块文件插入到视图的空白处，如图4-54所示。

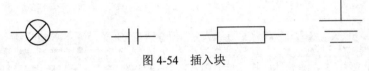

图4-54　插入块

（2）执行"移动"命令（M），将插入的图块按顺序依次组合起来，并用线段将其连接，如图4-55所示。

（3）执行"移动"命令（M），将绘制的变电所支路与该接地线路进行移动组合，完成供电线路，如图4-56所示。

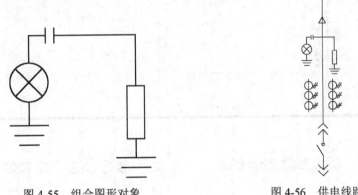

图4-55　组合图形对象　　　　　　　图4-56　供电线路

（4）执行"移动"命令（M）和执行"复制"命令（CO），以构造线为基准，将绘制的支路与线路相连接，并删除构造线，如图4-57所示。

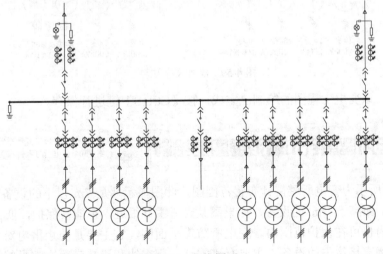

图4-57　组合图形

4.2.6 添加文字注释

前面已经完成了变电工程图的各支路的绘制，下面将给线路图添加文字注释，主要使用"多行文字"命令进行操作。

（1）执行"多行文字"命令（MT），在弹出的"文字格式"对话框下选择文字的样式为默认的"Standard"样式，设置字体为"宋体"，文字高度为"300"，颜色为"黑色"，如图 4-58 所示。

图 4-58　设置文字样式

（2）设置好文字样式后，在图中相应位置输入相关的文字说明，以完成变电工程图的绘制，如图 4-59 所示。

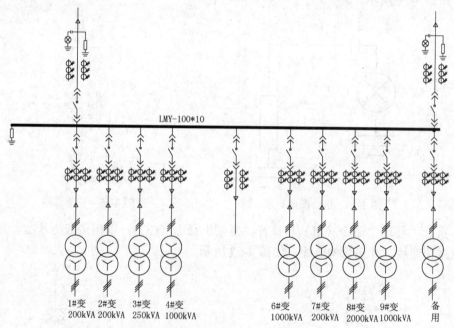

图 4-59　添加文字注释

（3）至此，该变电工程图的绘制已完成，按【Ctrl+S】键进行保存。

4.3 变电所避雷针布置范围图的绘制

视频\04\变电所防雷针布置范围图的绘制.avi
案例\04\变电所防雷针布置范围图.dwg

如图 4-60 所示为变电所避雷针布置范围图，此图显示凡是 7m 以下的设备和建筑物都在此保护范围内，如高于 7m 的设备，如果离某支避雷针很近，也能被保护，低于 7m 的设备查过图示范围内也可在保护范围内。变电所防雷平面图，它主要是防止雷电对电气设备、电气装置和建筑物直接雷击的设备，主要有避雷针、避雷线和避雷带等。常见的防雷平面图有避雷针、避雷线保护范围图和避雷平面布置图。

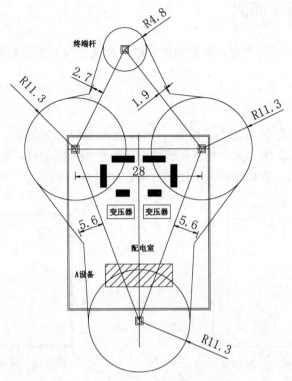

图 4-60　变电所避雷针布置范围图

4.3.1　设置绘图环境

在绘制变电所避雷针布置范围图时，首先要对绘图环境进行设置，下面将介绍如何设置绘图的环境。

（1）首先启动 AutoCAD 2013 软件，在"快捷访问工具"栏中单击"新建"按钮，在"选择文件"对话框中，单击"打开"按钮右侧的倒三角按钮，以"无样板打开-公制（I）"方式建立新文件，并将文件命名为"案例\04\变电所防雷针布置范围图.dwg"。

（2）在"常用"标签下的"图层"面板中单击"图层特性"按钮，打开"图层特性管理器"，新建如图 4-61 所示的 2 个图层，然后将"中心线层"设置为当前图层。

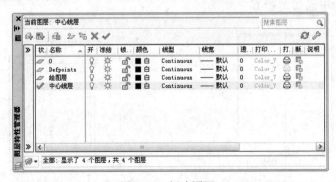

图 4-61　新建图层

4.3.2 绘制防雷平面图

从图 4-60 可知，该平面图是由矩形边框和终端杆及切线和变压器等设备组成，下面将逐步介绍。

1．绘制矩形边框

（1）执行"矩形"命令（REC），绘制一个 31.2mm×38mm 的矩形，如图 4-62 所示。

（2）执行"偏移"命令（O），将上一步绘制的矩形向外侧偏移，偏移距离为 0.3mm，再执行"分解"命令（X），将绘制的两个矩形分解，如图 4-63 所示。

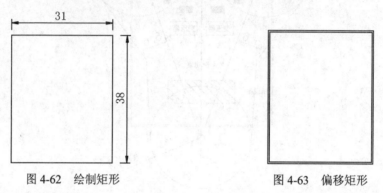

图 4-62 绘制矩形　　　　　　　图 4-63 偏移矩形

2．绘制终端杆并连接

（1）执行"直线"命令（L），捕捉外侧矩形的上侧及下侧水平边中点绘制一条垂直中心线，如图 4-64 所示。

（2）执行"偏移"命令（O），将外侧矩形的上侧水平边垂直向下偏移，偏移距离分别为 3mm 和 41mm，再将上一步的垂直中心线，向左及向右各偏移 14mm，并将偏移线段使其相交，如图 4-65 所示。

提　示　　注　意　　技　巧　　专业技能　　软件知识

在绘制垂直中心线时，要打开对象捕捉（F3）功能，并选择中点的对象捕捉模式，才可以捕捉到矩形的中点绘制垂直中心线。

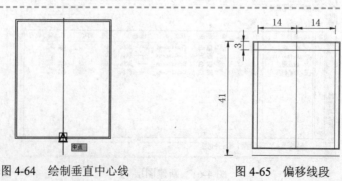

图 4-64 绘制垂直中心线　　　　图 4-65 偏移线段

（3）执行"矩形"命令（REC），绘制一个 1.1mm×1.1mm 的矩形，其中矩形的中心点与图形左上角偏移得到的水平及垂直线段的交点相交重合，效果如图 4-66 所示。

（4）执行"偏移"命令（O），将上一步绘制的矩形向外侧偏移 0.3mm，如图 4-67 所示。

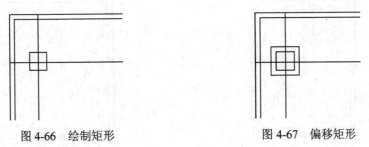

图 4-66　绘制矩形　　　　　　　　　图 4-67　偏移矩形

（5）执行"复制"命令（CO），将前两步绘制的两个矩形水平向右复制，其位置关系如图 4-68 所示。

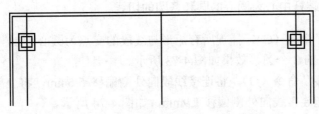

图 4-68　复制矩形

（6）执行"复制"命令（CO），将两个矩形向下侧复制一份，效果如图 4-69 所示。

（7）执行"偏移"命令（O），将上侧偏移得到的水平线段垂直向上偏移 22mm，同时将垂直的中心线段水平向左偏移 3mm，将偏移得到的线段相交，如图 4-70 所示。

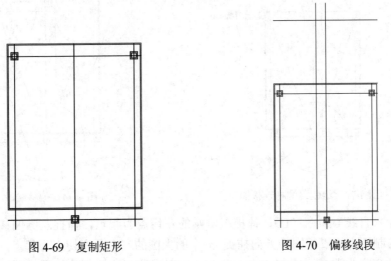

图 4-69　复制矩形　　　　　　　　　图 4-70　偏移线段

（8）执行"复制"命令（CO），将 2 个小矩形复制到上一步偏移线段相交点处，效果如图 4-71 所示。

（9）执行"直线"命令（L），分别捕捉矩形与线段的交点，绘制终端杆连接图，如图 4-72 所示。

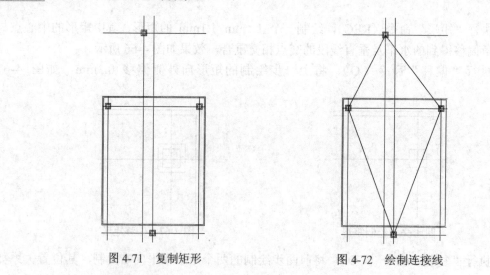

图 4-71　复制矩形　　　　　　　　　　图 4-72　绘制连接线

3. 绘制以各终端杆中心为圆心的圆和各圆的切线

（1）执行"圆"命令（C），捕捉所有矩形与线段的交点为圆心绘制半径为 4.8mm 的圆，和半径均为 11.3mm 的 3 个圆，效果如图 4-73 所示。

（2）执行"偏移"命令（O），将连接线段向外侧偏移 5.6mm，将上部分左侧的连接线向外侧 2.7mm，将右侧连接线向外侧偏移 1.9mm，如图 4-74 所示。

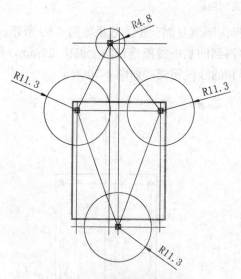

图 4-73　绘制终端杆连接图

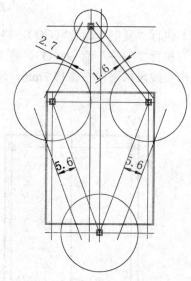

图 4-74　偏移线段

（3）执行"直线"命令（L），捕捉上侧圆的左切点为起点，捕捉左侧偏移得到的线段的中点为端点绘制切点，以相同的方向捕捉 3 个的大圆的左上角左切点为起点，捕捉到上一步绘制的切线的交点为端点，绘制切线，以上一步相同的方法绘制其他圆与圆之间偏移线段的相交切线，最终的效果如图 4-75 所示。

（4）执行"修剪"命令（TR），修剪和删除多余的线段，如图 4-76 所示。

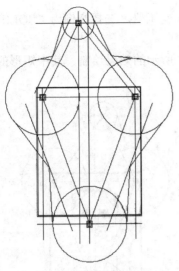

图 4-75 绘制相交切线

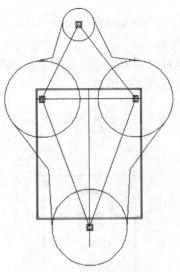

图 4-76 修剪并删除线段

提 示　注 意　技 巧　专业技能　软件知识

在绘制切线过程中，要捕捉切点才能绘制出切线，这里将介绍如何捕捉，首先，执行"直线"命令（L），捕捉要进行切线绘制的图形位置处，然后按住【Shift】键单击鼠标右键弹出快捷菜单，在该菜单中选择"切点"选项，这时鼠标在图形位置处会出现"○"符号，就可绘制出图中切线了。

4．绘制各变压器和设备

（1）执行"矩形"命令（REC），在图形左侧适当的位置绘制 6mm×3mm、3mm×1.5mm、5mm×1.4mm 的 3 个矩形，如图 4-77 所示。

（2）执行"镜像"命令（MI），以中心线为镜像轴，将上一步绘制的 3 个矩形向右侧镜像复制一份，如图 4-78 所示。

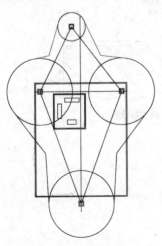

图 4-77 绘制矩形

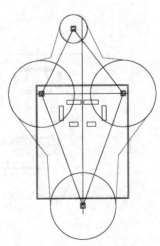

图 4-78 镜像矩形

（3）执行"图案填充"命令（H），填充矩形绘制变压器，选择样例为"SOLID"图案，如图 4-79 所示。

（4）执行"矩形"命令（REC），按照如图 4-80 所示的效果绘制，其中矩形的大小这里用户可以自行适当的调整。

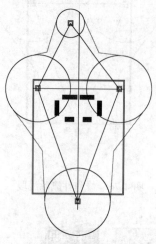

图 4-79　填充矩形区域

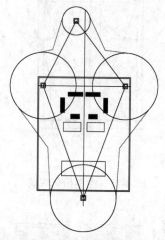

图 4-80　绘制矩形

> 用户在进行图案的填充时，一定要观察所需填充的区域是否是闭合的，否则图案将无法填充，在进行矩形绘制时，可以先执行"直线"命令（L），绘制辅助线段，然后捕捉矩形下侧的中点，将与图形中的垂直中心线段相交即可。

（5）执行"图案填充"命令（H），将绘制的矩形进行图案的填充，选择样例为"ANSI31"图案，角度为 0，比例为 10，如图 4-81 所示。

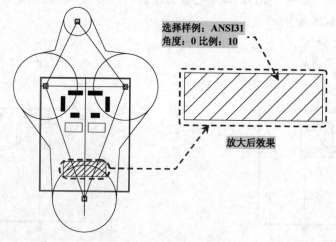

图 4-81　填充矩形图案

4.3.3　添加尺寸标注及添加文字注释

在添加尺寸标注时，要将尺寸标注进行设置，其步骤如下所示。

（1）执行"标注样式"命令（D），打开"标注样式管理器"对话框，在该对话框中单击"新建"按钮，弹出"创建新标注样式"对话框，并设置新样式名为"防雷平面图标注样式"，单击"继续"按钮后设置"线"选项卡的设置，如图 4-82 所示。

这里的快捷键【D】在命令行中输入即可，打开"标注样式管理器"对话框，在以后将图形进行标注时，都可执行该命令进行设置。

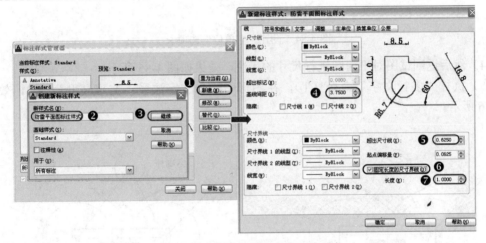

图 4-82　新建标注并设置"线"选项卡

（2）再将选项卡切换至"符号和箭头"选项卡，并对该选项卡进行设置，切换至"文字"选项卡，并对该选项卡进行设置，如图 4-83 所示。

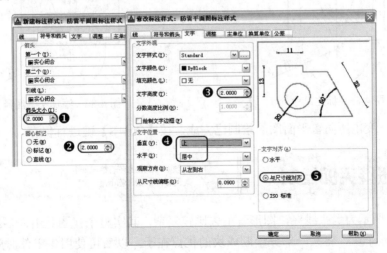

图 4-83　设置"符号和箭头"和"文字"选项卡

（3）再切换至"主单位"选项卡，并对该选项卡进行设置，然后单击"确定"按钮，返回"标注样式管理器"对话框，并将新建标注样式"防雷平面图标注样式"设置为当前标注使用，如图 4-84 所示。

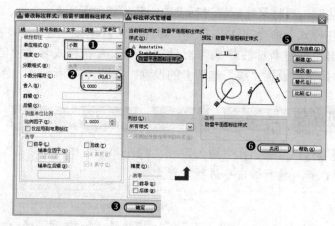

图 4-84 设置"主单位"选项卡

（4）然后返回试图对平面图进行尺寸的标注，效果如图 4-85 所示。

（5）执行"多行文字"命令（T），在图形中添加文字注释，文字高度为 1.2，效果如图 4-86 所示。

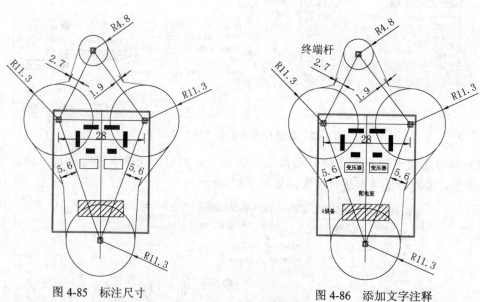

图 4-85 标注尺寸　　　　　　　　　图 4-86 添加文字注释

（6）至此，变电所防雷平面图的绘制已完成，按【Ctrl+S】键进行保存。

AutoCAD 2013
4.4 耐张线夹的绘制

视频\04\耐张线夹的绘制.avi
案例\04\耐张线夹.dwg

如图 4-87 所示为耐张线夹，图形看上去比较复杂，其实整个视图是由许多部件组成的，每个部件都是一个块，将某一部分绘制成块的优点在于，以后再使用该零件时就可以直接调用原来的模块，或是在原来模块的基础上进行修改。

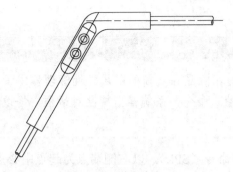

图 4-87　耐张线夹

4.4.1　设置绘图环境

要绘制耐张线夹时，首先要先设置绘图环境，下面将介绍如何设置环境。

（1）首先启动 AutoCAD 2013 软件，在"快捷访问工具"栏中单击"新建"按钮，在"选择文件"对话框中，单击"打开"按钮右侧的倒三角按钮，以"无样板打开-公制（I）"方式建立新文件。并将文件命名为"案例\04\耐张线夹.dwg"。

（2）在"常用"标签下的"图层"面板中单击"图层特性"按钮，打开"图层特性管理器"，新建如图 4-88 所示的 4 个图层，然后将"中心线层"设置为当前图层。

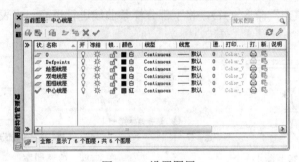

图 4-88　设置图层

4.4.2　绘制耐张线夹

从图 4-87 所示可知，耐张线夹的图形并不复杂，下面将介绍如何绘制耐张线夹。

（1）执行"直线"命令（L），在视图中绘制长度为 33mm 的水平线段，并设置线型比例为 0.5，如图 4-89 所示。

（2）执行"直线"命令（L），在距离水平线段的 2mm 和 1mm 处绘制长度为 15mm 的线段，如图 4-90 所示。

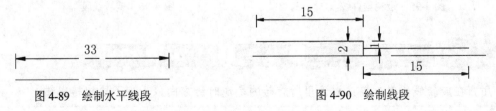

图 4-89　绘制水平线段　　　　　　　　图 4-90　绘制线段

提 示　注 意　技 巧　专业技能　软件知识

用户在绘制水平线段时，除了在之前的图层特性管理器中设置外，还可以右击，在弹出的快捷菜单中选择"特性"命令，系统弹出特性对话框，修改线型的比例即可快速的更改线型。

（3）执行"样条曲线"命令（SPL），以右侧端点为起点中心点为端点，绘制以多段线的图形，如图 4-91 所示。

（4）执行"镜像"命令（MI），将上侧部分的图形垂直向下镜像，更改线型的线段为镜像线，如图 4-92 所示。

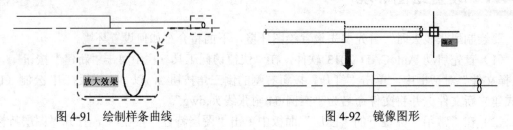

图 4-91　绘制样条曲线　　　　　　　　图 4-92　镜像图形

（5）执行"修剪"命令（TR），镜像得到的图形修剪，如图 4-93 所示。

（6）执行"图案填充"命令（H），将下部分样条曲线进行填充，来表示抛面线，如图 4-94 所示。

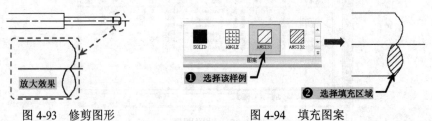

图 4-93　修剪图形　　　　　　　　图 4-94　填充图案

（7）执行"直线"命令（L），捕捉左侧水平线段上端点为起点，垂直向下绘制一条垂直线段，如图 4-95 所示。

（8）执行"旋转"命令（RO），捕捉垂直线段的上侧端点为旋转基点，旋转角度为-30°，如图 4-96 所示。

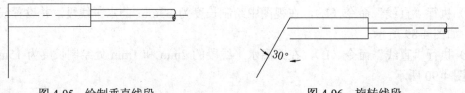

图 4-95　绘制垂直线段　　　　　　　　图 4-96　旋转线段

提 示　注 意　技 巧　专业技能　软件知识

用户在旋转线段时，要注意这里所旋转的是逆时针方向，千万不要旋转出错。

（9）执行"阵列"命令（AR），将旋转后的线段阵列，阵列行数为 1，列数为 2，列间距为 5mm，如图 4-97 所示。

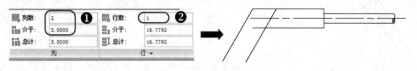

图 4-97　阵列线段

（10）执行"圆角"命令（F），将旋转和阵列得到的线段进行倒圆角操作，圆角半径为 4mm，然后将得到的线段与其相交的水平线段进行圆角操作，如图 4-98 所示。

（11）执行"复制"命令（CO），将左侧的线段水平向右进行复制，复制距离为 2.5mm，如图 4-99 所示。

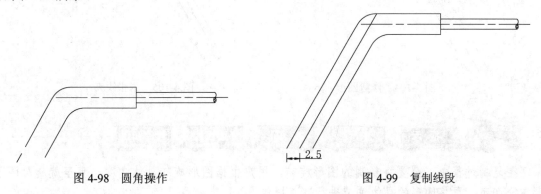

图 4-98　圆角操作　　　　　　　　　　　图 4-99　复制线段

（12）执行"圆"命令（C），按照如图 4-100 所示的尺寸绘制直径分别为 2.5mm、1.5mm 的同心圆。

（13）执行"复制"命令（CO），将绘制的同心圆向下复制，复制距离为 4mm，如图 4-101 所示。

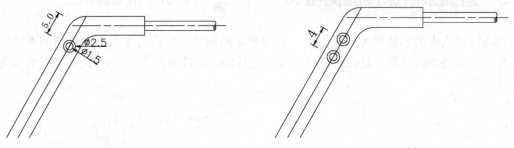

图 4-100　绘制同心圆　　　　　　　　　图 4-101　复制同心圆

（14）执行"矩形"命令（REC），绘制一个 10mm×3.5mm 的矩形，再执行"旋转"命令（RO），将绘制的矩形旋转-120°，然后将旋转后的矩形移至如图 4-102 所示的位置。

（15）执行"圆"命令（C），捕捉矩形上、下侧的线段的中点为圆心，捕捉至端点为圆的半径，绘制两圆，如图 4-103 所示。

（16）执行"修剪"命令（TR），将绘制的两圆的至矩形内侧的圆形删除，留下半圆，如图 4-104 所示。

（17）执行"复制"命令（CO），将左侧表示抛面线的图形向左侧进行复制，如图 4-105 所示。

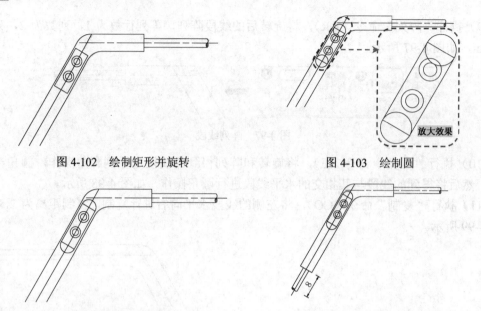

图 4-102　绘制矩形并旋转　　　　　　图 4-103　绘制圆

图 4-104　修剪图形　　　　　　　　图 4-105　耐张线夹

提　示　　注　意　　技　巧　　专业技能　　软件知识

　　在复制过程中，需要将复制的图形旋转，用户根据图形旋转具体角度，直至旋转与图形重合即可，再将图形的具体细节进行完善操作。

（18）至此，耐张线夹的绘制已完成，按【Ctrl+S】键进行保存。

AutoCAD 2013

4.5　直流系统原理图的绘制

视频\04\直流系统原理图的绘制.avi
案例\04\直流系统原理图.dwg

　　直流提供电力的系统称为直流系统，直流系统的用电负荷极为重要，对供电的可能性要求很高，直流系统的可靠性是保障变电站安全运行的决定性条件之一，如图 4-106 所示为直流系统原理图。

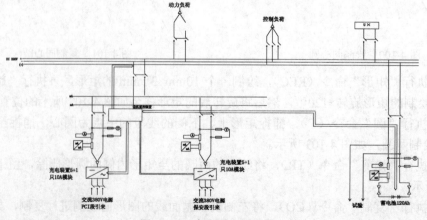

图 4-106　直流系统原理图

4.5.1 设置绘图环境

要绘制直流系统原理图时，首先要先设置绘图环境，下面将介绍如何设置绘图的环境。

（1）首先启动 AutoCAD 2013 软件，在"快捷访问工具"栏中单击"新建"按钮 🗋，在"选择文件"对话框中，单击"打开"按钮右侧的倒三角按钮 🔽，以"无样板打开-公制（I）"方式建立新文件。

（2）选择"文件"→"保存"菜单，将新建文件命名为"案例\04\直流系统原理图.dwg"。

4.5.2 绘制充电装置

从图 4-106 可知，该系统原理图由交流 380 电源、蓄电池 120Ah、动力负荷和控制负荷组成，下面将介绍充电装置的绘制。

（1）执行"矩形"命令（REC），在视图中绘制 30mm×15mm 的矩形，在绘制矩形的对角线，如图 4-107 所示。

（2）执行"多行文字"命令（T），在图形指定位置，输入文字说明，如图 4-108 所示。

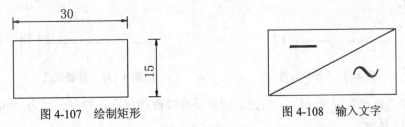

图 4-107　绘制矩形　　　　　　　图 4-108　输入文字

（3）执行"直线"命令（L），分别绘制首尾相连的 3 条线段长度为 8mm、5mm、8mm 的垂直线段，并将长度为 5mm 的垂直线段旋转 45°，如图 4-109 所示。

（4）执行"直线"命令（L），绘制交叉的长度为 1.5mm 的斜线段，如图 4-110 所示。

（5）执行"复制"命令（CO），将图形水平向右复制，复制距离为 15mm，并捕捉旋转斜线段的中点将其连接，如图 4-111 所示。

图 4-109　绘制旋转线段　　　图 4-110　绘制斜线段　　　　图 4-111　复制图形

（6）执行"多边形"命令，绘制内接于圆半径为 2.5mm 的正三角形，在三角形的顶点处绘制长度为 10mm 的直线段，如图 4-112 所示。

（7）执行"移动"命令（M），将上一步的图形移动至如图 4-113 所示图形的上方。

（8）执行"直线"命令（L），按照如图 4-114 所示的效果组合图形，从而完成充电装置。

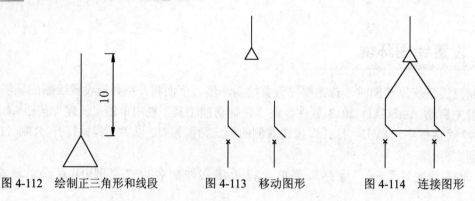

图 4-112　绘制正三角形和线段　　　　图 4-113　移动图形　　　　图 4-114　连接图形

4.5.3　绘制蓄电池 120Ah

前面已经绘制好了充电装置，下面将介绍如何绘制蓄电池 120Ah，利用"直线"和"复制"等命令进行操作。

（1）执行"直线"命令（L），分别绘制长为 12mm 的水平直线段，在绘制长为 4mm、2mm 的垂直线段，其中垂直线段的间距为 1mm，如图 4-115 所示。

（2）执行"复制"命令（CO），将两条垂直线段水平向右复制，复制距离为 2mm，如图 4-116 所示。

图 4-115　绘制线段　　　　　　　　图 4-116　复制线段

（3）执行"直线"命令（L），捕捉右侧短垂直线段的重点，绘制长度为 5mm 的水平线段，如图 4-117 所示。

（4）执行"复制"命令（CO），选中所有对象水平向右复制，其中位置关系如图 4-118 所示。

图 4-117　绘制线段　　　　　　　　图 4-118　复制线段

4.5.4　绘制 PCL 段支路

本节将介绍如何绘制 PCL 段支路，利用"直线"、"圆"、"矩形"、"移动"等命令进行操作。

（1）执行"直线"命令（L），绘制长度为 33mm 的直线段，并在直线上绘制 8mm×2.5mm 的矩形，如图 4-119 所示。

（2）执行"圆"命令（C），绘制半径为 2.5mm 的两个圆，在圆内分别输入文字内容，如图 4-120 所示。

（3）执行"矩形"命令（REC），绘制 12mm×12mm 的矩形再将对角线连接，输入文字内容，如图 4-121 所示。

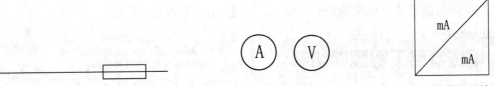

图 4-119　绘制直线与矩形　　　图 4-120　绘制圆形并输入文字　　图 4-121　绘制矩形输入文字

（4）执行"矩形"命令（REC），绘制 2.5mm×8mm 的矩形，如图 4-122 所示。

（5）执行"移动"命令（M），将绘制的图形组合在一起，完成 PCL 段支路，如图 4-123 所示。

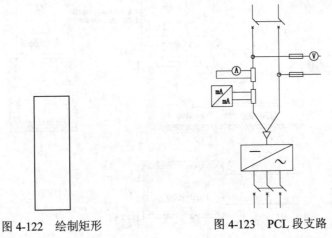

图 4-122　绘制矩形　　　　　　　图 4-123　PCL 段支路

4.5.5　完善图形并添加文字注释

前面已经将各个支路段绘制完成了，下面将所有的图形组合在一起，在组合过程中，一些图形符号可能会有一定的调整，然后将所有的图形完善处理，才能使整个图形美观。

（1）结合"修剪"、"移动"和"复制"等命令对图形进行组合完善，再执行"多行文字"命令（MT），在图形的相应位置输入文字标注说明，如图 4-124 所示。

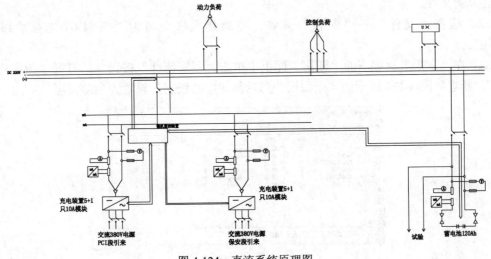

图 4-124　直流系统原理图

（2）至此，直流系统原理图的绘制已完成，按【Ctrl+S】键进行保存。

4.6 电缆线路工程图的绘制

视频\04\电缆线路工程图的绘制.avi
案例\04\电缆线路工程图.dwg

在本节中，将向用户介绍绘制如图 4-125 所示的电缆分支箱三视图，电缆分支箱包括电缆井、预留基座及电缆分支箱三部分。

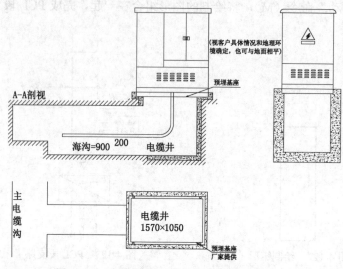

图 4-125　电缆线路工程图（分支箱三视图）

4.6.1　设置绘图环境

在绘制电缆线路图之前，要先设置绘图环境，具体操作如下。

（1）首先启动 AutoCAD 2013 软件，在"快捷访问工具"栏中单击"新建"按钮，在"选择文件"对话框中，单击"打开"按钮右侧的倒三角按钮，以"无样板打开-公制（I）"方式建立新文件。

（2）选择"文件"→"保存"菜单，将新建文件命名为"案例\04\电缆线路工程图.dwg"。

（3）在"常用"标签下的"图层"面板中单击"图层特性"按钮，打开"图层特性管理器"，新建如图 4-126 所示的 4 个图层，然后将"中心线层"设置为当前图层。

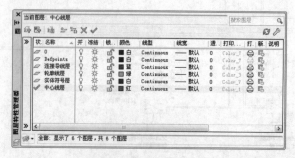

图 4-126　设置图层

4.6.2　设置三视图布局

从图 4-125 可知，该电缆线路工程图由主视图、俯视图和左视图组成，下面先要绘制三种试图的布局，其步骤如下。

（1）执行"构造线"命令（XL），在视图中绘制一条水平构造线。

（2）执行"偏移"命令（O），将上一步绘制的水平构造线垂直向下偏移，偏移距离为120mm、45mm、150mm、60mm 和 125mm，如图 4-127 所示。

（3）执行"直线"命令（L），垂直一条水平线段，如图 4-128 所示。

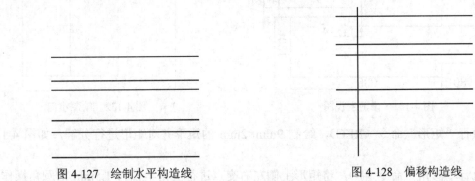

图 4-127　绘制水平构造线　　　　　　　　图 4-128　偏移构造线

（4）执行"偏移"命令（O），将绘制的水平构造线水平向右偏移，偏移距离分别为80mm、190mm、10mm、150mm、10mm、10mm、150mm 和 150mm，将多余的构造线修剪掉，如图 4-129 所示。

（5）执行"修剪"命令（TR），将多余线构造线删除，修剪出 3 个区域，每个区域对应着一个视图，如图 4-130 所示。

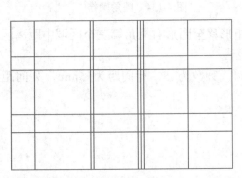

图 4-129　偏移并修剪线段

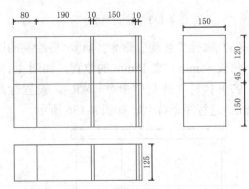

图 4-130　确定三视图布局

4.6.3　绘制主视图

前面已经确定的 3 种视图的布局，下面就先来介绍如何绘制主视图，利用"直线"、"修剪"、"复制"和"图案填充"等命令进行操作。

（1）执行"修剪"命令（TR），将图 4-81 中的左角区域的图形修剪成如图 4-131 所示的大致的轮廓。

（2）在"图层控制"下拉列表框中，将"轮廓线层"图层设置为当前图层。

（3）执行"直线"命令（L），用两条垂直线段将主视图区域 1 三等分，再执行"修剪"命令（TR）和执行"偏移"命令（O），通过修剪和偏移得到小门，并加上把手，如图 4-132 所示。

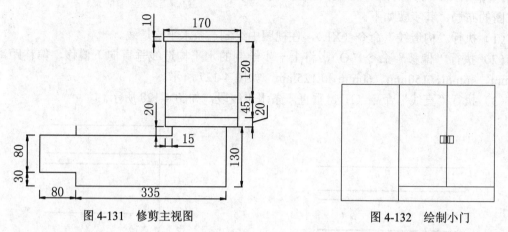

图 4-131　修剪主视图　　　　　　　　　　图 4-132　绘制小门

（4）执行"矩形"命令（REC），绘制 9mm×2mm 的矩形并对矩形进行分解，如图 4-133 所示。

（5）执行"圆角"命令（F），将矩形上侧左右交点进行圆角半径为 1.5mm 的圆角操作，如图 4-134 所示。

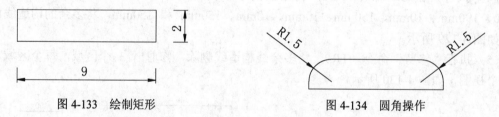

图 4-133　绘制矩形　　　　　　　　　　　图 4-134　圆角操作

（6）执行"移动"命令（M），将绘制的圆角矩形移至图形右上角第三个区域中距离区域左上角长 45mm、宽 15mm 的位置，如图 4-135 所示。

（7）执行"阵列"命令（AR），设置行数为 4，列数为 5，行间距为 5mm，列间距为 15mm，进行矩形阵列，如图 4-136 所示。

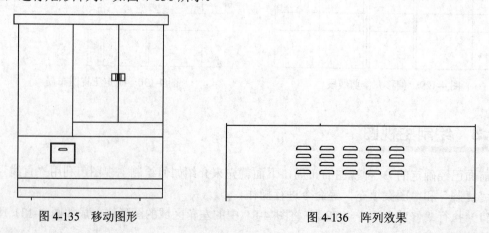

图 4-135　移动图形　　　　　　　　　　　图 4-136　阵列效果

（8）执行"多段线"命令（PL），按照如图 4-137 所示的尺寸绘制多段线。

（9）执行"圆角"命令（F），将两条线段倒圆角，圆角半径为 30mm 的圆角操作，如图 4-138 所示。

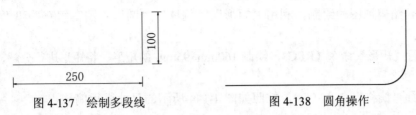

图 4-137 绘制多段线　　　　　　　图 4-138 圆角操作

（10）执行"偏移"命令（O），将绘制的图形向内侧 6mm，并将端点连接，如图 4-139 所示。

（11）执行"移动"命令（M），将绘制的图形移动到主视图中，如图 4-140 所示。

在移动图形时，配合对象捕捉（F3）功能，捕捉要移动图形上侧垂直线段的中点，将其移至主视图 4-141 所示的中点处，这样准确移动图形。

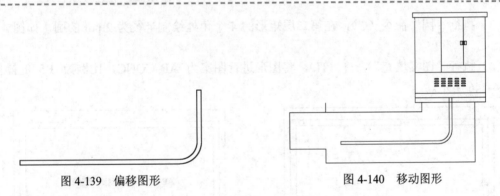

图 4-139 偏移图形　　　　　　　图 4-140 移动图形

（12）执行"偏移"命令（O），按照如图 4-141 所示的效果绘制边缘线。

（13）执行"图案填充"命令（H），填充主视图下半部分的外边框的区域进行图案的填充，选择 ANST31 和 AR-CONC 样列，填充比例均为 50，效果如图 4-142 所示。

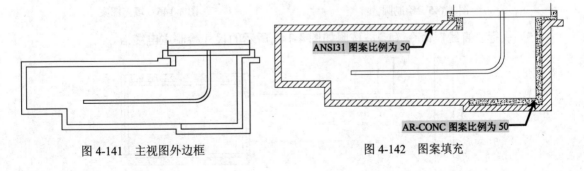

图 4-141 主视图外边框　　　　　　图 4-142 图案填充

4.6.4 绘制俯视图

本节将介绍俯视图的绘制，利用"矩形"、"偏移"、"圆"、"图案填充"和"直线"等命令进行操作。

（1）执行"矩形"命令（REC），绘制 160mm×95mm 的矩形，将矩形进行分解，如图 4-143 所示。

（2）执行"偏移"命令（O），按照如图 4-144 所示的尺寸进行偏移。

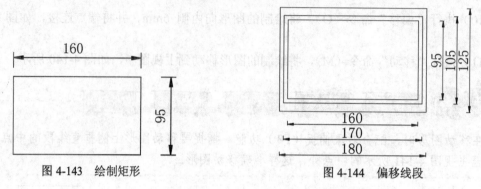

图 4-143　绘制矩形　　　　　　　　　　图 4-144　偏移线段

（3）执行"圆"命令（C），在第二层矩形的 4 个角处绘制半径为 2mm 的圆，如图 4-145 所示。

（4）执行"图案填充"命令（H），将图形进行图案为 AR-CONC，比例为 1.5 的操作，如图 4-146 所示。

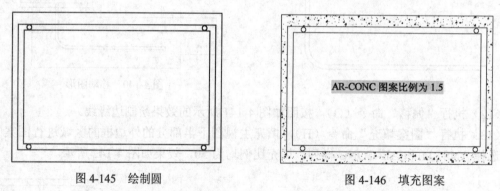

图 4-145　绘制圆　　　　　　　　　　　图 4-146　填充图案

（5）执行"直线"命令（L），按照如图 4-147 所示的尺寸绘制主电缆沟。

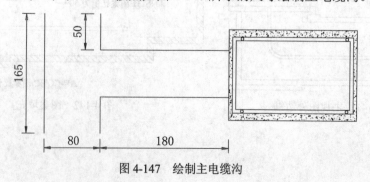

图 4-147　绘制主电缆沟

4.6.5　绘制左视图

前面已经将主视图和俯视图绘制完成，下面将绘制最后一个左视图，利用"直线"、"圆角"、"多边形"和"移动"等命令进行操作。

（1）执行"直线"命令（L），按照如图 4-148 所示的尺寸绘制左视图轮廓线。

（2）执行"圆角"命令（F），将图形上侧的矩形两侧进行圆角半径为 8mm 的操作，如图 4-149 所示。

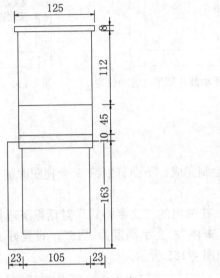

图 4-148　绘制左视图轮廓线　　　　　　图 4-149　圆角操作

（3）执行"多边形"命令，绘制边长为 30mm 的正三角形，在执行"矩形"命令（REC），在距离三角形下侧 4mm 处，绘制 30mm×6mm 的矩形，如图 4-150 所示。

（4）执行"多段线"命令（PL）。在三角形内绘制"⚡"标志，并在图形下侧处绘制矩形，如图 4-151 所示。

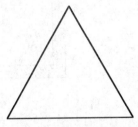

图 4-150　绘制三角形与矩形

图 4-151　绘制多段线

（5）执行"移动"命令（M），将绘制的图形移至左视图轮廓线适当位置，如图 4-152 所示。

（6）再以绘制主视图步骤（4）～（7）中相同的方法绘制圆角矩形，再将圆角矩形移至左视图轮廓线的适当位置，如图 4-153 所示。

（7）执行"图案填充"命令（H），将图形进行图案为 AR-CONC，比例为 1.5 的操作，如图 4-154 所示。

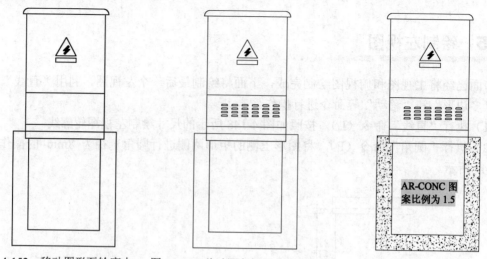

图 4-152　移动图形至轮廓中　　图 4-153　移动圆角矩形至适当位置　　图 4-154　图案填充

4.6.6　添加文字注释

在前面已经将图中的 3 种视图全部绘制完成，下面分别给 3 个视图添加文字注释，利用"多行文字"命令进行操作。

（1）执行"多行文字"命令（MT），在弹出的"文字格式"对话框下选择文字的样式为默认的"Standard"样式，设置字体为"宋体"，文字高度为"15"，设置好文字样式以后，对图中的相应内容进行文字标注说明，如图 4-155 所示。

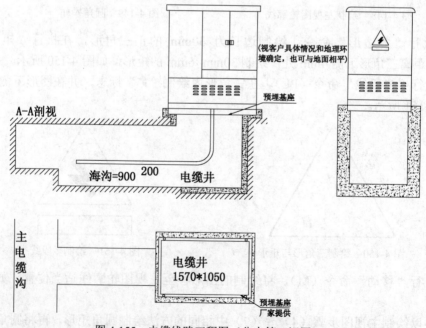

图 4-155　电缆线路工程图（分支箱三视图）

（2）至此，电缆线路工程图的绘制已完成，按【Ctrl+S】键进行保存。

第5章

电路电气工程图的绘制

本章导读

　　电路图是最常见、应用最为广泛的一类电气线路。在工业领域中，电子线路占据了重要的位置，在日常生活中，几乎每个环节都和电子线路有着或多或少的联系，如电视机、收音机、录音机、电冰箱、电话、微波炉、热水器等都是电子线路应用的例子，可以说电子线路在人们的生活中必不可少，本章将介绍电子线路的概念和分类，然后结合几个具体的实例来介绍电子线路图的绘制方法。

主要内容

- 📖 日光灯调光器电路图的绘制
- 📖 停电、来电自动告知线路图的绘制
- 📖 电话机自动录音电路图的绘制
- 📖 微波炉电路图的绘制
- 📖 变频器电路图的绘制
- 📖 单片机引脚图的绘制

效果预览

5.1 日光灯调光器电路图的绘制
视频\05\日光灯调光器电路图的绘制.avi
案例\05\日光灯调光器电路图.dwg

当客人临门、欢度节日时都希望灯光通亮，当在休息、看电视和照料婴儿时，就需要将灯光调暗一些，为了实现这种要求，可以用调节器调节灯光的亮度，如图 5-1 所示为日光灯的调节器电路图。

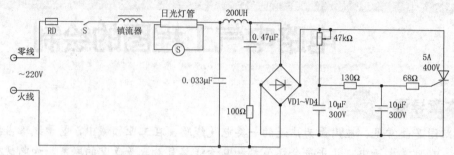

图 5-1　日光灯调光器电路图

5.1.1　设置绘图环境

在绘制日光灯调光器电路图时，观察图中的结构，首先要设置绘图环境，下面将介绍如何设置环境。

（1）首先启动 AutoCAD 2013 软件，在"快捷访问工具"栏中单击"新建"按钮，在"选择文件"对话框中，单击"打开"按钮右侧的倒三角按钮，以"无样板打开-公制（I）"方式建立新文件，并将文件命名为"案例\05\日关灯调光器电路图.dwg"。

（2）在"常用"标签下的"图层"面板中单击"图层特性"按钮，打开"图层特性管理器"，新建如图 5-2 所示的 3 个图层，然后将"连接线层"设置为当前图层。

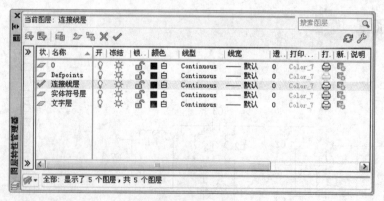

图 5-2　新建图层

5.1.2　绘制线路结构图

从图 5-1 可知，该电路图主要由线路结构图和实体符号组成，利用"直线"、"偏移"、

"修剪"、"多段线"和"旋转"等命令进行操作。

（1）执行"直线"命令（L），在视图中绘制一条长度为 200mm 的水平线段，如图 5-3 所示。

（2）执行"偏移"命令（O），将水平线段垂直向下偏移 100mm，如图 5-4 所示。

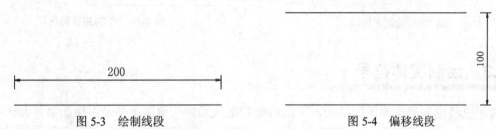

图 5-3　绘制线段　　　　　　　　　　　　图 5-4　偏移线段

（3）执行"直线"命令（L），捕捉水平线段的右侧上、下端点，绘制垂直线段，如图 5-5 所示。

（4）执行"偏移"命令（O），将垂直线段水平向左偏移，偏移距离为 25mm 和 25mm，如图 5-6 所示。

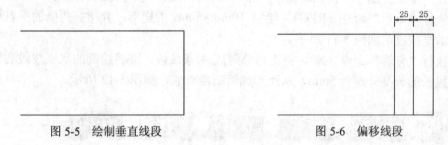

图 5-5　绘制垂直线段　　　　　　　　　　图 5-6　偏移线段

（5）执行"多边形"命令，捕捉最右侧垂直线段的中点为起点，绘制内接于圆半径为 16mm 的正四边形，如图 5-7 所示。

（6）执行"旋转"命令（RO），捕捉矩形的中心点为基点，将正四边形旋转 45°，并进行修剪，如图 5-8 所示。

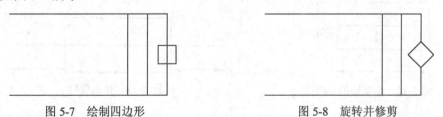

图 5-7　绘制四边形　　　　　　　　　　　图 5-8　旋转并修剪

（7）执行"多段线"命令（PL），捕捉正四边形的左侧顶点为起点，绘制一条长度分别为 40mm、150mm、85mm 的多段线，如图 5-9 所示。

（8）再执行"多段线"命令（PL），绘制图形中其他多段线，将多余的线段进行修剪，如图 5-10 所示。

在这里绘制线段时，除了利用多段线外还可以执行"直线"命令（L）来绘制线段，绘制时首尾相连即可。

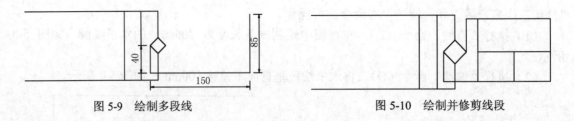

图 5-9　绘制多段线　　　　　　　　　图 5-10　绘制并修剪线段

5.1.3　绘制实体符号

前面已经绘制了电路图的结构，下面将绘制电气元件，该图主要是由熔断器、开关、镇流器、日光灯管、起辉器、电感线圈、电阻、电容、二极管和滑动变阻器等电气元件组成，下面结合"直线"、"圆"、"偏移"、"修剪"、"复制"和"旋转"等命令进行绘制。

1．绘制熔断器

（1）在"图层控制"下拉列表框中，将"实体符号层"设置为当前图层。

（2）执行"矩形"命令（REC），绘制 10mm×5mm 的矩形，并捕捉两侧的垂直线段的中点，绘制水平线段，如图 5-11 所示。

（3）执行"分解"命令（X），将矩形分解成 4 条线段，并将绘制的水平线段利用钳夹功能拉长，拉长的长度分别为 5mm，从而形成熔断器对象，如图 5-12 所示。

在这介绍了一种钳夹功能，钳夹功能是一种快捷的一种修改功能，可以对直线、圆、圆弧、椭圆等进行移动、拉长、拉伸等命令的操作，可以快捷的绘制图形，在之后的章节中都可以利用该功能进行操作。

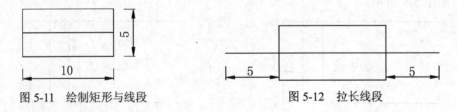

图 5-11　绘制矩形与线段　　　　　　　图 5-12　拉长线段

2．绘制开关

（1）执行"直线"命令（L），绘制首尾相连，并且长度均为 5mm 的 3 条线段，如图 5-13 所示。

（2）执行"旋转"命令（RO），捕捉第 2 条线段的右端点为基点，将线段旋转 30°，如图 5-14 所示。

图 5-13　绘制线段　　　　　　　　　图 5-14　旋转线段

3．绘制镇流器

（1）执行"圆"命令（C），绘制半径为 2.5mm 的圆，如图 5-15 所示。

（2）执行"复制"命令（CO），捕捉圆心为基点，水平向右进行复制，复制距离为 5mm、10mm、15mm 的复制操作，并过圆心，绘制水平直线段，如图 5-16 所示。

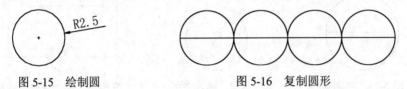

图 5-15　绘制圆　　　　　　　　　　　图 5-16　复制圆形

（3）执行"修剪"命令（TR），修剪图形，如图 5-17 所示。

（4）执行"移动"命令（M），将水平直线段向上偏移 5mm，完成镇流器的绘制，如图 5-18 所示。

图 5-17　修剪图形　　　　　　　　　　图 5-18　镇流器

4．绘制日光灯管和起辉器

（1）执行"矩形"命令（REC），绘制 30mm×6mm 的矩形，如图 5-19 所示。

（2）执行"直线"命令（L），捕捉矩形左侧上的一点为起点，水平向右绘制长度为 35mm 的水平直线段，并将线段左端点向左侧拉长，拉伸距离为 5mm，如图 5-20 所示。

图 5-19　绘制矩形　　　　　　　　　　图 5-20　绘制直线段

（3）执行"偏移"命令（O），将上一步的水平线段垂直向下偏移距离为 2mm 的对象，如图 5-21 所示。

（4）执行"修剪"命令（TR），修剪图形。

（5）执行"多段线"命令（PL），捕捉偏移后线段的左端点为起点，右侧端点为终点，绘制长度为 20mm、40mm、20mm 的多段线，如图 5-22 所示。

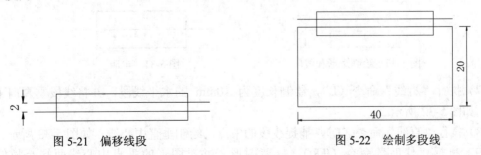

图 5-21　偏移线段　　　　　　　　　　图 5-22　绘制多段线

（6）执行"圆"命令（C），绘制半径为 5mm 的圆，如图 5-23 所示。

（7）执行"多行文字"命令（T），在圆内中输入文字"S"，文字高度为 5mm，如图 5-24 所示。

（8）执行"移动"命令（M），将绘制的图形进行移动组合，并对移动的图形进行修剪，如图 5-25 所示。

图 5-23　绘制圆　　　　图 5-24　输入文字　　　　图 5-25　移动并修剪图形

5．绘制电感线圈、电阻和电容

（1）执行"圆"命令（C），绘制半径为 2.5mm 的圆，如图 5-26 所示。

（2）执行"复制"命令（CO），捕捉圆心为基点水平向右复制出 3 份，复制距离均为 5mm，如图 5-27 所示。

图 5-26　绘制圆　　　　　　　　　　　　　图 5-27　复制圆

（3）执行"直线"命令（L），过所有圆的圆心，绘制水平线段，如图 5-28 所示。

（4）执行"修剪"命令（TR），修剪成如图 5-29 所示的效果，完成电感线圈的绘制。

图 5-28　绘制水平线段　　　　　　　　　图 5-29　电感线圈

（5）执行"矩形"命令（REC），绘制 10mm×4mm 的矩形，捕捉两侧线段的中点，绘制水平线段，如图 5-30 所示。

（6）并将水平线段的两端点分别向两侧拉伸距离为 2.5mm，并对图形进行修剪，完成电阻的绘制，如图 5-31 所示。

图 5-30　绘制矩形和线段　　　　　　　　图 5-31　电阻

（7）执行"直线"命令（L），绘制长度为 10mm 的水平线段，并将线段垂直向下偏移 4mm，如图 5-32 所示。

（8）执行"直线"命令（L），捕捉线段的中点，绘制垂直中心线，如图 5-33 所示。

（9）执行"修剪"命令（TR），修剪图形，并对图形的垂直中心线两端点拉伸距离 2.5mm，对图形进行修剪，完成电容的绘制，如图 5-34 所示。

图 5-32 绘制并偏移   图 5-33 绘制中心线   图 5-34 电容

6．绘制二极管

（1）执行"多边形"命令，绘制内接于圆半径为 5mm 的正三角形，如图 5-35 所示。

（2）执行"旋转"命令（RO），捕捉左下角点为基点，旋转 30°，如图 5-36 所示。

图 5-35 绘制正三角形   图 5-36 旋转正三角形

（3）执行"直线"命令（L），捕捉左侧线段的中点绘制水平线段，并将线段左右端点利用钳夹功能拉长，拉长距离为 5mm，如图 5-37 所示。

（4）执行"直线"命令（L），绘制长度为 8mm 的垂直线段，并与三角形左侧端点相交，如图 5-38 所示。

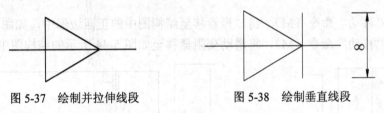

图 5-37 绘制并拉伸线段   图 5-38 绘制垂直线段

7．绘制滑动变阻器

（1）执行"复制"命令（CO），在视图中绘制 1 份电阻，如图 5-39 所示。

（2）执行"多段线"命令（PL），在绘制的电阻上侧的中点处绘制多段线，来完成滑动变阻器的绘制，如图 5-40 所示。

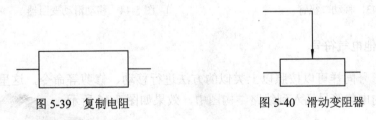

图 5-39 复制电阻   图 5-40 滑动变阻器

5.1.4 将实体符号插入到结构线路图

从图 5-1 可知，前面已经绘制好了实体符号和线路结构图，下面选择几个典型的实体符号插入到结构图中，具体操作步骤如下。

1．移动镇流器

（1）执行"移动"命令（M），将前面绘制好的镇流器符号插入到如图 5-41 所示的结构图中。

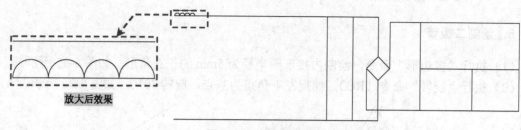

放大后效果

图 5-41　移动镇流器

（2）执行"移动"命令（M），捕捉镇流器以下角圆弧的短线为基点，水平向右移动距离为 66mm，如图 5-42 所示。

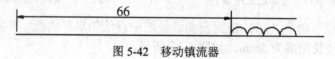

66

图 5-42　移动镇流器

2．移动二极管和滑动变阻器

（1）执行"移动"命令（M），将二极管移至结构图中的正四边形中，如图 5-43 所示。
（2）执行"移动"命令（M），将滑动变阻器移至如图 5-44 所示的结构图中。

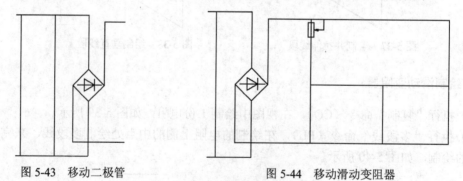

图 5-43　移动二极管　　　　　　　　图 5-44　移动滑动变阻器

3．移动其他电气符号

其他电气符号同样可以按照以上类似的方法进行移动、修剪等命令，这里就不再一一列举了，将所有的电气符号插入到线路结构图中，效果如图 5-45 所示。

提　示　　注　意　　技　巧　　专业技能　　软件知识

图 5-45 中各导线只看到交叉点处并没有表明是实心还是空心，这对识图也是一项很大的障碍，根据日光灯调节器的工作原理，在适当的交叉点处加上实心圆，加上实心交点后的图形如图 5-46 所示。

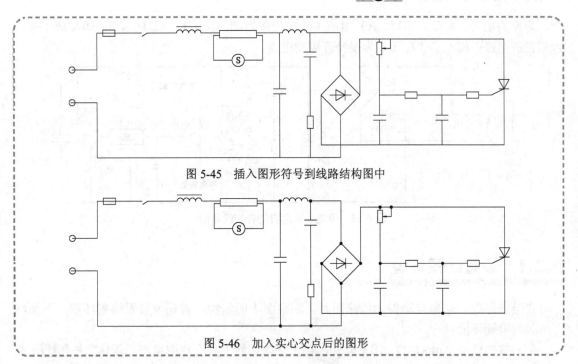

图 5-45　插入图形符号到线路结构图中

图 5-46　加入实心交点后的图形

5.1.5　添加文字注释

前面已经将线路结构图和实体符号添加到了结构图中，下面将给结构图添加文字注释，利用"多行文字"命令进行操作。

（1）在"图层控制"下拉列表框中，将"文字层"设置为当前图层。

（2）执行"多行文字"命令（MT），在弹出的"文字格式"对话框下选择文字的样式为默认的"Standard"样式，设置字体为"宋体"，文字高度为"5"，设置好文字样式以后，对图中的相应内容进行文字标注说明，如图 5-47 所示。

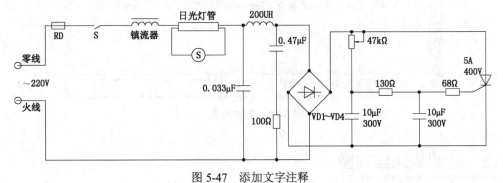

图 5-47　添加文字注释

（3）至此，日光灯调光器电路图的绘制已完成，按【Ctrl+S】键进行保存。

AutoCAD 2013

5.2　停电、来电自动告知线路图的绘制

 视频\05\停电、来电自动告知线路图的绘制.avi
案例\05\停电、来电自动告知线路图.dwg

如图 5-48 所示是一种由集成电路构成的停电、来电自动告知线路图，适用于需要提示停

电、来电的场合。VT1、VD5、R3 组成了停电告知控制图，IC1、VD1～VD4 等构成了来电告知控制电路；IC2、VT2、BL 为报警声驱动电器。

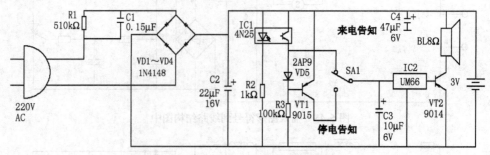

图 5-48　停电、来电自动告知线路图

5.2.1　设置绘图环境

在绘制停电、来电自动告知线路图时，观察图中的结构，首先要设置绘图环境，下面将介绍如何设置环境。

（1）首先启动 AutoCAD 2013 软件，在"快捷访问工具"栏中单击"新建"按钮，在"选择文件"对话框中，单击"打开"按钮右侧的倒三角按钮，以"无样板打开-公制（I）"方式建立新文件，并将文件命名为"案例\05\停电、来电自动告知线路图.dwg"保存。

（2）在"常用"标签下的"图层"面板中单击"图层特性"按钮，打开"图层特性管理器"，新建如图 5-49 所示的 3 个图层，然后将"连接线层"设置为当前图层。

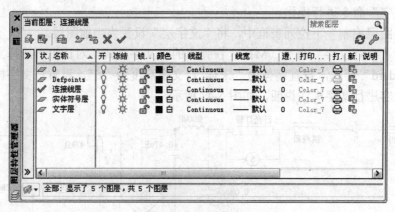

图 5-49　新建图层

5.2.2　绘制线路结构图

从图 5-48 可知，此图中所有的元器件之间都是用导线连接而成的，用户可以利用执行"直线"命令（L），绘制一系列的水平线段和垂直线段，得到停电、来电自动告知线路图的连接线，在绘制过程中，可以使用"对象捕捉"和"正交"模式，绘制相邻直线时，先捕捉已经绘制好的直线端点，以其为起点来绘制下一条直线段，由图 5-50 得知所有的直线都是正交直线，因此，使用"正交"功能，可以大大减少工作量，提高绘图效率。

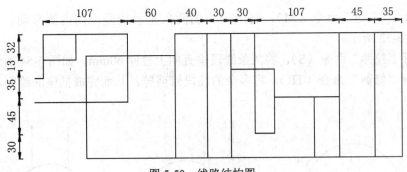

图 5-50　线路结构图

提示　　注意　　技巧　　专业技能　　软件知识

　　在绘制各连接线过程中，可以采用各种不同的命令，如"偏移"、"拉长"、"多段线"等命令，类似的技巧如果能熟练运用，可以大大减少工作量，从而能够快速准确地绘制所需图形。

5.2.3　绘制各图形符号

　　前面已经绘制了线路图的结构，下面将绘制电气元件，该图主要是由插座、开关、扬声器、电源符号、整流桥、光电耦合器、PNP 型晶体管、二极管、电阻和电容等电气元件组成，下面利用"直线"、"圆"、"偏移"、"修剪"、"复制"、"旋转"等命令进行操作。

1. 绘制插座

　　（1）在"图层控制"下拉列表框中，将"实体符号层"设置为当前图层。

　　（2）执行"圆弧"命令（A），绘制起点为（100，100），端点为（40，100），半径为 30mm 的圆弧，再执行"直线"命令（L），将圆弧的两侧端点连接起来，如图 5-51 所示。

提示　　注意　　技巧　　专业技能　　软件知识

　　用户在这里绘制圆弧时，要注意这里所用的是圆弧绘制的另一种方式，是用起点、端点、半径的方式来绘制的，所以，如果用户用"圆弧"命令（A）"就绘制不出图中的效果了。用户可以选择"绘图"→"圆弧"→"起点、端点、半径"菜单来绘制。

　　（3）执行"直线"命令（L），分别以圆弧左侧及右侧的端点为起点，向下绘制长度为 15mm 的垂直线段，如图 5-52 所示。

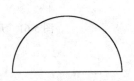

图 5-51　绘制圆弧和直线

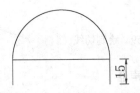

图 5-52　绘制垂直线段

（4）执行"移动"命令（M），将上一步的两条垂直线段，向内侧移动，移动距离为15mm，如图 5-53 所示。

（5）执行"拉伸"命令（S），将两条线段垂直向上拉伸 60mm，如图 5-54 所示。

（6）执行"修剪"命令（TR），将多余的线段修剪掉，从而完成插座的绘制，如图 5-55 所示。

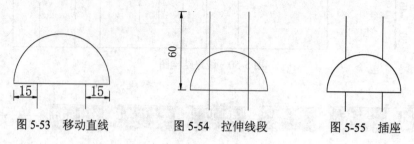

图 5-53　移动直线　　　　　图 5-54　拉伸线段　　　　　图 5-55　插座

2．绘制开关

（1）执行"多边形"命令，绘制边长为 20mm 的正三角形，并将三角形旋转 30°，如图 5-56 所示。

（2）执行"圆"命令（C），分别捕捉正三角形的各顶点为圆心，绘制半径为 2mm 的圆，并如图 5-57 所示。

（3）执行"删除"命令（E），将图形中的正三角形删除，如图 5-58 所示。

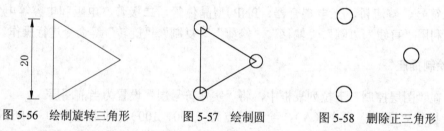

图 5-56　绘制旋转三角形　　　图 5-57　绘制圆　　　　图 5-58　删除正三角形

（4）执行"直线"命令（L），绘制右上角两个圆的切线，利用钳夹功能拉长所绘制的切线的左侧端点，向上拉长 4mm，如图 5-59 所示。

（5）执行"直线"命令（L），捕捉圆心为起点，水平和垂直方向绘制长度为 5mm 的直线，如图 5-60 所示。

（6）执行"修剪"命令（TR），将圆内的线段删除。完成开关的绘制，如图 5-61 所示。

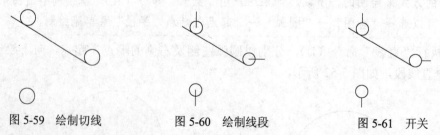

图 5-59　绘制切线　　　　图 5-60　绘制线段　　　　图 5-61　开关

2．绘制扬声器

（1）执行"矩形"命令（REC），绘制 18mm×45mm 的矩形，如图 5-62 所示。

（2）执行"直线"命令（L），捕捉矩形右侧上、下端点为起点，绘制长度为 20mm，夹角为 45° 的斜线段，如图 5-63 所示。

（3）执行"直线"命令（L），捕捉斜线段右侧的上、下端点，将其连接，从而完成扬声器的绘制，如图 5-64 所示。

图 5-62　绘制斜线段　　　　图 5-63　连接端点　　　　图 5-64　扬声器

3．绘制电源符号

（1）执行"直线"命令（L），绘制长度为 20mm 的水平线段，将线段垂直向下偏移 3 次，偏移距离均为 10mm，如图 5-65 所示。

（2）利用夹点编辑，从上至下数第 1 条和第 3 条线段的两端点，向两侧拉长均为 15mm，完成电源符号的绘制，如图 5-66 所示。

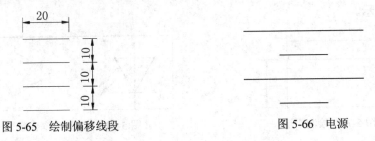

图 5-65　绘制偏移线段　　　　　　　图 5-66　电源

4．绘制整流桥和光电耦合器

（1）执行"矩形"命令（REC），绘制 50mm×50mm 的矩形，如图 5-67 所示。

（2）执行"旋转"命令（RO），捕捉左下角点为旋转基点，将矩形旋转 45°，如图 5-68 所示。

（3）执行"插入块"命令（I），将"案例\05\二极管.dwg"文件插入到视图空白处，并将图块旋转-45°，如图 5-69 所示。

图 5-67　绘制矩形　　　　图 5-68　旋转矩形　　　　图 5-69　插入图块

（4）执行"移动"命令（M），将插入的图块移动到绘制的矩形指定位置，从而形成整流桥符号，如图 5-70 所示。

在这里移动图块至矩形处时，使移动矩形四条边的中点处，将其进行调整。

（5）执行"多段线"命令（PL），绘制箭头，并将箭头移至二级管适当位置，如图 5-71 所示。

（6）执行"插入块"命令（I），将"案例\05\光敏管.dwg"文件插入至视图空白处，如图 5-72 所示。

图 5-70 整流桥   图 5-71 绘制箭头   图 5-72 插入光敏管

（7）执行"矩形"命令（REC），绘制 43mm×18mm 的矩形，如图 5-73 所示。

（8）执行"移动"命令（M），二极管和插入光敏管移动至矩形内，完成 ICI 光电耦合器，如图 5-74 所示。

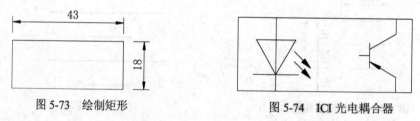

图 5-73 绘制矩形   图 5-74 ICI 光电耦合器

5．插入其他电气元件

执行"插入块"命令（I），将"案例\05\PNP 型晶体管、电阻、电容.dwg"文件插入视图中，如图 5-75 所示。

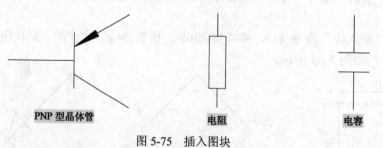

PNP 型晶体管   电阻   电容

图 5-75 插入图块

5.2.4 将实体符号插入到结构图

前面已经把线路结构图大体地绘制好了，接下来将实体符号插入到结构图中，利用"删除"、"修剪"、"删除"和"缩放"等命令将实体符号插入到结构图中，并将保持整个图形的美观整齐，完成后的效果如图 5-76 所示。

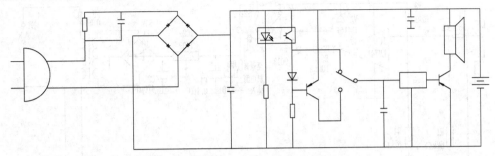

图 5-76　将图形符号插入到线路结构图中

5.2.5　添加文字注释

前面已经将线路结构图和实体符号添加到了结构图中，下面将给结构图添加文字注释，利用"多行文字"命令进行操作。

（1）在"图层控制"下拉列表框中，将"文字层"设置为当前图层。

（2）执行"多行文字"命令（MT），在弹出的"文字格式"对话框下选择文字的样式为默认的"Standard"样式，设置字体为"宋体"，文字高度为"8"，设置好文字样式以后，对图中的相应内容进行文字标注说明，如图 5-77 所示。

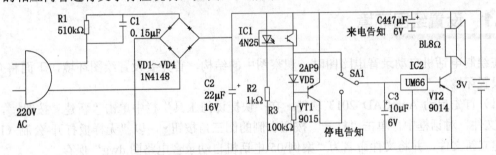

图 5-77　添加文字注释

在添加文字注释时，一次输入几行文字，然后调整其位置，当对齐文字、调整位置时，可以结合"正交"命令即可。

（3）至此，该停电、来电自动告知线路图的绘制已完成，按【Ctrl+S】键保存。

AutoCAD 2013

5.3　电话机自动录音电路图的绘制

视频\05\电话机自动录音电路图的绘制.avi
案例\05\电话机自动录音电路图.dwg

电话机自动录音电路图的绘制首先绘制出大体结构图，然后绘制出主要的导线，然后分别绘制各个电子元件，最后将各个电子元件"安装"到结构图中，并添加文字和注释，完成绘制，如图 5-78 所示。

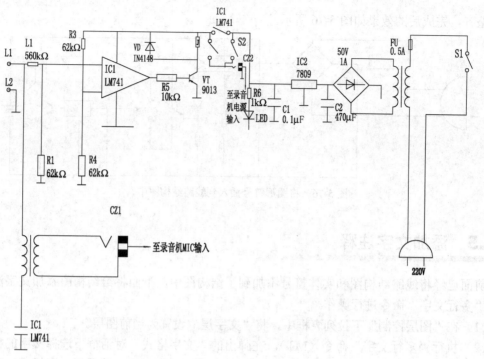

图 5-78　电话机自动录音电路图

5.3.1　设置绘图环境

在绘制电话机自动录音电路图时，观察图中的结构，首先要设置绘图环境，下面将介绍如何设置环境。

（1）首先启动 AutoCAD 2013 软件，在"快捷访问工具"栏中单击"新建"按钮，在"选择文件"对话框中，单击"打开"按钮右侧的倒三角按钮，以"无样板打开-公制（I）"方式建立新文件，并将文件命名为"案例\05\电话机自动录音电路图.dwg"保存。

（2）在"常用"标签下的"图层"面板中单击"图层特性"按钮，打开"图层特性管理器"，新建如图 5-79 所示的 3 个图层，然后将"连接线层"设置为当前图层。

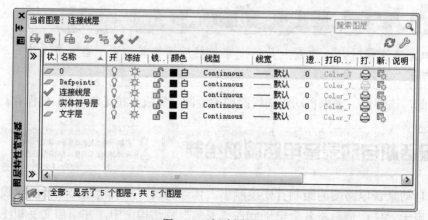

图 5-79　新建图层

5.3.2　绘制线路结构图

从图 5-78 可知，此图中所有的元器件之间都是用导线连接而成的，用户可以利用执行"直线"命令（L），绘制一系列的水平线段和垂直线段，得到电话机自动录音电路图的连接线，在绘制过程中，用户可以采用"对象捕捉"、"正交模式"和"多边形"等命令绘制如图 5-80 所示的线路结构图。

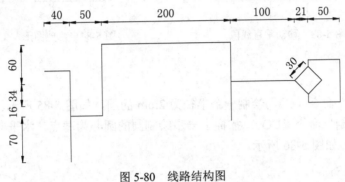

图 5-80　线路结构图

5.3.3　绘制图形符号

前面已经绘制了线路图的结构，下面将绘制电气元件，该图主要是由插座、开关和插入的其他电气元件图块组成，下面利用"直线"、"圆"、"偏移"、"修剪"、"复制"、"旋转"和"插入块"等命令操作。

1．绘制插座

（1）在"图层控制"下拉列表框中，将"实体符号层"设置为当前图层。

（2）执行"圆弧"命令（A），绘制起点为（100，100），端点为（60，100），半径为 20mm 的圆弧，再执行"直线"命令（L），将圆弧的两侧端点连接起来，如图 5-81 所示。

在绘制圆弧时给用户一个提示，利用圆弧的起点、端点、半径的形式绘制圆弧。

（3）执行"直线"命令（L），分别捕捉圆弧的两侧端点，向下绘制长度为 10mm 的垂直线段，再利用钳夹功能将绘制的垂直线段的上侧端点垂直向上拉长 40mm，如图 5-82 所示。

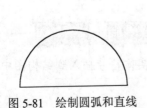

图 5-81　绘制圆弧和直线

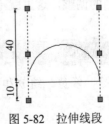

图 5-82　拉伸线段

（4）执行"移动"命令（M），将上一步拉长的两条垂直线段，向内移动，移动距离为10mm，如图 5-83 所示。

（5）执行"修剪"命令（TR），并将绘制的图形进行修剪，如图 5-84 所示。

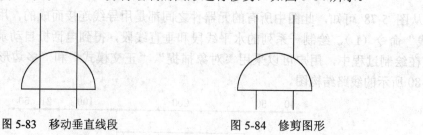

图 5-83　移动垂直线段　　　　　　　　　　图 5-84　修剪图形

2．绘制开关

（1）执行"圆"命令（C），绘制一个半径为 2mm 的圆，如图 5-85 所示。

（2）执行"复制"命令（CO），捕捉上一步绘制圆的圆心为基点，水平向右复制 1 份，复制距离为 20mm，如图 5-86 所示。

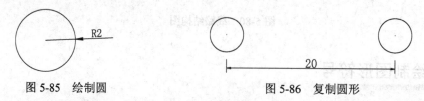

图 5-85　绘制圆　　　　　　　　　　　　　图 5-86　复制圆形

（3）执行"直线"命令（L），以上一步复制圆的圆心为起点，绘制长度为 20mm，角度为 155°的斜线段，如图 5-87 所示。

（4）执行"移动"命令（M），将绘制的斜线段，垂直向下平移 2mm，如图 5-88 所示。

（5）执行"直线"命令（L），以图中两个圆的圆心为起点，分别向左及向右绘制 10mm的水平线段，再执行"修剪"命令（TR），对圆内的多余线段进行修剪，如图 5-89 所示。

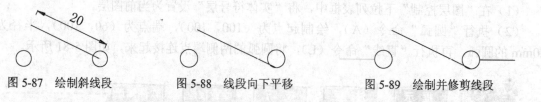

图 5-87　绘制斜线段　　　　图 5-88　线段向下平移　　　　图 5-89　绘制并修剪线段

5.3.4　将实体符号插入到结构图

将前面绘制好的图形符号插入到线路结构图中，若各图形符号的大小有不协调的，可以根据要求进行适当的调整，这里就不进行一一详述了，如图 5-90 所示

提 示　　注 意　　技 巧　　专业技能　　软件知识

可以利用删除、修剪、缩放和插入块等命令，将实体符号插入到结构图中。

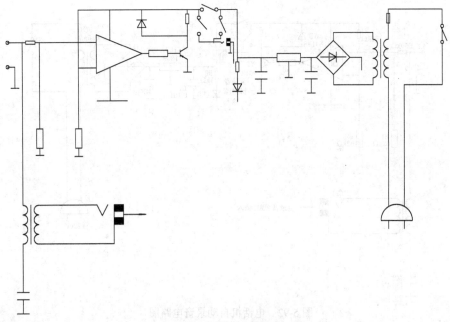

图 5-90 插入实体符号

5.3.5 添加注释文字说明

前面已经将线路结构图和实体符号添加到了结构图中，下面将给结构图添加文字注释，利用"多行文字"命令进行操作。

（1）在"图层控制"下拉列表框中，将"文字层"设置为当前图层。

（2）创建文字样式，选择"格式"→"文字样式"菜单，系统将弹出"文字样式"对话框，并对其进行设置，如图 5-91 所示。

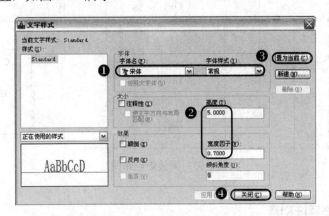

图 5-91 "文字样式"对话框

（3）设置好文字样式以后，执行"多行文字"命令（T），在图形指定位置添加注释文字，完成电话机自动录音电路图的绘制，如图 5-92 所示。

（4）至此，电话机自动录音电路图的绘制已完成，按【Ctrl+S】键进行保存。

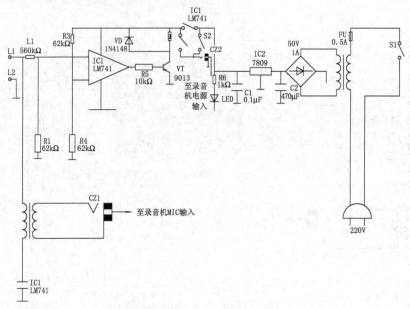

图 5-92　电话机自动录音电路图

5.4　微波炉电路图的绘制

视频\05\微波炉电路图的绘制.avi
案例\05\微波炉电路图.dwg

　　绘制微波炉电路图首先绘制出大体的结构图，绘制出主要的电路图导线，然后绘制出各个电子元件，接着将各个电子元件"安装"到结构中的相应位置，最后在电路图中的适当位置添加相应的文字和注释说明，完成微波炉的电路图绘制，如图 5-93 所示。

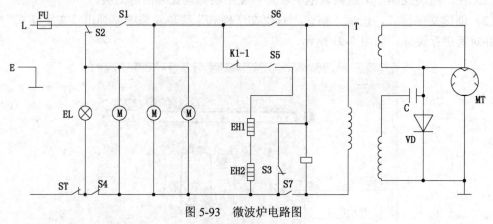

图 5-93　微波炉电路图

5.4.1　设置绘图环境

　　在绘制微波炉电路图时，观察图中的结构，首先要设置绘图环境，下面将介绍如何设置环境。

　　（1）首先启动 AutoCAD 2013 软件，在"快捷访问工具"栏中单击"新建"按钮▢，在"选择文件"对话框中，单击"打开"按钮右侧的倒三角按钮▾，以"无样板打开-公制（I）"

方式建立新文件，并将文件命名为"案例\05\微波炉电路图.dwg"保存。

（2）在"常用"标签下的"图层"面板中单击"图层特性"按钮，打开"图层特性管理器"，新建如图 5-94 所示的 3 个图层，然后将"连接线层"设置为当前图层。

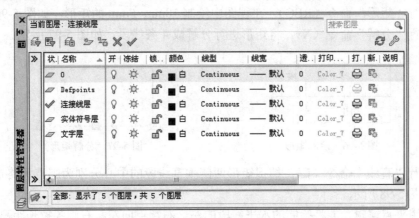

图 5-94　新建图层

5.4.2　绘制线路结构图

从图 5-93 可知，此图中所有的元器件之间都是用导线连接而成的，用户可以利用执行"直线"命令（L），绘制一系列的水平线段和垂直线段，得到微波炉电路图的线路结构图，在绘制过程中，用户可以采用"对象捕捉"和"正交模式"等命令绘制如图 5-95 所示的线路结构图。

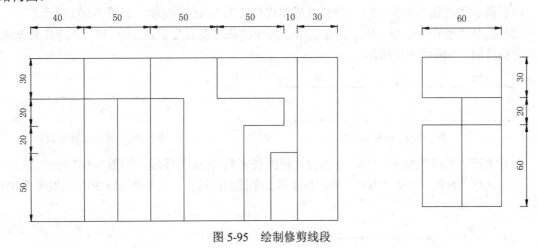

图 5-95　绘制修剪线段

5.4.3　绘制实体符号

前面已经绘制了线路图的结构，该图主要是由熔断器、功能选择开关、门联锁开关、信号灯、电动机符号、石英发热管、烧烤控制继电器、高压变压器、电容和磁控管等电气元件组成，下面将利用"圆"、"偏移"、"修剪"、"复制"、"旋转""插入块"等命令操作。

1. 绘制熔断器

（1）在"图层控制"下拉列表框中，将"实体符号层"设置为当前图层。

（2）执行"矩形"命令（REC），在视图中绘制 10mm×5mm 的矩形，如图 5-96 所示。

（3）执行"分解"命令（X），将矩形进行分解成 4 条线段，如图 5-97 所示。

图 5-96　绘制矩形　　　　　　　　图 5-97　分解矩形

（4）执行"直线"命令（L），捕捉矩形两侧垂直线段的中心分别为起点和终点，绘制水平线段，如图 5-98 所示。

（5）利用夹点编辑功能将绘制的水平线段的左、右端点向左、右侧各拉长距离为 5mm，完成熔断器的绘制，如图 5-99 所示。

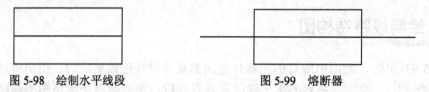

图 5-98　绘制水平线段　　　　　　图 5-99　熔断器

2. 绘制功能选择开关和门联锁开关

（1）执行"直线"命令（L），绘制首尾相连长度为 5mm 的线段，如图 5-100 所示。

（2）执行"旋转"命令（RO），捕捉第二条线段的右端点为基点旋转 30°，完成功能选择开关的绘制，如图 5-101 所示。

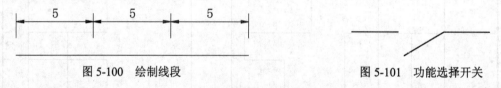

图 5-100　绘制线段　　　　　　　　图 5-101　功能选择开关

（3）执行"直线"命令（L），绘制首尾相连长度为 5mm 的线段，如图 5-102 所示。

（4）执行"旋转"命令（RO），捕捉线段第 2 条的右侧端点，为基点旋转 30°，如图 5-103 所示。

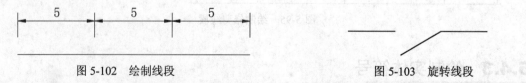

图 5-102　绘制线段　　　　　　　　图 5-103　旋转线段

（5）利用钳夹功能将旋转的线段左侧端点拉长，拉长距离为 2mm，如图 5-104 所示。

（6）执行"直线"命令（L），捕捉线段第 1 条右侧的端点为起点，垂直向下绘制长度为 5mm 的垂直线段，以完成门联锁开关的绘制，如图 5-105 所示。

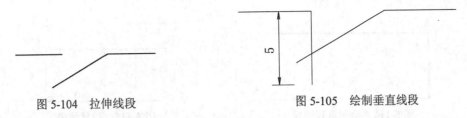

图 5-104 拉伸线段　　　　　　　　　图 5-105 绘制垂直线段

3. 绘制信号灯和电动机符号

（1）执行"圆"命令（C），绘制半径为 5mm 的圆，如图 5-106 所示。

（2）执行"直线"命令（L），过圆心绘制水平线段，如图 5-107 所示。

（3）执行"直线"命令（L），过圆心绘制垂直相交线段，如图 5-108 所示。

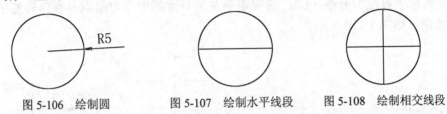

图 5-106 绘制圆　　　　　图 5-107 绘制水平线段　　　　图 5-108 绘制相交线段

（4）执行"旋转"命令（RO），选择绘制的所有线段，捕捉圆心为旋转基点，将线段旋转 45°，以完成信号灯的绘制，如图 5-109 所示。

（5）执行"圆"命令（C），绘制半径为 5mm 的圆，如图 5-110 所示。

（6）执行"多行文字"命令（T），在圆内输入文字"M"，设置文字高度为 5，完成电动机的绘制，如图 5-111 所示。

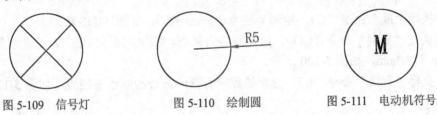

图 5-109 信号灯　　　　　图 5-110 绘制圆　　　　　图 5-111 电动机符号

4. 绘制石英发热管和烧烤继电器

（1）执行"直线"命令（L），绘制石英发热管符号，绘制长度为 12mm 的水平线段，如图 5-112 所示。

（2）执行"偏移"命令（O），将绘制的水平线段，垂直向下偏移，偏移距离为 5mm，如图 5-113 所示。

图 5-112 绘制线段　　　　　　　　　图 5-113 偏移线段

（3）执行"直线"命令（L），捕捉线段的上、下端点，绘制垂直线段，如图 5-114 所示。

（4）执行"偏移"命令（O），将垂直线段水平向右偏移 4 次，偏移距离均为 3mm，如图 5-115 所示。

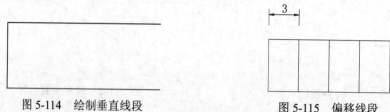

图 5-114　绘制垂直线段　　　　　　　　图 5-115　偏移线段

（5）执行"直线"命令（L），捕捉最外侧的垂直线段的中点，向外侧绘制长度均为 5mm 的水平线段，完成石英发热管的绘制，如图 5-116 所示。

（6）执行"矩形"命令（REC），绘制烧烤控制继电器符号，绘制 4mm×8mm 的矩形，如图 5-117 所示。

（7）执行"直线"命令（L），捕捉矩形左、右侧的中点为起点分别向外侧绘制长度为 5mm 的线段，如图 5-118 所示。

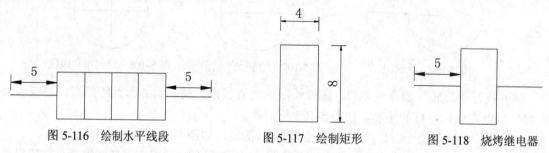

图 5-116　绘制水平线段　　　图 5-117　绘制矩形　　　图 5-118　烧烤继电器

5. 绘制高压变压器

（1）执行"圆"命令（C），绘制半径为 2.5mm 的圆，如图 5-119 所示。

（2）执行"复制"命令（CO），捕捉圆心为基点，水平向右复制出 2 份，复制的距离分别为 5mm 和 10mm，如图 5-120 所示。

（3）执行"直线"命令（L），分别捕捉所有圆的圆心绘制水平线段，如图 5-121 所示。

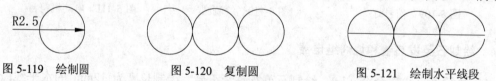

图 5-119　绘制圆　　　　　图 5-120　复制圆　　　　　图 5-121　绘制水平线段

（4）执行"修剪"命令（TR），修剪掉多余的多线段，如图 5-122 所示。

（5）执行"复制"命令（CO），捕捉圆弧的圆心为基点，选择圆弧，水平向右进行复制，复制距离为 15mm，以完成高压变压器的绘制，如图 5-123 所示。

图 5-122　修剪图形　　　　　　　　　图 5-123　复制圆弧

提 示　　注 意　　技 巧　　专业技能　　软件知识

在复制圆弧图形时，还可以执行"阵列"命令（AR）将圆角矩形阵列，也可得到图 5-123 中所示效果。

6．绘制高压电容、高压二极管和磁控管

（1）执行"直线"命令（L），绘制长度为 10mm 的垂直线段，如图 5-124 所示。

（2）执行"偏移"命令（O），将垂直线段水平向右偏移，偏移距离为 5mm，如图 5-125 所示。

（3）执行"直线"命令（L），捕捉两条垂直线段的中点，分别向左、右侧绘制长度为 5mm 的线段，以完成高压电容的绘制，如图 5-126 所示。

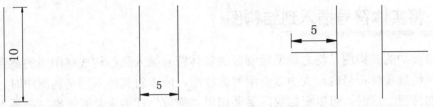

图 5-124　绘制垂直线段　　　图 5-125　偏移线段　　　图 5-126　高压电容

（4）执行"多边形"命令，绘制边长为 5mm 的正三角形，如图 5-127 所示。

（5）执行"直线"命令（L），捕捉垂直线段的中点为起点，绘制水平向右的线段，如图 5-128 所示。

（6）利用钳夹功能捕捉水平线段的两个端点，分别向左、右侧拉长，拉长距离为 5mm，如图 5-129 所示。

图 5-127　绘制正三角形　　　图 5-128　绘制水平线段　　　图 5-129　拉伸线段

（7）执行"直线"命令（L），捕捉左侧三角形的端点，分别垂直向上、下绘制长度为 2.5mm 的垂直线段，从而完成高压二极管的绘制，如图 5-130 所示。

（8）执行"圆"命令（C），绘制半径为 10mm 的圆，如图 5-131 所示。

（9）执行"直线"命令（L），捕捉圆形上象限点为起点，下象限点为终点，绘制过圆心的垂直线段，如图 5-132 所示。

图 5-130　高压二极管　　　图 5-131　绘制圆　　　图 5-132　绘制垂直线段

（10）执行"直线"命令（L），在圆形适当位置，绘制 4 条线段，线段长度为 3mm，如图 5-133 所示。

（11）执行"镜像"命令（MI），将绘制的 4 条线段以垂直中心线为镜像线水平向右镜像并复制，如图 5-134 所示。

（12）执行"修剪"命令（TR），修剪并删除多余的线段，从而完成磁控管的绘制，如

图 5-135 所示。

图 5-133 绘制四条线段   图 5-134 镜像线段   图 5-135 修剪删除线段

5.4.4 将实体符号插入到结构图

根据微波炉的结构图，将之前所绘制好的实体符号插入到结构线路图中的适当位置上，由于在单独绘制实体符号时，大小以看清楚为标准，所以将其插入到结构图中时，可能会出现不协调的情况，这时，可以根据实际需要调用"缩放"功能来及时调整。在插入实体符号的过程中，可以结合"对象捕捉"和"正交"等功能，选择合适的插入点，具体操作如下：

（1）执行"移动"命令（M），选择熔断器符号移动到结构图中，如图 5-136 所示。

（2）执行"插入块"命令（I），将"案例\05\定时开关符号.dwg"文件插入视图中。

（3）执行"旋转"命令（RO），将插入的定时开关符号旋转 90°，如图 5-137 所示。

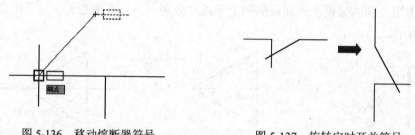

图 5-136 移动熔断器符号   图 5-137 旋转定时开关符号

（4）执行"移动"命令（M），选择定时开关符号，移动到图形指定位置，如图 5-138 所示。

（5）执行"修剪"命令（TR），修剪多余的线段，如图 5-139 所示。

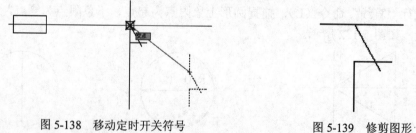

图 5-138 移动定时开关符号   图 5-139 修剪图形

（6）执行"移动"命令（M），选择信号灯符号，移动图形指定位置，如图 5-140 所示。

（7）执行"修剪"命令（TR），修剪多余的线段，如图 5-141 所示。

（8）执行"旋转"命令（RO），选择高压变压器符号旋转 90°，如图 5-142 所示。

（9）执行"移动"命令（M），选择高压变压器符号移动图形指定位置，如图 5-143 所示。

（10）执行"移动"命令（M），选择移动后的高压变压器符号垂直向下平移，平移距离为 7mm，如图 5-144 所示。

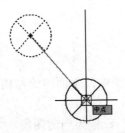

图 5-140　移动炉灯符号

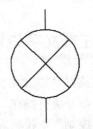

图 5-141　修剪图形

图 5-142　旋转高压变压器符号

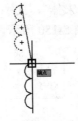

图 5-143　移动高压变压器符号

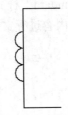

图 5-144　移动高压变压器符号

（11）执行"修剪"命令（TR），修剪掉多余的线段，如图 5-145 所示。

（12）执行"移动"命令（M），选择磁控器符号插入到图形指定位置，如图 5-146 所示。

（13）执行"修剪"命令（TR），修剪掉多余的线段，如图 5-147 所示。

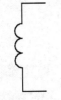

图 5-145　修剪图形

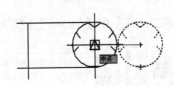

图 5-146　移动磁控器符号

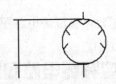

图 5-147　修剪图形

（14）插入电动机符号，执行"移动"命令（M），将该符号插入到图纸指定位置，复制并修剪该图形，如图 5-148 所示。

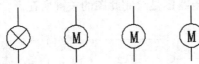

图 5-148　插入电动机符号

（15）将所有实体符号插入到如图 5-149 所示的指定位置，并将插入的实体符号进行修剪。

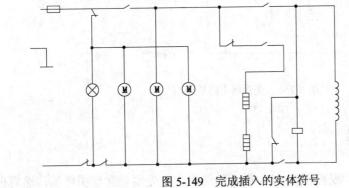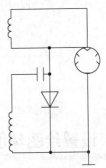

图 5-149　完成插入的实体符号

5.4.5   添加注释文字说明

前面已经将线路结构图和实体符号添加到了结构图中，下面将给结构图添加文字注释，利用"多行文字"命令进行操作。

（1）在"图层控制"下拉列表框中，将"文字层"设置为当前图层。

（2）执行"多行文字"命令（MT），在弹出的"文字格式"对话框下选择文字的样式为默认的"Standard"样式，设置字体为"宋体"，文字高度为"5"，设置好文字样式以后，对图中的相应内容进行文字标注说明，如图 5-150 所示。

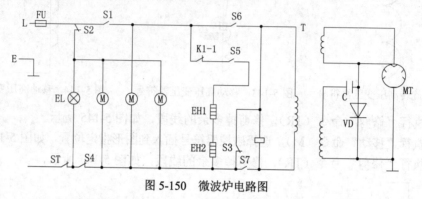

图 5-150   微波炉电路图

（3）至此，微波炉电路图的绘制已完成，按【Ctrl+S】键进行保存。

5.5   变频器电路图的绘制

AutoCAD 2013

视频\05\变频器电路图的绘制.avi
案例\05\变频器电路图.dwg

变频器是一类应用十分广泛的电子设备，如图 5-151 所示为某调频器的电路原理图，用户观察可知，这个电路图本身的元器件并不复杂，但复杂的是各个元器件的相对位置关系。把众多的电气元件安装在一个电路图是绘制此图的关键所在。

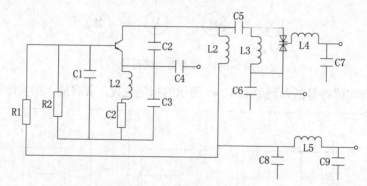

图 5-151   变频器电路原理图

5.5.1   设置绘图环境

在绘制变频器电路图时，观察图 5-151 所示的结构，首先要设置绘图环境，然后再绘制结构和电气元件，最后将所绘制的图形符号组合，下面先介绍如何设置环境。

（1）首先启动 AutoCAD 2013 软件，在"快捷访问工具"栏中单击"新建"按钮 ，在"选择文件"对话框中，单击"打开"按钮右侧的倒三角按钮 ，以"无样板打开-公制（I）"方式建立新文件，并将文件命名为"案例\05\变频器电路图.dwg"保存。

（2）在"常用"标签下的"图层"面板中单击"图层特性"按钮 ，打开"图层特性管理器"，新建如图 5-152 所示的 3 个图层，然后将"结构层"设置为当前图层。

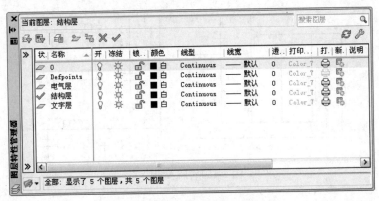

图 5-152　新建图层

5.5.2　绘制线路结构图

从图 5-151 可知，由于该电路图的结构大多都是在"正交"模式下绘制的垂直水平相交直线，在前面几节中已经具体介绍了绘制方法，本节所有的结构图，用户只需利用"直线"、"偏移"、"修剪"等命令参照如图 5-153 所示图中的尺寸绘制即可。

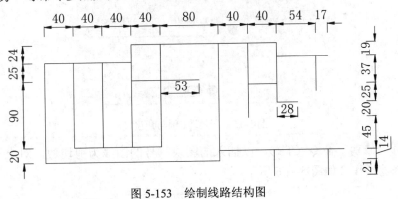

图 5-153　绘制线路结构图

5.5.3　插入电气图块

从图 5-151 可知，由于该电路图是由电阻、电容、电感线圈、三极管和二极管几种电气元件组成，所以下面只需将案例文件下的电气图块插入到视图中，然后根据要求，对图块进行适当的调整即可，在调整过程中用户利用"旋转"、"移动"、"复制"、"缩放"和"修剪"等命令进行操作。

1. 插入图块并修剪图形

（1）在"图层控制"下拉列表框中，将"电气层"设置为当前图层。

（2）执行"插入块"命令（I），"案例\05\二极管、电阻、电容、三级管、电感线圈.dwg"等文件，插入比例的情况设置为 0.25 或者 0.5，旋转角度视具体情况为 0°或者 90°，设置参数时根据要求进行设置，插入点均为如图 5-154 所示的直线的中点处。

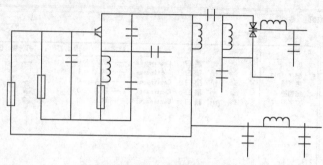

图 5-154　插入图块

这里讲到的比例和旋转角度等都是在 AutoCAD 2013 中执行"插入块"命令（I）时的对话框中设置的，都以如图 5-155 所示来进行设置。

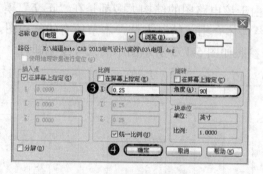

图 5-155　设置比例与角度

（3）执行"修剪"命令（TR），以插入的图块符号的图线为剪切边，对上一步绘制的相应直线进行修剪操作，如图 5-156 所示。

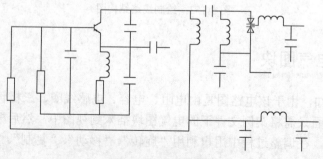

图 5-156　修剪图形

2．绘制导线连接点

（1）执行"圆"命令（C），在如图 5-157 所示的千点分别绘制一个半径为 2mm 的圆，再执行"修剪"命令（TR），将圆内的多余线段修剪掉。

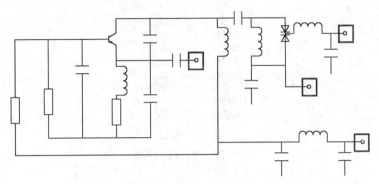

图 5-157　绘制并修剪圆

5.5.4　添加注释文字说明

以上已经把所有分析得知的图块插入到了结构图中，并进行了适当的调整，接下来将给修剪后得到的结构图，进行文字注释的添加，利用"多行文字"命令进行操作。

（1）在"图层控制"下拉列表框中，将"文字层"设置为当前图层。

（2）执行"多行文字"命令（MT），在弹出的"文字格式"对话框下选择文字的样式为默认的"Standard"样式，设置字体为"宋体"，文字高度为"10"，设置好文字样式以后，对图中的相应内容进行文字标注说明，如图 5-158 所示。

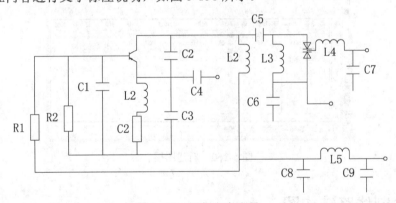

图 5-158　添加文字注释

（3）至此，该变频器电路图的绘制已完成，按【Ctrl+S】键进行保存。

AutoCAD 2013
5.6　单片机引脚图的绘制

视频\05\单片机引脚图的绘制.avi
案例\05\单片机引脚图.dwg

单片机控制着当今大多数的电子设备、家哟过电气与机器设备、越来越引人们的重视，如图 5-159 所示为某型号的 16 位单片机的引脚图。

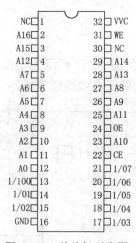

图 5-159　单片机引脚图

5.6.1　设置绘图环境

在绘制单片机引脚图时，观察 5-159 所示图中的结构，首先要设置绘图环境，然后再绘制线路结构并对图形进行修剪等，最后将添加文字注释，下面先介绍如何设置环境。

（1）首先启动 AutoCAD 2013 软件，在"快捷访问工具"栏中单击"新建"按钮📄，在"选择文件"对话框中，单击"打开"按钮右侧的倒三角按钮▾，以"无样板打开-公制（I）"方式建立新文件，并将文件命名为"案例\05\单片机引脚图.dwg"保存。

（2）在"常用"标签下的"图层"面板中单击"图层特性"按钮📇，打开"图层特性管理器"，新建如图 5-160 所示的 2 个图层，然后将"线路结构层"设置为当前图层。

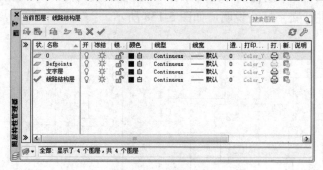

图 5-160　新建图层

5.6.2　绘制线路结构图

从图 5-159 可知，该图主要由线路结构和一些图形组成，最后在修剪的图形中添加文字注释说明即可，所以只需绘制线路结构图，利用"矩形"、"圆"、"修剪""移动"和"阵列"等命令进行操作。

（1）执行"矩形"命令（REC），在视图中绘制 50mm×165mm 的矩形，如图 5-161 所示。

（2）执行"圆"命令（C），捕捉上水平中点为圆心绘制半径为 5mm 的圆，如图 5-162 所示。

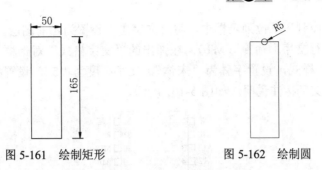

图 5-161 绘制矩形　　　　　　　　图 5-162 绘制圆

（3）执行"修剪"命令（TR），修剪圆与线段的图形，如图 5-163 所示。

（4）执行"矩形"命令（REC），在矩形上端的两侧绘制 5mm×5mm 的 2 个正方形，如图 5-164 所示。

（5）执行"移动"命令（M），捕捉上一步 2 个矩形右上角点为基点垂直向下移动，移动距离为 5mm，如图 5-165 所示。

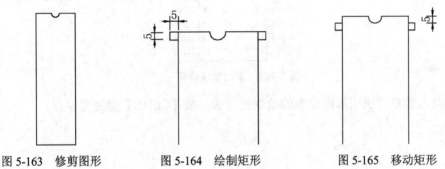

图 5-163 修剪图形　　　　　图 5-164 绘制矩形　　　　　图 5-165 移动矩形

（6）执行"阵列"命令（AR），将行数设置为 16，列数为 1，行偏移为-10mm，列偏移为 1mm，如图 5-166 所示。

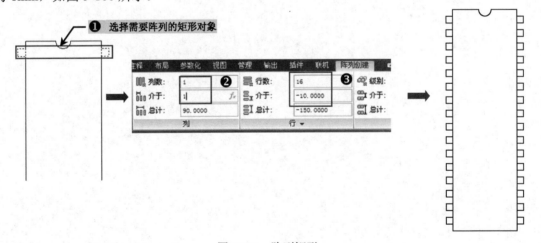

图 5-166 阵列矩形

5.6.3 添加文字注释

以上已经将单片机引脚的线路结构图完成了，下面将对结构添加文字注释说明，利用"多行文字"命令进行操作。

（1）在"图层控制"下拉列表框中，将"文字层"设置为当前图层。

（2）执行"多行文字"命令（MT），在弹出的"文字格式"对话框下选择文字的样式为默认的"Standard"样式，设置字体为"宋体"，文字高度为"5"，设置好文字样式后，对图中的相应内容进行文字标注说明，如图5-167所示。

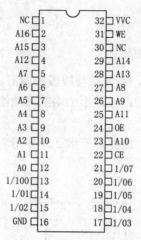

图 5-167   添加文字说明

（3）至此，该单片机引脚电路图的绘制已完成，按【Ctrl+S】键进行保存。

第6章

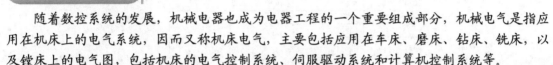

机械电气工程图的绘制

本章导读

随着数控系统的发展，机械电器也成为电器工程的一个重要组成部分，机械电气是指应用在机床上的电气系统，因而又称机床电气，主要包括应用在车床、磨床、钻床、铣床，以及镗床上的电气图，包括机床的电气控制系统、伺服驱动系统和计算机控制系统等。

通过本章的学习，读者需要掌握利用 AutoCAD2013 软件进行一些机械类电气工程图的绘制方法及技巧。

主要内容

📖 C630 车床电气原理图的绘制
📖 三相异步交流电动机控制线路图的绘制
📖 电动机控制电力图的绘制
📖 C616 车床电气图的绘制

效果预览

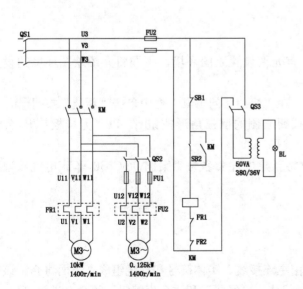

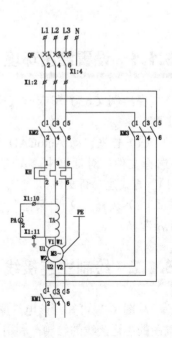

6.1　C630 车床电气原理图

视频\06\C630 车床电气原理图的绘制.avi
案例\06\C630 车床电气原理图.dwg

本节绘制 C630 车床的电气原理图，该电路由 3 部分组成，其中从电源到两台电动机的电路称为主回路，而由继电器和接触器等组成的电路称为控制回路，另一部分是照明回路。

C630 车床的主电路有两台电动机，主轴电动机 M1 拖动主轴旋转，采用直接启动，电动机 M2 为冷却泵电动机，用转换开关 QS2 操作其启动和停止。M2 由熔断器 FU1 作短路保护，热继电器 FR2 作过载保护，而 M1 只有 FR1 过载保护。合上总电源开关 QS1 后，按下启动按钮 SB2，接触器 KM 吸合并自锁，M1 启动并运转。要停止电动机时，按下停止按钮 SB1 即可。由变压器 T 将 380V 交流电压转变成 36V 安全电压，供给照明灯 EL。如图 6-1 所示为 C630 车床的电气原理图。

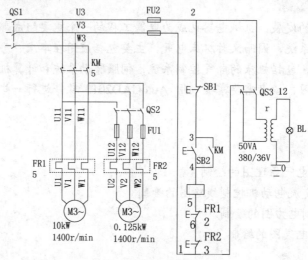

图 6-1　C630 车床电气原理图

6.1.1　设置绘图环境

在绘制 C630 车床电气原理图时，首先要设置绘图环境，下面将介绍绘图环境的设置步骤。

（1）首先启动 AutoCAD 2013 软件，在"快捷访问工具"栏中单击"新建"按钮，在"选择文件"对话框中，单击"打开"按钮右侧的倒三角形按钮，以"无样板打开-公制（I）"方式建立新文件。

（2）选择"文件|保存"菜单命令，将新建文件命名为"案例\06\C630 车床电气原理图dwg"。

6.1.2　绘制主连接线

从图 6-1 可知，该电气原理图主要由主连接线、实体符号和导线组成，下面将介绍该电气图的主连接线的绘制，利用"直线"、"偏移"、"修剪"和"夹点编辑"等命令进行操作。

（1）执行"直线"命令（L），在视图中绘制长度为 435mm 的水平线段，如图 6-2 所示。

（2）执行"偏移"命令（O），将水平线段垂直向下偏移出 2 份，偏移距离均为 24mm，如图 6-3 所示。

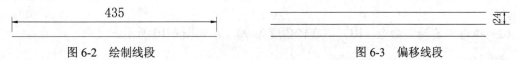

图 6-2　绘制线段　　　　　　　　　　　　　　　图 6-3　偏移线段

（3）执行"直线"命令（L），捕捉上水平线段的左端点为起点，垂直向下绘制长度为 78mm 的线段，如图 6-4 所示。

（4）执行"偏移"命令（O），将垂直线段水平向右偏移，偏移距离分别为 76mm、24mm、24mm、166mm、34mm 和 111mm，如图 6-5 所示。

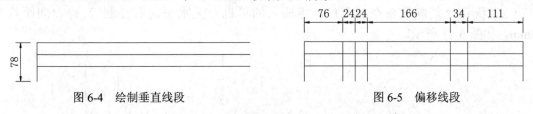

图 6-4　绘制垂直线段　　　　　　　　　　　图 6-5　偏移线段

（5）执行"修剪"命令（TR），修剪多余的线段，如图 6-6 所示。

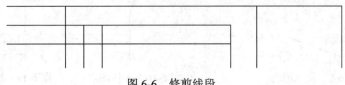

图 6-6　修剪线段

6.1.3　绘制电气元件

前面已经绘制了主连接线，下面将绘制电气元件，该图主要是由接触器主触点、冷却泵电动机 M2、热继电器、熔断器和转换开关组成，利用"直线"、"圆"、"偏移"、"修剪"和"插入块"等命令进行操作。

1．插入电动机和热继电器

（1）执行"插入块"命令（I），将"案例\06\热继电器、电动机.dwg"文件插入视图中，如图 6-7 所示。

（2）执行"移动"命令（M），将热继电器与电动机符号相连接，如图 6-8 所示。

热继电器符号　　　　　电动机符号

图 6-7　插入图块　　　　　　　　　　　图 6-8　连接图块

2. 绘制接触器主触点

（1）执行"插入块"命令（I），将"案例\07\单机开关.dwg"文件插入视图中，如图 6-9 所示。

（2）执行"旋转"命令（RO），旋转角度为 90°，如图 6-10 所示。

在旋转符号时要打开对象捕捉（F3）功能，并捕捉符号左端点为旋转基点进行旋转即可。

（3）执行"复制"命令（CO），将插入的单机开关水平向右复制 2 份，间距均为 24mm，如图 6-11 所示。

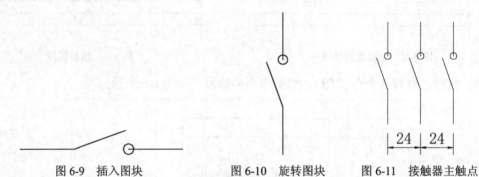

图 6-9 插入图块　　图 6-10 旋转图块　　图 6-11 接触器主触点

（4）执行"直线"命令（L），分别捕捉热继电器的上垂直线段 3 个端点垂直向上绘制长度为 116mm 的线段，如图 6-12 所示。

（5）执行"移动"命令（M），将移动图块和热继电器连接的图块对其重合，效果如图 6-13 所示。

在组合图形时，可以捕捉复制图块的左下角点与热继电器的上垂直线段的左上角点将其重合即可。

（6）执行"直线"命令（L），捕捉接触器主触点斜线段中点，绘制水平线段，并将线段的线型更改为"ACAD-ISOO2W100"，如图 6-14 所示。

如果所设置的线段样式不能显示出来，可在"线型管理器"对话框中选择需要设置的线型，并单击"显示细节"按钮，将显示该线性的细节，并在"全局比例因子"文本框中输入一个较大的比例因子即可。

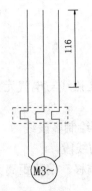

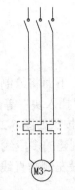
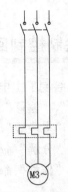

图 6-12　绘制垂直线段　　　图 6-13　组合图形　　　图 6-14　绘制水平线段

3．插入熔断器和转换开关

（1）执行"插入块"命令（I），将"案例\06\熔断器.dwg"文件插入到视图中，如图 6-15 所示。

（2）执行"复制"命令（CO），将熔断器水平向右复制 2 份，复制距离均为 24mm，如图 6-16 所示。

（3）执行"复制"命令（CO），将热继电器和电动机的组合图形复制 1 份。

（4）执行"移动"命令（M），将熔断器和复制的图形组合，效果如图 6-17 所示。

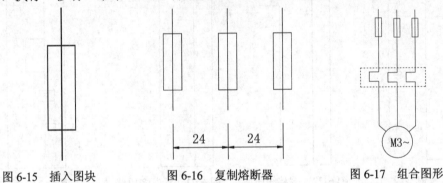

图 6-15　插入图块　　　图 6-16　复制熔断器　　　图 6-17　组合图形

（5）执行"插入块"命令（I），将"案例\07\转换开关.dwg"文件插入到视图中，如图 6-18 所示。

（6）执行"移动"命令（M），将转换开关与图形组合，效果如图 6-19 所示。

（7）执行"直线"命令（L），绘制连接线，完成主电路的连接图，如图 6-20 所示。

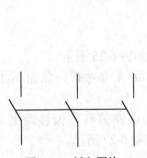
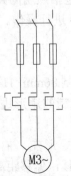
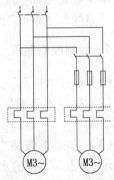

图 6-18　插入图块　　　图 6-19　将熔断器与热熔电器连接图　　　图 6-20　主电路连接图

6.1.4 绘制控制回路

前面已经绘制了主电路的连接图，下面将绘制控制回路的连接线与电气元件，利用"直线"、"多段线"、"偏移"、"修剪"和"插入块"等命令进操作。

（1）执行"多段线"命令（PL），按照如图 6-21 所示的尺寸绘制多段线。

（2）执行"分解"命令（X），把创建的多段线分解成独立的线段。

（3）执行"偏移"命令（O），将最左侧垂直线段水平向右偏移，偏移距离为 34mm，如图 6-22 所示。

（4）执行"多段线"命令（PL），捕捉偏移线段的上端点为起点，垂直向上绘制长度为 24mm，水平向右绘制长度为 112mm 的线段，垂直向下绘制长度为 66mm 的线段，如图 6-23 所示。

（5）执行"插入块"命令（I），将所绘制的图形符号和图块插入到回路连接线中，并进行适当的调整，如图 6-24 所示。

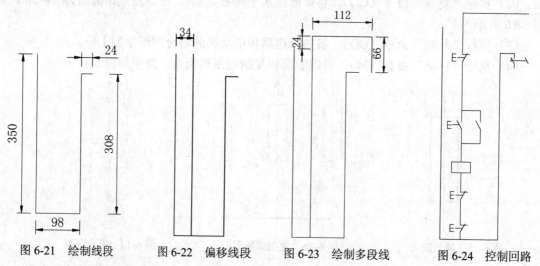

图 6-21　绘制线段　　图 6-22　偏移线段　　图 6-23　绘制多段线　　图 6-24　控制回路

6.1.5 绘制照明回路

本节将介绍如何绘制照明回路图，包括照明回路的连接线和添加电器元件，利用"插入块"、"直线"、"矩形"和"修剪"等命令进行操作。

1. 绘制照明回路

（1）执行"矩形"命令（REC），绘制 86mm×114mm 的矩形，如图 6-25 所示。

（2）执行"分解"命令（X），将绘制的矩形进行分解，分解成 4 条线段，如图 6-26 所示。

（3）执行"偏移"命令（O），将矩形左、右两侧的线段向内侧偏移，偏移距离为 24mm，将上、下侧的水平线段向内侧偏移，偏移距离为 37mm，如图 6-27 所示。

（4）执行"修剪"命令（TR），修剪对于的线段，如图 6-28 所示。

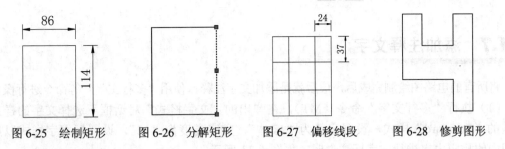

图 6-25　绘制矩形　　图 6-26　分解矩形　　图 6-27　偏移线段　　图 6-28　修剪图形

2. 插入电器元件

（1）执行"插入块"命令（I），将"案例\06\信号灯、变压器.dwg"文件到视图中，如图 6-29 所示。

（2）执行"移动"命令（M），将插入的图块与照明回路连接线组合，效果如图 6-30 所示。

（3）执行"修剪"命令（TR），修剪多余的线段，完成照明回路的绘制，如图 6-31 所示。

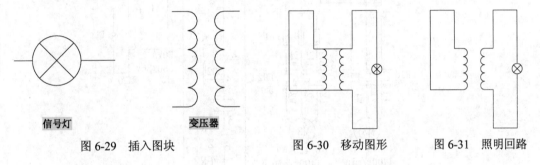

图 6-29　插入图块　　　　　图 6-30　移动图形　　　图 6-31　照明回路

6.1.6　组合图形

前面已经绘制了照明回路和控制回路，下面将所绘制好的电路图组合起来，并将与主连接线组合，利用"直线"、"多段线"、"偏移"、"修剪"和"插入块"等命令进行操作。

（1）执行"移动"命令（M），将之前所连接的线路的符号与主连接线组合。

（2）执行"修剪"命令（TR），修剪连接的图形，如图 6-32 所示。

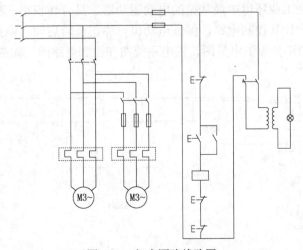

图 6-32　组合回路线路图

6.1.7 添加注释文字

将所有的电路图绘制完成后，最后就是添加文字注释，使用"多行文字"等命令进行操作。

（1）执行"多行文字"命令（MT），在弹出的"文字格式"对话框下选择文字的样式为默认的"Standard"样式，设置字体为"宋体"，文字高度为"12"，设置好文字样式以后，对图中的相应内容进行文字标注说明，如图 6-33 所示。

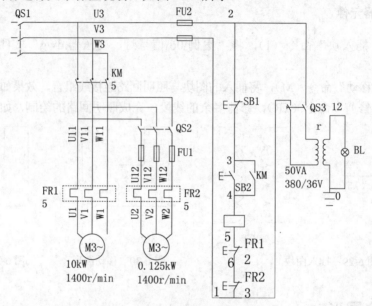

图 6-33　C630 车床电气原理图

（2）至此，C630 车床电气原理图的绘制已完成，按【Ctrl+S】键进行保存。

6.2 三相异步交流电动机控制线路图

视频\06\三相异步交流电动机控制线路图的绘制.avi
案例\06\三相异步交流电动机控制线路图.dwg

三相异步电动机是工业环境中最常见的电动驱动器，具有体积小、驱动扭矩大等特点，因此，在工业领域，设计其控制电路，保证电动机可靠正反转启动、停止和过载保护具有重要意义。本节绘制的图形分为供电见图、供电系统图和控制电路图，如图 6-34 所示。

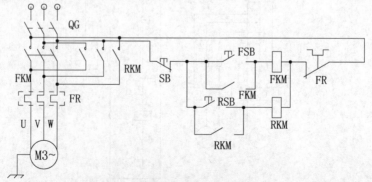

图 6-34　三相异步交流电动机控制线路图

三相异步电动机直接输入三相工频电，将电能转化为电动机主轴旋转的动能。其控制电路主要采用交流接触器，实现异地控制。只要交换三相异步电动机的两项就可以实现电动机的反转启动，当电动机过载时，相电流会显著增加，熔断器断开，对电动机实现过载保护。

6.2.1　设置绘图环境

在绘制三相异步交流电动机控制线路图时，首先要设置绘图环境，下面将介绍绘图环境的设置步骤。

（1）首先启动 AutoCAD 2013 软件，在"快捷访问工具"栏中单击"新建"按钮，在"选择文件"对话框中，单击"打开"按钮右侧的倒三角按钮，以"无样板打开-公制（I）"方式建立新文件，并将文件命名为"案例\06\三相异步交流电动机控制线路图.dwg"保存。

（2）在"常用"标签下的"图层"面板中单击"图层特性"按钮，打开"图层特性管理器"对话框，新建如图 6-35 所示的 2 个图层，然后将"绘图层"设置为当前图层。

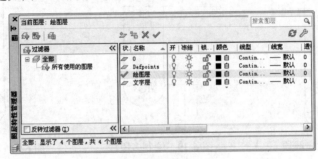

图 6-35　新建图层

6.2.2　绘制线路图

从图 6-34 可知，该控制图主要是由线路图和正向启动控制电路组成，下面将介绍如何绘制线路图，利用"直线"、"插入块"、"移动"、"修剪"、"删除"和"复制"等命令进行操作。

1．插入多极开关和热继电器

（1）执行"插入块"命令（I），将"案例\06\多极开关、热继电器.dwg"文件插入视图中，如图 6-36 所示。

（2）执行"移动"命令（M），将多极开关与热继电器组合，如图 6-37 所示。

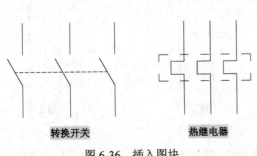

转换开关　　　　热继电器

图 6-36　插入图块

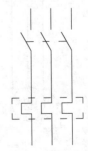

图 6-37　连接符号

2．绘制导线和机壳接地线

（1）执行"直线"命令（L），将热继电器符号下侧三条垂直线段延伸并与电动机符号相连，绘制导线，如图 6-38 所示。

（2）执行"多段线"命令（PL），绘制机壳接地线，捕捉电动机圆形左侧象限点为起点，按照如图 6-39 所示的尺寸绘制多段线。

（3）执行"分解"命令（X），将多段线分解成独立的线段。

（4）执行"镜像"命令（MI），将长度为 5mm 的线段向左侧镜像复制，如图 6-40 所示。

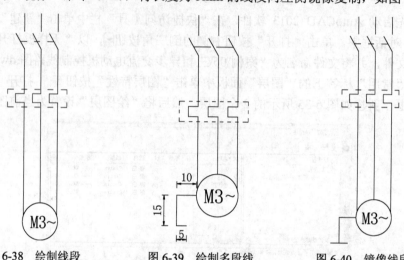

图 6-38 绘制线段　　　　图 6-39 绘制多段线　　　　图 6-40 镜像线段

（5）执行"直线"命令（L），捕捉多段线的长度为 5mm 的右端点为起点绘制长度为 3mm，夹角为−135°的斜线段，如图 6-41 所示。

（6）执行"复制"命令（CO），将绘制的斜线段，水平向左复制 2 份，复制距离分别为 5mm 和 10mm，如图 6-42 所示。

（7）执行"圆"命令（C），捕捉多级开关上侧端点为圆心，绘制半径为 2mm 的圆，如图 6-43 所示。

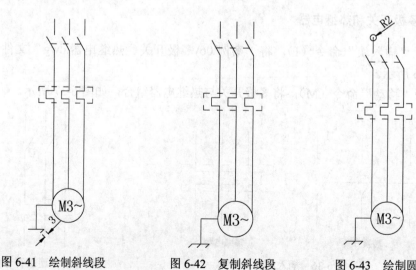

图 6-41 绘制斜线段　　　　图 6-42 复制斜线段　　　　图 6-43 绘制圆

（8）执行"复制"命令（CO），将绘制的圆水平向右复制出 2 份，如图 6-44 所示。

（9）执行"多行文字"命令（T），在图形指定位置处添加文字说明，完成三相异步电动机供电系统图，如图 6-45 所示。

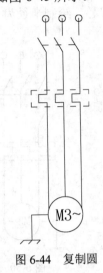

图 6-44　复制圆

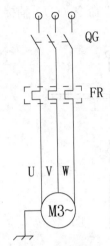

图 6-45　三相异步电动机供电系统图

6.2.3　绘制正向启动控制电路

前面已经绘制好了三相异步电动机供电系统图，接下来将介绍如何绘制正向启动控制电路图，利用"直线"、"修剪"、"圆"、"旋转"和"复制"等命令进行操作。

1．绘制控制线路

（1）执行"直线"命令（L），从供电线上引出两条直线，为控制系统供电，线段长度分别为 250mm 和 70mm，如图 6-46 所示。

（2）执行"修剪"命令（TR），修剪掉多余的线段，如图 6-47 所示。

　　修剪和删除时先修剪矩形上的线段，再修剪矩形中间多余的线段，如果修剪顺序不同，则修剪结果不同，请读者自行尝试，体会其中的区别。

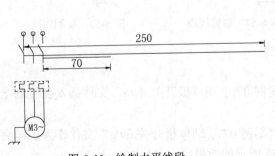

图 6-46　绘制水平线段

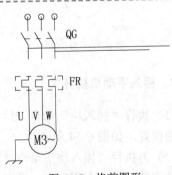

图 6-47　修剪图形

（3）执行"直线"命令（L），绘制 2 条共线的直线，为绘制主触点做准备，绘制首尾相连长度为 10mm 的两条线段，如图 6-48 所示。

（4）执行"旋转"命令（RO），将线段的第 2 条旋转 30°，如图 6-49 所示。

（5）执行"圆"命令（C），捕捉多极开关下侧端点为圆心，绘制半径为 1mm 的圆，如图 6-50 所示。

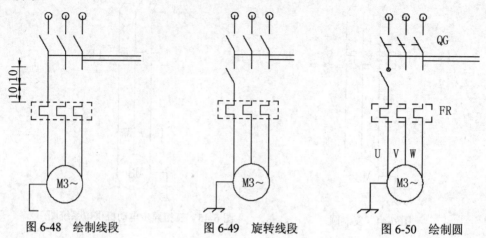

图 6-48　绘制线段　　　　图 6-49　旋转线段　　　　图 6-50　绘制圆

（6）执行"复制"命令（CO），将绘制的圆和线段水平向右复制处 2 份，复制间距为 10mm，如图 6-51 所示。

（7）执行"修剪"命令（TR），将绘制的圆多余的线段修剪掉，修剪效果如图 6-52 所示。

（8）执行"直线"命令（L），捕捉绘制斜线段的中点水平向右绘制线段，并将线段改为虚线，如图 6-53 所示。

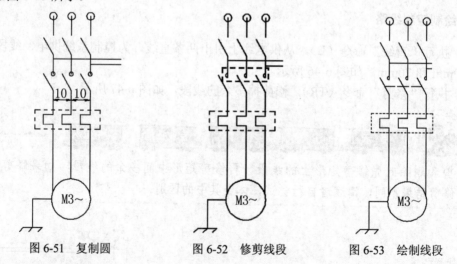

图 6-51　复制圆　　　　图 6-52　修剪线段　　　　图 6-53　绘制线段

2. 插入手动单机开关

（1）执行"插入块"命令（I），将"案例\07\手动单极开关.dwg"文件插入到控制电路图制定的位置，如图 6-54 所示。

（2）再执行"插入块"命令（I），将"案例\07\手动单极开关.dwg"文件作为正向启动按钮，并调整块的大小和方向，调整如图 6-55 所示的效果。

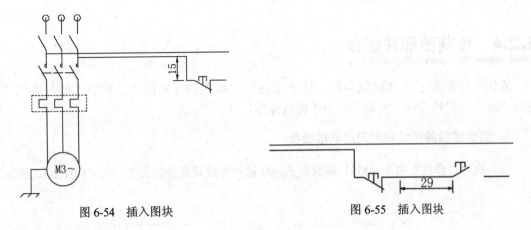

图 6-54 插入图块   图 6-55 插入图块

3. 绘制熔断器开关

（1）行"多段线"命令（PL），按照如图 6-56 所示的尺寸绘制多段线。

（2）执执行"分解"命令（X），将绘制的多段线分解，如图 6-57 所示。

（3）执行"直线"命令（L），捕捉斜线段的中点，垂直向上绘制长度为 10mm 的垂直线段，如图 6-58 所示。

> **提示** **注意** **技巧** **专业技能** **软件知识**
>
> 绘制多段线时，绘制斜线段长度为 20mm 的斜线段时形成的夹角为 30°，可以配合极轴追踪的功能来绘制。

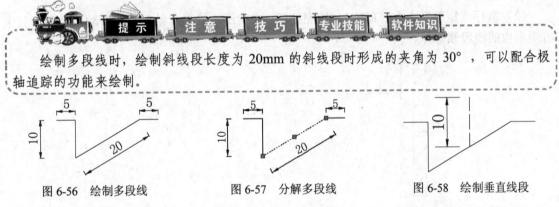

图 6-56 绘制多段线   图 6-57 分解多段线   图 6-58 绘制垂直线段

（4）执行"多段线"命令（PL），捕捉上一步垂直线段的上端点为起点，按照如图 6-59 所示的尺寸绘制多段线。

（5）执行"镜像"命令（MI），将虚线为镜像线向左侧镜像复制，如图 6-60 所示。

（6）利用钳夹功能，选择左侧垂直线段，将下侧端点垂直向下拉长，拉长距离为 2mm，选择斜线段左侧端点向左下侧拉长，拉长距离为 2mm，与上一步拉伸的垂直线段相交，如图 6-61 所示。

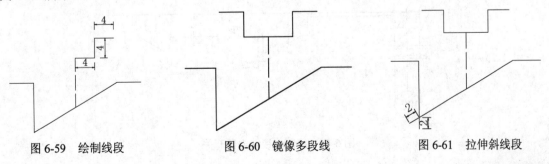

图 6-59 绘制线段   图 6-60 镜像多段线   图 6-61 拉伸斜线段

6.2.4 绘制图形并组合

前面已经绘制了大体的线路图，接下来将图块插入到线路图中，利用"插入块"、"矩形"、"圆"、"旋转"和"复制"等命令进行操作。

1．组合熔断器和绘制正向启动接触器

（1）执行"移动"命令（M），将绘制的熔断器符号放置到线路图中，效果如图6-62所示。

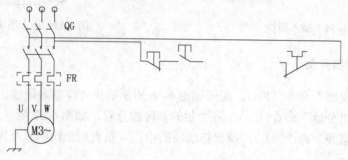

图6-62　移动熔断器符号

（2）执行"矩形"命令（REC），按照如图 6-63 所示的尺寸绘制正向启动接触器，其中将矩形内的线段修剪掉。

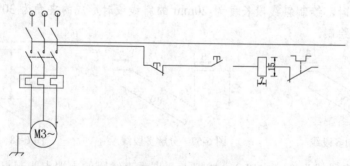

图6-63　绘制正向启动接触器

2．绘制自锁开关、反向启动线路和导通点

（1）执行"直线"命令（L），按照如图6-64所示的尺寸绘制自锁继电器的开关。

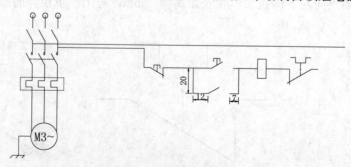

图6-64　绘制自锁继电器开关

（2）绘制反向启动线路，绘制方法与绘制正向启动线路相同，如图 6-65 所示。

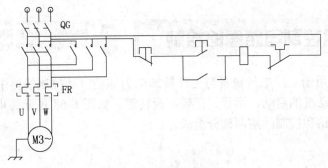

图 6-65　方向启动线路

（3）绘制导通点，执行"圆"命令（C），在导线交点处绘制半径为 1mm 的圆，并对其进行图案的填充，如图 6-66 所示。

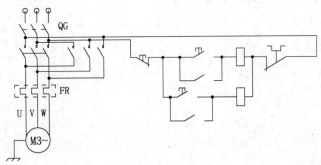

图 6-66　绘制导通点

6.2.5　添加注释文字

将所有的线路图绘制完成后，最后就是添加文字注释，利用"多行文字"等命令进行操作。

（1）在"图层控制"下拉列表框中，将"文字层"设置为当前图层。

（2）执行"多行文字"命令（MT），在弹出的"文字格式"对话框下选择文字的样式为默认的"Standard"样式，设置字体为"宋体"，文字高度为"6"，设置好文字样式以后，对图中的相应内容进行文字标注说明，如图 6-67 所示。

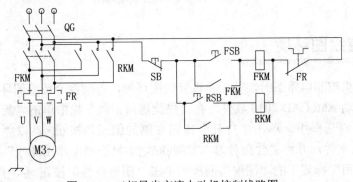

图 6-67　三相异步交流电动机控制线路图

（3）至此，三相异步交流电动机控制线路图的绘制已完成，按【Ctrl+S】键进行保存。

AutoCAD 2013

6.3 电动机控制电路图的绘制

视频\06\电动机控制电路图的绘制.avi
案例\06\电动机控制电路图.dwg

电动机广泛应用于工厂电气设备与生产接卸电力拖动自动控制线路中，通过对控制回路的设置从而达到电动机的启动、运行、正转、反转等。如图 6-68 所示为电动机正反控制电路图，它主要由主回路和控制回路两部分组成。

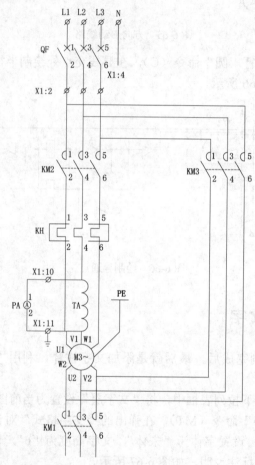

图 6-68　电动机正反控制电路图

6.3.1　设置绘图环境

在绘制电动机控制电路图时，首先要设置绘图环境，下面将介绍绘图环境的设置步骤。

（1）首先启动 AutoCAD 2013 软件，在"快捷访问工具"栏中单击"新建"按钮"■"，在"选择文件"对话框中，单击"打开"按钮右侧的倒三角按钮▼，以"无样板打开-公制(I)"方式建立新文件，并将文件命名为"案例\06\电动机控制电路图.dwg"保存。

（2）在"常用"标签下的"图层"面板中单击"图层特性"按钮▦，打开"图层特性管理器"，新建如图 6-69 所示的 2 个图层，然后将"绘图层"设置为当前图层。

图 6-69   新建图层

6.3.2   绘制基准线

为了方便确定各电气元件在图纸中的位置，需要绘制一组基准线，后面的绘制都将在这些基准线的上下或左右进行。

（1）执行"直线"命令（L），在视图中绘制长度为 120mm 的水平线段，如图 6-70 所示。

（2）执行"偏移"命令（O），将线段垂直向下偏移，偏移距离分别为 30mm、35mm、25mm、120mm 和 40mm，在绘制的过程中，将大致按照这个结构来安排各个电气元件的位置，如图 6-71 所示。

图 6-70   绘制水平线段   图 6-71   偏移线段

6.3.3   绘制电气元件

电动机控制图一共有 3 种回路，组成每个回路的电气元件基本相同，分别绘制各回路，然后组合起来就构成了整个电动机控制图。

1. 绘制接触器

（1）执行"直线"命令（L），绘制一条长度为 40mm 的垂直线段，如图 6-72 所示。

在执行"直线"命令（L）时，命令行提示"指定第一点"，这时就要输入点坐标值（100,10），注意一定不要在视图中任意单击一点，否则效果就不同了。这里之所以以点坐标，是为了准确绘制图形。

（2）执行"直线"命令（L），捕捉垂直线段下侧端点为起点，绘制长度为 9mm，角度为 120°的斜线段，如图 6-73 所示。

（3）执行"移动"命令（M），将绘制的斜线段垂直向上移动 12mm，如图 6-74 所示。

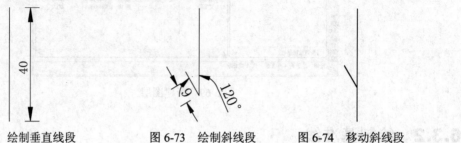

图 6-72　绘制垂直线段　　　　图 6-73　绘制斜线段　　　　图 6-74　移动斜线段

（4）执行"圆"命令（C），捕捉垂直线段上侧端点为圆心，绘制半径为 2mm 的圆，如图 6-75 所示。

（5）执行"移动"命令（M），将绘制的圆垂直向下移动 18mm，如图 6-76 所示。

（6）执行"修剪"命令（TR），修剪并删除多余的线段，如图 6-77 所示。

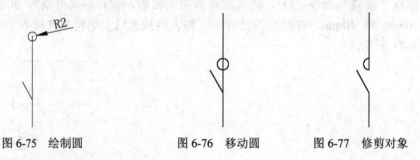

图 6-75　绘制圆　　　　图 6-76　移动圆　　　　图 6-77　修剪对象

2．插入断路器并绘制三相四线图

（1）执行"插入块"命令（I），将"案例\06\断路器.dwg"文件插入视图中，如图 6-78 所示。

（2）执行"直线"命令（L），绘制长度为 15mm 的水平线段，如图 6-79 所示。

（3）执行"偏移"命令（O），将水平线段垂直向下偏移，偏移的距离为 5mm、18mm 和 20mm，如图 6-80 所示。

图 6-78　插入断路器图块　　　图 6-79　绘制水平线段　　　图 6-80　绘制水平线段

（4）执行"移动"命令（M），捕捉断路器符号的斜线段与垂直线段的交点为基点，移动到如图 6-81 所示的位置处。

（5）执行"移动"命令（M），选择断路器符号，水平向右移动，移动距离为 3.5mm，效果如图 6-82 所示。

（6）执行"修剪"命令（TR），修剪成如图 6-83 所示的效果。

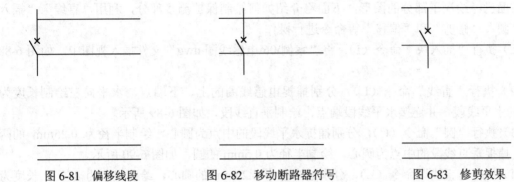

图 6-81　偏移线段　　　图 6-82　移动断路器符号　　　图 6-83　修剪效果

（7）执行"插入块"命令（I），将"案例\06\接触器.dwg"文件插入到如图 6-84 所示的位置。

（8）执行"复制"命令（CO），将上一步的接触器和断路器符号水平向右复制，复制距离为 2mm 和 4mm，如图 6-85 所示。

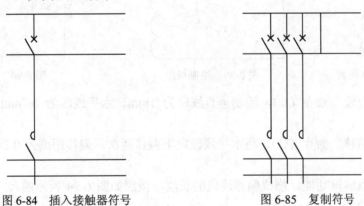

图 6-84　插入接触器符号　　　图 6-85　复制符号

（9）执行"圆"命令（C），分别捕捉上一步断路器符号的上端点为圆心，绘制半径为 0.25mm 的圆，其中最左侧的断路器的下端点处也绘制半径为 0.25mm 的圆，效果如图 6-86 所示。

（10）执行"直线"命令（L），分别捕捉圆心为起点，绘制与水平方向成 45°角，长度为 1mm 的斜线，将圆内的一些多余的线段修剪掉，如图 6-87 所示。

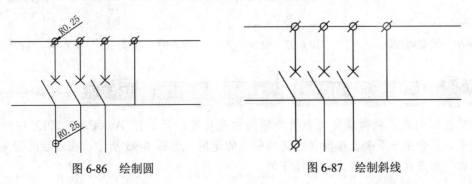

图 6-86　绘制圆　　　图 6-87　绘制斜线

6.3.4 绘制保护测量部分

前面已经绘制了部分的图形，下面将介绍如何绘制保护测量部分，利用"直线"、"插入块"、"圆"、"修剪"和"偏移"等命令进行操作。

（1）执行"插入块"命令（I），将"案例\06\电感线圈.dwg"文件插入视图中，如图 6-88 所示。

（2）执行"直线"命令（L），分别捕捉电感线圈的上、下端点，水平向左绘制长度为 7mm 的水平线段，并连接水平线段端点，绘制垂直线段，如图 6-89 所示。

（3）执行"圆"命令（C），分别捕捉水平线段的中点为圆心，绘制半径为 0.25mm 的两个圆，捕捉垂直线段的中点为圆心，绘制半径为 0.5mm 的圆，如图 6-90 所示。

（4）执行"直线"命令（L），分别过半径为 0.25mm 的圆心，绘制夹角为 45°，长度为 1 的斜线段，其中要将圆内多余的线段修剪掉，如图 6-91 所示。

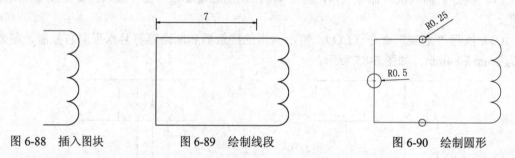

图 6-88　插入图块　　　　图 6-89　绘制线段　　　　图 6-90　绘制圆形

（5）执行"直线"命令（L），绘制垂直线段为 1mm，水平线段为 0.7mm 的相交线段，如图 6-92 所示。

（6）执行"偏移"命令（O），将水平线段向下偏移两次，偏移距离为 0.3mm，如图 6-93 所示。

（7）利用夹点编辑功能，修改偏移线段的长度，按照如图 6-94 所示的尺寸修改，从而完成接地线图形的绘制。

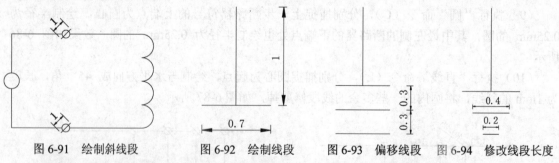

图 6-91　绘制斜线段　　　图 6-92　绘制线段　　　图 6-93　偏移线段　图 6-94　修改线段长度

提示　　注意　　技巧　　专业技能　　软件知识

这里提到的夹点编辑就是之前所介绍的钳夹功能，只是在 AutoCAD 2013 中叫法不同。这里具体介绍一下夹点编辑（钳夹功能）的运用。如图 6-95 所示，在之后的钳夹功能都是用以下的方式来进行钳夹功能操作的。

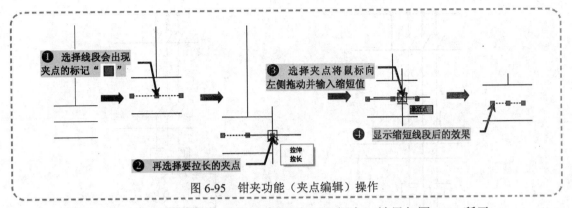

图 6-95　钳夹功能（夹点编辑）操作

（8）执行"移动"命令（M），将接地线和图 6-93 组合，效果如图 6-96 所示。

（9）执行"修剪"命令（TR），将移动的图形圆内的线段进行修剪删除，如图 6-97 所示。

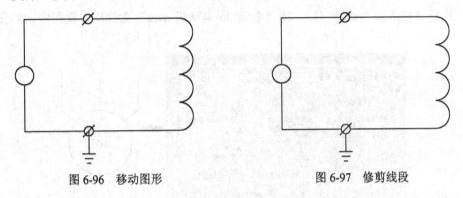

图 6-96　移动图形　　　　　　　　　图 6-97　修剪线段

6.3.5　组合图形

前面已经绘制完成整体的图形线路，接下来将绘制的线路和电气元件组合，利用"插入块"、"移动"、"旋转"和"复制"等命令进行操作。

（1）执行"插入块"命令（I），将"案例\06\热继电器.dwg"文件插入到视图中，并将比例文本框中输入"0.25"，单击"确定"按钮，将热继电器插入到视图当中，如图 6-98 所示。

图 6-98　插入图块

（2）执行"移动"命令（M），将插入的热继电器图移至如图 6-99 所示的位置中。

（3）执行"移动"命令（M），将绘制的保护测量部分图形移至如图 6-100 所示的位置中。

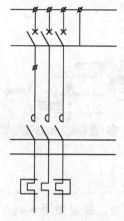

图 6-99   移动热继电器

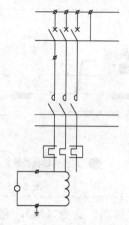

图 6-100   移动保护测量部分

（4）执行"插入块"命令（I），将"案例\06\电动机.dwg"文件插入视图中，如图 6-101 所示。

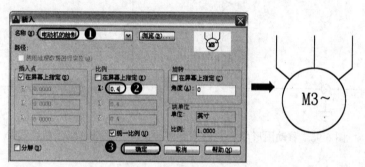

图 6-101   插入图块

（5）执行"移动"命令（M），将电动机图块插入图形中，如图 6-102 所示。

（6）执行"镜像"命令（MI），将插入的图块的线段镜像至下侧，如图 6-103 所示。

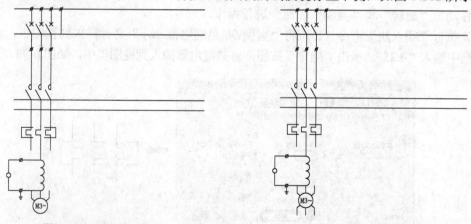

图 6-102   插入电动机   图 6-103   镜像效果

（7）执行"复制"命令（CO），将接触器复制出 2 份并分别向下向右移动 45mm 和 17mm，如图 6-104 所示。

（8）执行"直线"命令（L），在上一步图中依次添加导线，并删除一些线段，如图 6-105 所示。

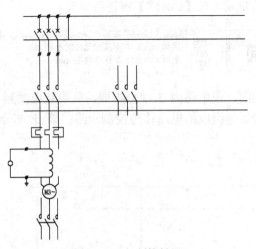

图 6-104　复制接触器

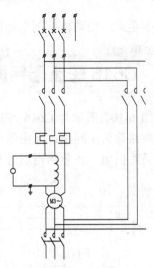

图 6-105　添加导线

6.3.6　添加注释文字

将所有的电路图绘制完成后，最后就是添加文字注释，利用"多行文字"等命令进行操作。

（1）在"图层控制"下拉列表框中，将"文字层"设置为当前图层。

（2）执行"多行文字"命令（MT），在弹出的"文字格式"对话框下选择文字的样式为默认的"Standard"样式，设置字体为"宋体"，文字高度为"1"，设置好文字样式以后，对图中的相应内容进行文字标注说明，如图 6-106 所示。

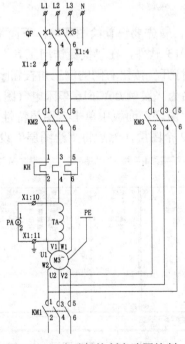

图 6-106　电动机控制电路图绘制

（3）至此，电动机控制电路图的绘制已完成，按【Ctrl+S】键进行保存。

如图 6-107 所示为 C616 车床电气原理图，该电路由 3 部分组成，其中从电源到 3 台电动机的电路称为主回路；而由继电器、接触器等组成的电路称为控制回路；第 3 部分是照明及指示回路供电，还包括指示灯和照明灯。

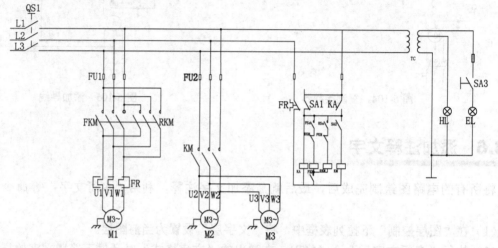

图 6-107 C616 车床电气原理图

6.4.1 设置绘图环境

在绘制 C616 车床电气图时，首先要设置绘图环境，下面将介绍绘图环境的设置步骤。

（1）首先启动 AutoCAD 2013 软件，在"快捷访问工具"栏中单击"新建"按钮，在"选择文件"对话框中，单击"打开"按钮右侧的倒三角按钮，以"无样板打开-公制（I）"方式建立新文件，并将文件命名为"案例\06\C616 车床电气图.dwg"保存。

（2）在"常用"标签下的"图层"面板中单击"图层特性"按钮，打开"图层特性管理器"，新建如图 6-108 所示的 2 个图层，然后将"绘图层"设置为当前图层。

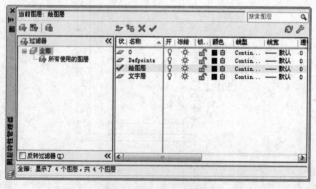

图 6-108 新建图层

6.4.2 绘制主连接线

从图 6-107 可知,电气图主要是由主回路、控制回路和控制照明指示回路组成,下面将介绍如何绘制主连接线,利用"直线"、"插入块"、"移动"、"修剪"、"删除"和"复制"等命令进行操作。

(1)执行"直线"命令(L),在视图中绘制一条长度为 350mm 的水平线段,如图 6-109 所示。

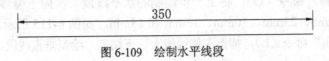

图 6-109 绘制水平线段

(2)执行"偏移"命令(O),将上一步绘制的水平线段依次向下偏移 15mm 和 15mm,如图 6-110 所示。

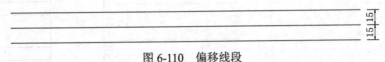

图 6-110 偏移线段

(3)执行"直线"命令(L),捕捉上水平线段的左端点为起点,垂直向下绘制长度为 60mm 的垂直线段,如图 6-111 所示。

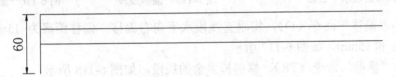

图 6-111 绘制垂直线段

(4)执行"偏移"命令(O),将垂直线段水平向右偏移,偏移距离分别为 5mm、15mm、15mm、75mm、15mm、15mm、55mm、80mm、30mm、15mm 和 30mm,如图 6-112 所示。

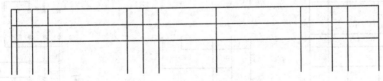

图 6-112 偏移线段

(5)执行"修剪"命令(TR),将图形进行修剪,如图 6-113 所示。

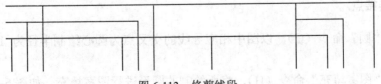

图 6-113 修剪线段

6.4.3 绘制主回路

前面已经绘制了主连接线，下面将介绍如何绘制主回路，利用"直线"、"移动"、"修剪"、"删除"和"复制"等命令进行操作。

1. 绘制主回路结构图

（1）执行"直线"命令（L），绘制一条长度为 85mm 的水平线段，如图 6-114 所示。

（2）执行"偏移"命令（O），将上一步绘制的水平线段依次向下偏移，偏移距离分别为 12mm、12mm、10mm、25mm、10mm、15mm 和 15mm，如图 6-115 所示。

（3）执行"直线"命令（L），捕捉左侧线段上、下端点，绘制垂直线段，如图 6-116 所示。

图 6-114　绘制水平线段　　　　图 6-115　偏移线段　　　　图 6-116　绘制垂直线段

（4）执行"偏移"命令（O），将垂直线段水平向右偏移，偏移距离为 15mm、15mm、25mm、15mm 和 15mm，如图 6-117 所示。

（5）执行"修剪"命令（TR），修剪掉多余的线段，如图 6-118 所示。

（6）使用夹点编辑方法，捕捉图中左侧上部分 3 条垂线段的上侧端点，将其向上拉长 10mm，再捕捉下部分三条垂线段的下侧端点，将其向下拉长 10mm，如图 6-119 所示。

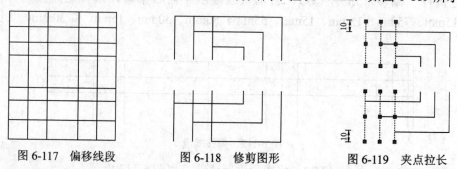

图 6-117　偏移线段　　　　图 6-118　修剪图形　　　　图 6-119　夹点拉长

2. 绘制连接点

（1）执行"圆"命令（C），以图中相应导线的交叉点为圆心绘制半径为 1mm 的圆，如图 6-120 所示。

（2）执行"图案填充"命令（H），将所绘制的圆形进行图案填充，如图 6-121 所示。

（3）将图形中所有连接点都进行图案的填充，如图 6-122 所示。

图 6-120　绘制圆　　　　　　　　　　　图 6-121　图案填充

（4）执行"圆"命令（C），捕捉上部分线段的所有下侧端点为圆心，绘制半径为 2mm 的圆，如图 6-123 所示。

（5）执行"直线"命令（L），捕捉左下角垂直线段上端点为起点，垂直向上捕捉圆的象限点为终点，绘制垂直线段，如图 6-124 所示。

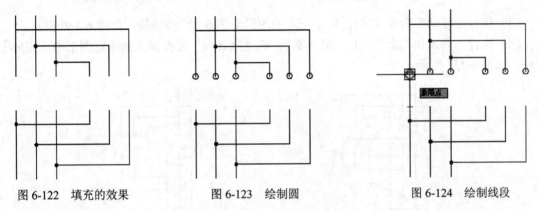

图 6-122　填充的效果　　　　　图 6-123　绘制圆　　　　　图 6-124　绘制线段

（6）执行"旋转"命令（RO），捕捉上一步垂直线段的下端点为旋转基点，旋转 30°，如图 6-125 所示。

（7）执行"复制"命令（CO），将旋转后的线段水平向右复制出 5 份，捕捉各线段上端点为目标点进行复制，如图 6-126 所示。

（8）执行"直线"命令（L），捕捉所有斜线段的中点，绘制水平线段，并改变线型，如图 6-127 所示。

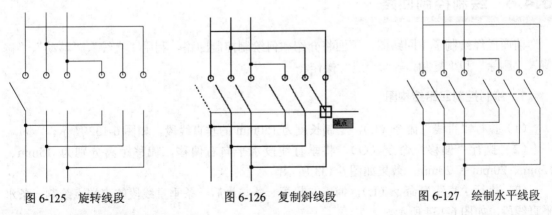

图 6-125　旋转线段　　　　　图 6-126　复制斜线段　　　　图 6-127　绘制水平线段

3．插入并组合图形

（1）执行"插入块"命令（I），将"案例\06\电动机、热继电器.dwg"将电动机图块插入视图中，如图 6-128 所示。

（2）执行"移动"命令（M），将电动机与热继电器符号组合，如图 6-129 所示。

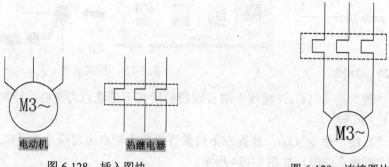

图 6-128　插入图块

电动机　　热继电器

图 6-129　连接图块

（3）执行"移动"命令（M），将上一步的图形与图 6-127 相连接，如图 6-130 所示。

（4）执行"插入块"命令（I），将"案例\06\电阻.dwg"文件插入到指定图形中，完成主回路，如图 6-131 所示。

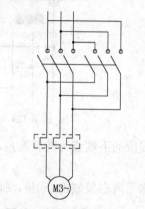

图 6-130　移动图形并连接

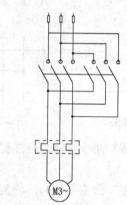

图 6-131　完成主回路

6.4.4　绘制控制回路

前面已经绘制了主回路图，下面将介绍如何绘制控制回路，利用"直线"、"移动"、"修剪"、"删除"和"复制"等命令进行操作。

1．绘制控制回路结构图

（1）执行"直线"命令（L），绘制长度为 150mm 的垂直线段，如图 6-132 所示。

（2）执行"偏移"命令（O），将垂直线段水平向右偏移，偏移距离分别为 15mm、15mm、20mm 和 20mm，效果如图 6-133 所示。

（3）执行"直线"命令（L），捕捉左起第一条与最后一条垂直线段的末端点绘制一条水平直线段，如图 6-134 所示。

（4）执行"偏移"命令（O），将水平线段垂直向上偏移，偏移距离分别为 10mm、80mm、10mm 和 30mm，如图 6-135 所示。

（5）执行"修剪"命令（TR），将绘制的图形修剪并删除多余的线段，如图 6-136 所示。

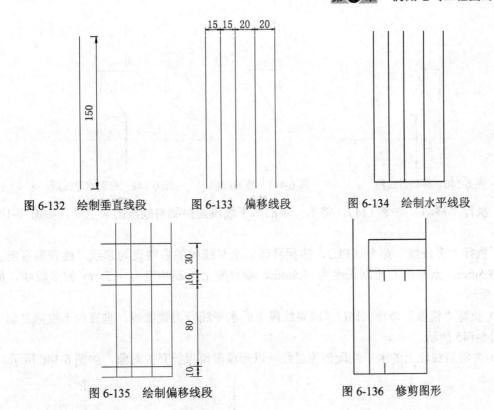

图 6-132　绘制垂直线段　　图 6-133　偏移线段　　图 6-134　绘制水平线段

图 6-135　绘制偏移线段　　　　　　图 6-136　修剪图形

2．绘制限流保护开关

（1）执行"多段线"命令（PL），按照如图 6-137 所示的尺寸绘制多段线。

（2）执行"分解"命令（X），将上一步绘制的多段线分解为独立的线段。

（3）执行"移动"命令（M），将绘制的水平线段垂直向下移动 15mm，如图 6-138 所示。

（4）执行"直线"命令（L），以垂直线段下侧端点为起点，绘制一条长度为 16.5mm，与垂线段的夹角为 30° 的斜线段，如图 6-139 所示。

图 6-137　绘制线段　　　　图 6-138　移动线段　　　　图 6-139　绘制斜线段

（5）执行"移动"命令（M），将上一步绘制的斜线段垂直向上移动，移动距离为 15mm，如图 6-140 所示。

（6）执行"修剪"命令（TR），修剪多余的线段，如图 6-141 所示。

（7）执行"直线"命令（L），以斜线段的下侧端点为起点，水平向右绘制一条长度为 5.5mm 的水平线段，如图 6-142 所示。

图 6-140　移动斜线段　　　　图 6-141　修剪线段　　　　图 6-142　绘制水平线段

（8）执行"移动"命令（M），将上一步的水平线段捕捉到斜线段的中点处，如图 6-143 所示。

（9）执行"多段线"命令（PL），捕捉移动后水平线段的右端点为起点，绘制垂直向上长度为 3.5mm，水平向右绘制长度为 4.5mm，垂直向上绘制长度为 4.5mm 的多段线，如图 6-144 所示。

（10）执行"镜像"命令（MI），以斜线段上的水平线段为镜像线，垂直向下镜像复制一份，如图 6-145 所示。

（11）并将斜线段上的水平线段该为虚线，以形成限流保护开关对象，如图 6-146 所示。

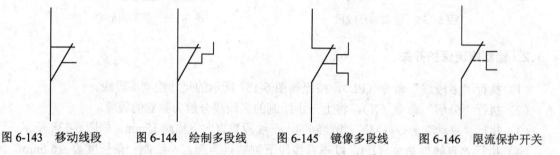

图 6-143　移动线段　　　图 6-144　绘制多段线　　　图 6-145　镜像多段线　　　图 6-146　限流保护开关

3. 绘制接触器

（1）执行"多段线"命令（PL），按照如图 6-147 所示的尺寸绘制多段线。

（2）执行"分解"命令（X），把多段线分解成独立的线段。

（3）执行"移动"命令（M），将水平线段垂直向下移动 14mm，如图 6-148 所示。

（4）执行"直线"命令（L），捕捉垂直线段下端点为起点，绘制长度为 16mm，夹角为 60°的斜线段，如图 6-149 所示。

图 6-147　绘制垂直线段　　　图 6-148　绘制水平线段　　　图 6-149　绘制斜线段

（5）执行"移动"命令（M），将斜线段垂直向上移动 14mm，如图 6-150 所示。

（6）执行"修剪"命令（TR），修剪掉多余的线段，如图 6-151 所示。

（7）执行"圆"命令（C），捕捉水平线段的左端点为圆心，绘制半径为 2mm 的圆，如图 6-152 所示。

图 6-150　移动斜线段　　　　图 6-151　修剪效果　　　　图 6-152　修剪线段

（8）执行"移动"命令（M），捕捉圆下侧的象限点为基点，垂直向上移动，移动距离为 2mm，如图 6-153 所示。

（9）执行"修剪"命令（TR），修剪圆的多余的线段和圆弧，效果如图 6-154 所示。

图 6-153　移动圆　　　　　　　　图 6-154　修剪效果

4．完成控制回路

（1）执行"移动"命令（M），将之前所绘制的限流保护开关和接触器等符号移动到控制回路的结构图中，如图 6-155 所示为各种需要移动的开关符号。

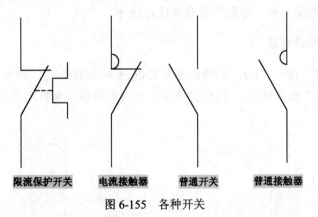

限流保护开关　　电流接触器　　普通开关　　普通接触器

图 6-155　各种开关

（2）执行"移动"命令（M），捕捉普通接触器符号的上端点为基点，放置于如图 6-156 所示的结构图中指定的位置处。

（3）采用同样的方法，将普通接触器符号插入到如图 6-157 所示的位置。

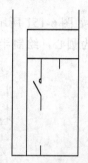

图 6-156　移动普通接触器

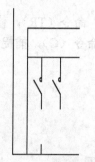

图 6-157　复制普通接触器

（4）采用上两步的方法将普通开关插入到如图 6-158 所示的位置处，再进行一些适当的调整。

（5）再采用类似的方法一次插入电阻及其他电气元件，并进行适当的修剪，以完成如图 6-159 所示的控制回路图。

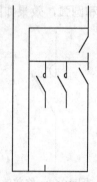

图 6-158　移动普通开关

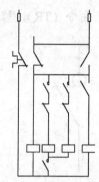

图 6-159　控制回路图

6.4.5　绘制控制照明指示回路

前面已经绘制了控制回路图，下面将介绍如何绘制控制照明指示回路，利用"直线"、"移动"、"修剪"、"删除"和"复制"等命令进行操作。

1．绘制控制回路连接线

（1）执行"直线"命令（L），绘制长度为 130mm 的垂直线段，如图 6-160 所示。

（2）执行"偏移"命令（O），将垂直线段水平向右偏移，偏移距离为 15mm 和 25mm，如图 6-161 所示。

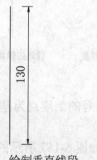

图 6-160　绘制垂直线段

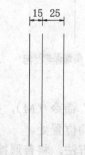

图 6-161　偏移线段

（3）执行"直线"命令（L），连接垂直线段的上、下端点，绘制两条水平线段，如图 6-162 所示。

（4）执行"偏移"命令（O），将上水平线段垂直向下偏移，偏移距离为 15mm、15mm 和 100mm，如图 6-163 所示。

图 6-162　绘制水平线段　　　　图 6-163　偏移线段

（5）执行"修剪"命令（TR），修剪掉多余的线段，如图 6-164 所示。

（6）执行"直线"命令（L），分别捕捉左侧 3 个端点为起点，水平向左绘制长度均为 10mm 的水平线段，如图 6-165 所示。

（7）执行"直线"命令（L），捕捉左侧垂直线段下端点为起点，按照如图 6-166 所示的尺寸绘制线段。

图 6-164　修剪图形　　　图 6-165　绘制水平线段　　　图 6-166　绘制线段

2. 绘制按钮开关

（1）执行"直线"命令（L），绘制一条长度为 15mm 的垂直线段，如图 6-167 所示。

（2）执行"直线"命令（L），以上一步绘制的垂直线段的上侧端点为起点，绘制一条长度为 16mm，与垂直线段夹角为 150° 的斜线段，如图 6-168 所示。

（3）执行"多段线"命令（PL），以斜线段的上侧端点为起点，水平向右绘制长度为 8mm，垂直向上长度为 15mm 的多段线，如图 6-169 所示。

（4）执行"直线"命令（L），连接垂直线段的端点，绘制垂直线段，如图 6-170 所示。

（5）执行"移动"命令（M），将上一步的垂直线段水平向左移动，移动距离为 15mm，如图 6-171 所示。

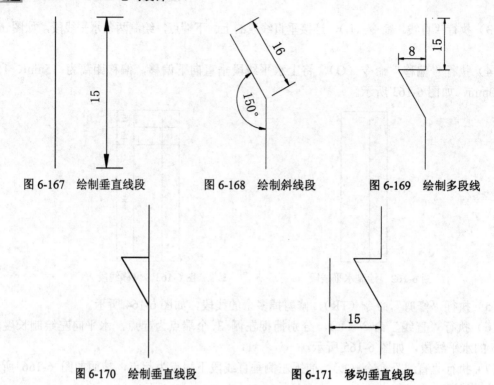

图 6-167　绘制垂直线段　　　图 6-168　绘制斜线段　　　图 6-169　绘制多段线

图 6-170　绘制垂直线段　　　　　　　图 6-171　移动垂直线段

（6）执行"直线"命令（L），捕捉斜线段中点为起点，以移动垂直线段的中点为目标点，绘制水平线段，并把该线段改为虚线，如图 6-172 所示。

（7）执行"插入块"命令（I），将"案例\06\信号灯、电阻.dwg"文件和绘制的按钮开关插入到回路连接线上，完成照明指示回路，如图 6-173 所示。

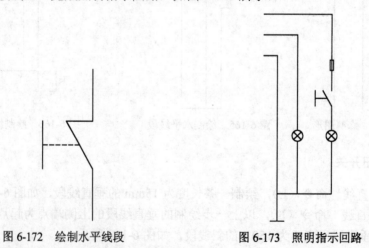

图 6-172　绘制水平线段　　　　　图 6-173　照明指示回路

6.4.6　组合图形

　　将主回路、控制回路和信号灯及照明回路组合起来，即以各回路的接线头为平移的起点，以主连接线的各接线头为平移的目标点，将各回路平移到主连接线的相应位置，在此具体的操作就不详述了，如图 6-174 所示。

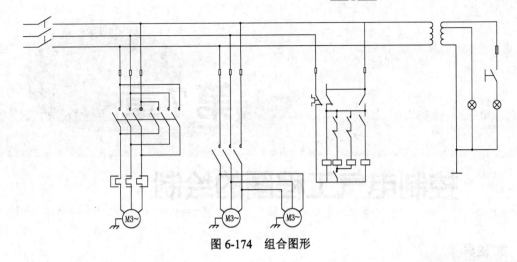

图 6-174 组合图形

6.4.7 添加注释文字

将所有的控制回路绘制完成后，最后就是添加文字注释，利用"多行文字"等命令进行操作。

（1）在"图层控制"下拉列表框中，将"文字层"设置为当前图层。

（2）执行"多行文字"命令（MT），在弹出的"文字格式"对话框下选择文字的样式为默认的"Standard"样式，设置字体为"宋体"，文字高度为"10"，设置好文字样式以后，对图中的相应内容进行文字标注说明，如图 6-175 所示。

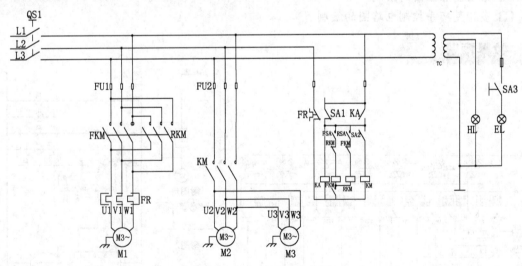

图 6-175 C616 车床电气图

（3）至此，C616 车床电气图的绘制已完成，按【Ctrl+S】键进行保存。

第7章

控制电气工程图的绘制

本章导读

控制电气是一类很重要的电气,广泛应用于工业、航空航天、计算机技术等领域,起着极其重要的作用。

本章将介绍控制电气的基本概念及基本符号的绘制,并通过几个具体实例来介绍控制电气图的绘制方法。

主要内容

- 📖 水位控制电路图的绘制
- 📖 装饰彩灯控制电路图的绘制
- 📖 启动器原理图的绘制
- 📖 多指灵巧手控制电路图的绘制

效果预览

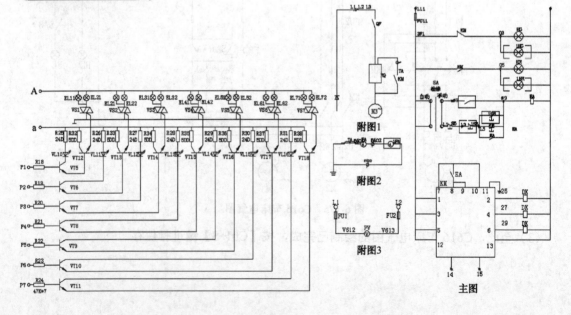

7.1　水位控制电路图的绘制

视频\07\水位控制电路图的绘制.avi
案例\07\水位控制电路图.dwg

　　水位控制电器是一种典型的自动控制电路，绘制时首先要观察并分析图纸的结构，绘制出主要的电路图导线，然后绘制出各个电子元件，接着将各个电子元件插入到结构图中相应的位置，最后在电路图的适当位置添加相应的文字和注释说明，即可完成电路图的绘制，绘制水位控制电路图时，可以分为供电线路、控制线路和负载线路 3 部分，如图 7-1 所示。

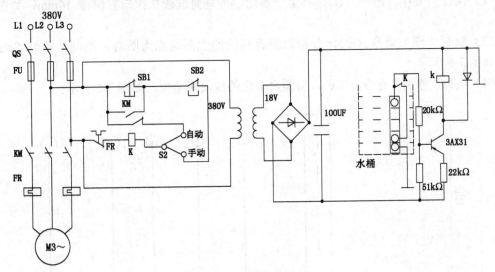

图 7-1　水位控制电路图

7.1.1　设置绘图环境

　　在绘制水位控制电路图时，首先要对绘图环境进行设置，操作步骤如下。

　　（1）首先启动 AutoCAD 2013 软件，在"快捷访问工具"栏中单击"新建"按钮，在"选择文件"对话框中，单击"打开"按钮右侧的倒三角形按钮，以"无样板打开-公制(I)"方式建立新文件，将文件命名为"案例\07\水位控制电路图.dwg"并保存该文件。

　　（2）在"常用"标签下的"图层"面板中单击"图层特性"按钮，打开"图层特性管理器"，新建如图 7-2 所示的 4 个图层，然后将"实体符号层"图层设置为当前图层。

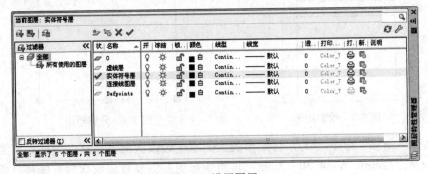

图 7-2　设置图层

7.1.2 绘制供电线路结构图

从图 7-1 可知，该水位电路图是由供电线路结构图、控制电路结构图、负载线路结构图组成，下面首先介绍供电线路结构图的绘制。

（1）执行"直线"命令（L），在视图中绘制一条长度为 180mm 的垂直线段，如图 7-3 所示。

（2）执行"偏移"命令（O），将上一步绘制的垂直线段依次向右偏移 16mm，如图 7-4 所示。

（3）执行"圆"命令（C），分别以垂直线段的上侧端点为圆心，绘制半径为 2mm 的圆，如图 7-5 所示。

（4）执行"修剪"命令（TR），将圆内多余的线段修剪掉，如图 7-6 所示。

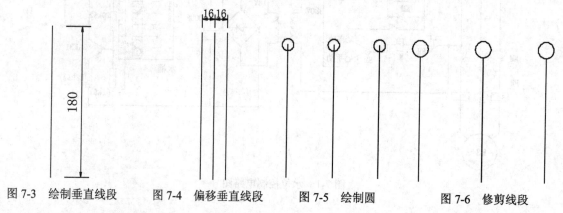

图 7-3　绘制垂直线段　　　图 7-4　偏移垂直线段　　　图 7-5　绘制圆　　　图 7-6　修剪线段

7.1.3 绘制控制电路结构图

从图 7-1 可知，该水位电路图是由供电线路结构图、控制电路结构图、负载线路结构图组成，下面将介绍控制电路结构图的绘制。

（1）执行"矩形"命令（REC），绘制一个 120mm×100mm 的矩形，如图 7-7 所示。

（2）执行"分解"命令（X），将上一步绘制的矩形进行分解，如图 7-8 所示。

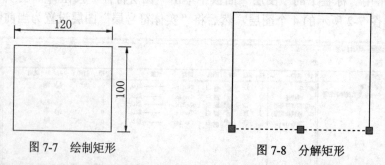

图 7-7　绘制矩形　　　　　　　图 7-8　分解矩形

（3）执行"偏移"命令（O），将矩形的上侧水平边依次向下偏移，偏移距离为 20mm、20mm、10mm、12mm、6mm 和 12mm，再将矩形的左侧垂直边依次向右偏移，偏移距离分别为 20mm、30mm 和 53mm，如图 7-9 所示。

（4）执行"修剪"命令（TR），对图中相应的线段进行修剪操作，修剪成如图 7-10 所示的效果。

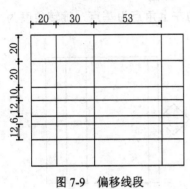

图 7-9　偏移线段

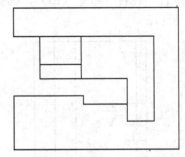

图 7-10　修剪并删除线段

7.1.4　绘制负载线路结构图

从图 7-1 可知，该水位电路图是由供电线路结构图、控制电路结构图、负载线路结构图组成，下面将介绍负载线路结构图的绘制。

（1）执行"矩形"命令（REC），绘制 100mm×120mm 的矩形，如图 7-11 所示。

（2）执行"分解"命令（X），将绘制的矩形进行分解，如图 7-12 所示。

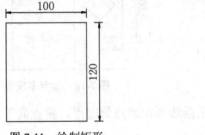

图 7-11　绘制矩形

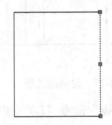

图 7-12　分解矩形

（3）执行"偏移"命令（O），将矩形右侧的垂直边依次向左偏移 2 次，偏移距离为 20，再将矩形左侧垂直边水平向左偏移，偏移距离为 10mm，如图 7-13 所示。

（4）执行"直线"命令（L），将图中相应的线段连接起来，如图 7-14 所示。

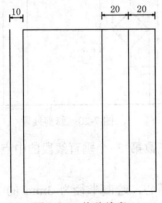

图 7-13　偏移线段

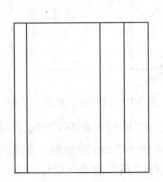

图 7-14　连接线段

（5）执行"多边形"命令（PL），捕捉左侧垂直线段的中点为边的第 1 端点，在该垂直线段上捕捉另一端点，绘制边长为 21mm 的正四边形，如图 7-15 所示。

（6）执行"旋转"命令（RO），捕捉正四边形的左上角点为基点，旋转角度为 225°，如图 7-16 所示。

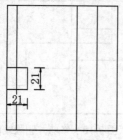

图 7-15　绘制矩形

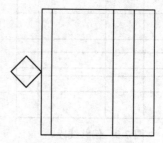

图 7-16　旋转矩形

（7）利用夹点编辑，将下水平线段左侧的夹点水平向左拉长 40mm，如图 7-17 所示。

（8）执行"多段线"命令（PL），捕捉正四边形的上顶点为起点，按照如图 7-18 所示的尺寸绘制多边形。

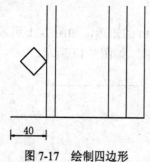

图 7-17　绘制四边形

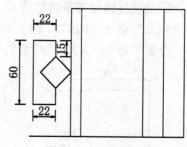

图 7-18　绘制多段线

（9）执行"直线"命令（L），捕捉正四边形左顶点为起点，垂直向下绘制垂足线段，如图 7-19 所示。

（10）执行"修剪"命令（TR），修剪掉多余的线段，如图 7-20 所示。

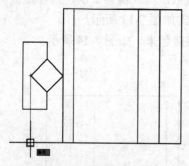

图 7-19　绘制垂足线段

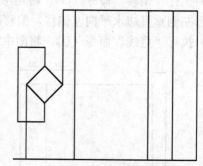

图 7-20　修剪线段

（11）执行"矩形"命令（REC），捕捉右边起向左数第 3 个垂直线段的中点为矩形的中心点，绘制 8mm×45mm 的矩形，如图 7-21 所示。

（12）执行"圆"命令（C），在矩形范围内捕捉圆心，绘制半径为 3mm 的 3 个圆，如图 7-22 所示。

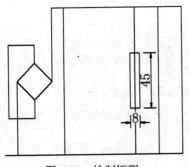

图 7-21 绘制矩形

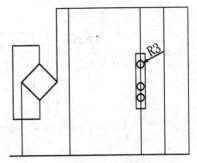

图 7-22 绘制圆

（13）执行"修剪"命令（TR），将多余的线段进行修剪，如图 7-23 所示。

（14）执行"直线"命令（L），捕捉圆上的垂直线段的中点水平向右绘制垂直线段，再捕捉下侧第 1 个圆的圆心为起点，按照如图 7-24 所示的尺寸绘制线段。

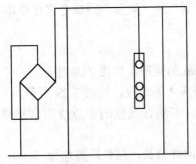

图 7-23 修剪图形

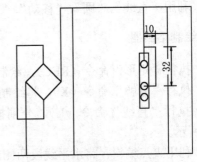

图 7-24 绘制直线

提示 注意 技巧 专业技能 软件知识

绘制线段时，配合了对象捕捉的方法捕捉多条线段的中点来作为辅助，才绘制出图中的效果。

（15）执行相同的方法绘制图形其余的线段，如图 7-25 所示。

（16）执行"修剪"命令（TR），将绘制的图形的多余线段修剪掉，如图 7-26 所示。

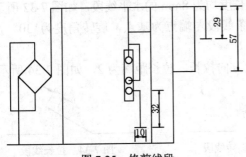

图 7-25 修剪线段

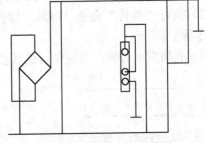

图 7-26 负载线路结构图

（17）执行"移动"命令（M），将前面所绘制的供电线路结构图、控制电路结构图和负载线路结构图连接组合，生成的线路结构图如图 7-27 所示。

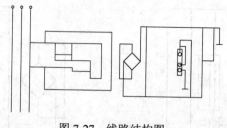

图 7-27　线路结构图

7.1.5　绘制电器元件

从图 7-1 可知，该电路图由熔断器、开关、动合接触器、热继电器驱动器、按钮开关、按钮动断开关、热继电器触电、箭头、水箱 9 种电气元件组成，以下将介绍主要的电器元件的绘制，利用"直线"、"圆"、"移动"、"修剪"、"复制"和"矩形"等命令进行操作。

1．绘制熔断器

（1）执行"矩形"命令（REC），绘制 10mm×5mm 的矩形，如图 7-28 所示。

（2）执行"分解"命令（X），将绘制的矩形分解成 4 条线段，如图 7-29 所示。

（3）执行"直线"命令（L），分别捕捉矩形左、右垂直线段的中点绘制水平线段，如图 7-30 所示。

（4）利用夹点编辑，将水平线段两侧的夹点分别向外拉长，拉长距离均为 5mm，从而形成熔断器对象，如图 7-31 所示。

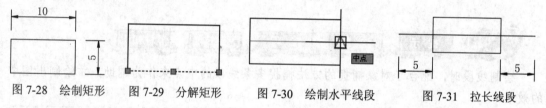

图 7-28　绘制矩形　　图 7-29　分解矩形　　图 7-30　绘制水平线段　　图 7-31　拉长线段

2．绘制动合接触器

（1）执行"直线"命令（L），绘制首尾相连长度均为 8mm 的水平线段，如图 7-32 所示。

（2）执行"旋转"命令（RO），捕捉第 2 条线段左端点为基点，旋转角度为 30°，如图 7-33 所示。

（3）利用夹点编辑，将旋转后的线段斜向上方向拉长，拉长距离为 2，如图 7-34 所示。

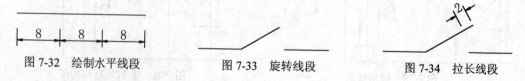

图 7-32　绘制水平线段　　　　图 7-33　旋转线段　　　　图 7-34　拉长线段

3．绘制热继电器驱动器

（1）执行"矩形"命令（REC），在视图中绘制 14mm×6mm 的矩形，如图 7-35 所示。

（2）执行"分解"命令（X），将绘制的矩形进行分解，如图 7-36 所示。

（3）执行"多段线"命令（PL），按照如图 7-37 所示的尺寸绘制多段线。

（4）利用夹点编辑，将绘制的垂直线段的两端的夹点分别向外侧拉长，拉长距离均为 4mm，如图 7-38 所示。

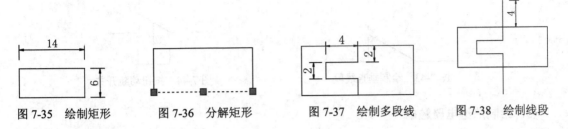

图 7-35　绘制矩形　　　　图 7-36　分解矩形　　　　图 7-37　绘制多段线　　　　图 7-38　绘制线段

4．绘制按钮开关

（1）执行"复制"命令（CO），在视图中复制 1 份动合接触器。

（2）执行"直线"命令（L），在图形正上方的中央位置绘制长度为 4mm 的垂直线段，如图 7-39 所示。

（3）执行"偏移"命令（O），将垂直线段分别向左、右侧各偏移 4mm，如图 7-40 所示。

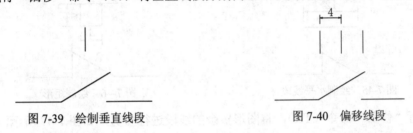

图 7-39　绘制垂直线段　　　　　　　　　图 7-40　偏移线段

（4）执行"直线"命令（L），将偏移对象的上侧端点连接，绘制水平线段，如图 7-41 所示。

（5）执行"直线"命令（L），捕捉斜线段的中点垂直向上与中间垂直线段连接，并将垂直线段改为虚线，如图 7-42 所示。

提示　注意　技巧　专业技能　软件知识

如果所设置的线段样式不能显示出来，可在"线型管理器"对话框中选择需要设置的线型，并单击"显示细节"按钮，将显示该线型的细节，并在"全局比例因子"文本框中输入一个较大的比例因子。

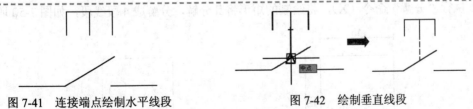

图 7-41　连接端点绘制水平线段　　　　图 7-42　绘制垂直线段

5．绘制按钮动断开关

（1）执行"复制"命令（CO），在视图中复制 1 份动合接触器。

（2）执行"直线"命令（L），捕捉动合接触器的右水平线段左端点为起点，垂直向上绘制长度为 6mm 的垂直线段，如图 7-43 所示。

（3）以绘制按钮开关灯相同的方法来绘制按钮动断开关，如图 7-44 所示。

图 7-43　绘制垂直线段　　　　　图 7-44　按钮动断开关

6. 绘制热继电器触电

（1）执行"复制"命令（CO），在视图中将图 7-44 绘制的图形复制 1 份。

（2）执行"直线"命令（L），在图形的正中间位置绘制长度为 12mm 的水平线段，如图 7-45 所示。

（3）执行"矩形"命令（REC），捕捉水平线段上的起点和端点绘制正方形，如图 7-46 所示。

图 7-45　绘制水平线段　　　　　图 7-46　绘制矩形

（4）执行"修剪"命令（TR），将图形多余的线段进行修剪，如图 7-47 所示。

（5）执行"直线"命令（L），捕捉斜线段的中点，垂直向下绘制线段，并将线段改为虚线，如图 7-48 所示。

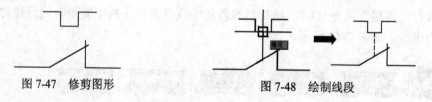

图 7-47　修剪图形　　　　　图 7-48　绘制线段

7. 绘制水箱

（1）执行"矩形"命令（REC），绘制 45mm×55mm 的矩形，如图 7-49 所示。

（2）执行"分解"命令（X），将绘制的矩形将其分解，分解成 4 段线段，如图 7-50 所示。

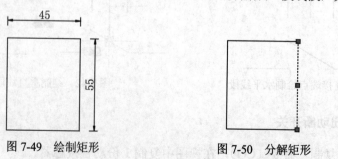

图 7-49　绘制矩形　　　　　图 7-50　分解矩形

（3）执行"删除"命令（E），将矩形上水平线段删除，如图 7-51 所示。

（4）执行"定数等分"命令（DIV），将矩形两侧的垂直线段分成 6 份，如图 7-52 所示。

（5）执行"直线"命令（L），捕捉各节点绘制水平线段，如图 7-53 所示。

（6）将连接的所有线段改成虚线，将节点删除，以形成水箱对象，如图 7-54 所示。

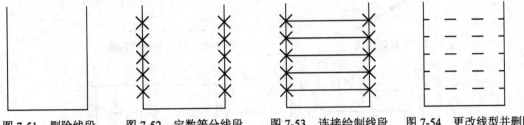

图 7-51　删除线段　　　图 7-52　定数等分线段　　　图 7-53　连接绘制线段　　　图 7-54　更改线型并删除

7.1.6　插入电气元件图块

从图 7-1 可知，该电路图除了由绘制的电气元件组成外，还有许多其他电气符号，还可以执行插入块命令将文件中现有的图块插入到导线中，利用"插入块"、"移动"、"直线"、"旋转"和"修剪"等命令进行操作。

1．插入电动机

（1）执行"直线"命令（L）。按照如图 7-55 所示的尺寸绘制 3 条垂直线段。

（2）执行"插入块"命令（I），将"案例\07\电动机.dwg"文件插入到上一步垂直线段上，使电动机符号的中间垂直线段的端点与上一步线段的中间线段的下端点重合，如图 7-56 所示。

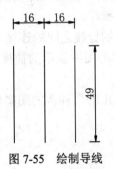

图 7-55　绘制导线　　　　　图 7-56　插入电动机符号

2．插入三极管等其他元器件符号

（1）执行"插入块"命令（I），将"案例\07\三极管.dwg"文件插入到上一步垂直线段上，使电动机符号的中间垂直线段的端点与上一步线段的中间线段的下端点重合，如图 7-57 所示。

（2）执行"移动"命令（M），将三极管图块插入到负载线路结构图中，然后利用修剪命令将其修剪成如图 7-58 所示的效果。

（3）执行以上插入图块的方法将其他元器件符号插入到线路结构图中，如图 7-59 所示。

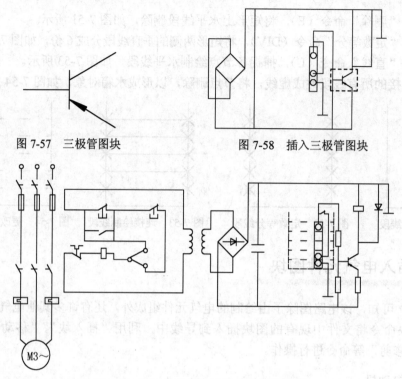

图 7-57 三极管图块　　　　　　　图 7-58　插入三极管图块

图 7-59　插入符号至结构图中并修剪图形

7.1.7　绘制导线连接点

从图 7-1 可知，该电路图在全部绘制完之后，会有一些导线连接点，将其电器元件和导线相连，下面利用"圆"和"图案填充"等命令进行操作。

以负载线路结构图中插入三极管图块为实例，绘制导线之间的连接点。

（1）执行"圆"命令（C），按照如图 7-60 所示的图中显示的捕捉交点为圆心，绘制半径为 1mm 的圆。

（2）执行"图案填充"命令（H），对圆进行"SOLID"样例的图案填充操作，如图 7-61 所示。

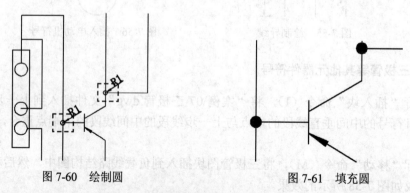

图 7-60　绘制圆　　　　　　　　　　图 7-61　填充圆

（3）利用相同的方法，在其他导线接点处绘制导线连接点，如图 7-62 所示。

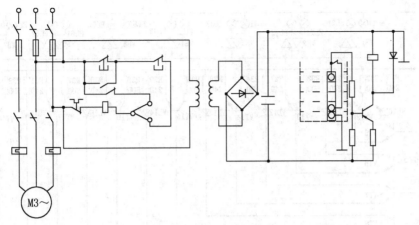

图 7-62　绘制导线连接点

7.1.8　添加文字和注释

在绘制好所有的整体电路图的效果后，最后将添加文字注释的说明，以完成最终效果，下面利用"多行文字"命令来进行操作。

（1）执行"多行文字"命令（MT），按照如图 7-63 所示的效果添加注释说明。

（2）执行"修剪"命令（TR），将系统图中多余的线段修掉，完成水位控制电路图。

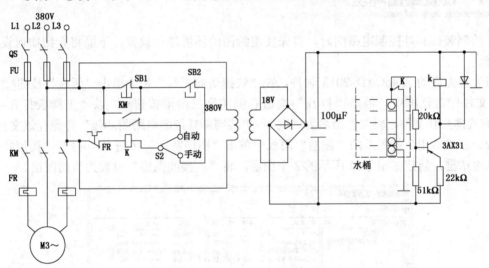

图 7-63　水位控制电路图

（3）至此，水位控制电路图的绘制已完成，按【Ctrl+S】键进行保存。

AutoCAD 2013		视频\07\装饰彩灯控制电路图的绘制.avi
7.2　装饰彩灯控制电路图的绘制	DVD	案例\07\装饰彩灯控制电路图.dwg

装饰彩灯控制电路的一部分，可按要求编出有多种连续流水状态的彩灯。如图 7-64 所示为装饰彩灯控制电路图。首先要绘制各个元器件图形符号，然后按照线路的分布情况绘制结构图，将各个元器件插入到结构图中，最后添加注释完成装饰彩灯控制图的绘制。

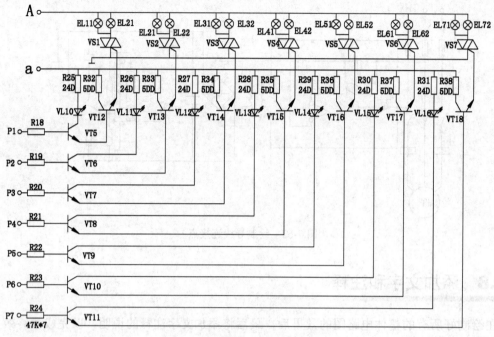

图 7-64　装饰彩灯控制电路图

7.2.1　设置绘图环境

在绘制装饰彩灯控制电路图时，首先要将绘图的环境进行设置，下面将介绍如何设置绘图环境。

（1）首先启动 AutoCAD 2013 软件，在"快捷访问工具"栏中单击"新建"按钮，在"选择文件"对话框中，单击"打开"按钮右侧的倒三角形按钮，以"无样板打开-公制（I）"方式建立新文件，将文件命名为"案例\07\装饰彩灯控制电路图.dwg"并保存该文件。

（2）在"常用"标签下的"图层"面板中单击"图层特性"按钮，打开"图层特性管理器"对话框，新建如图 7-65 所示的 2 个图层，将"连接线图层"设置为当前图层。

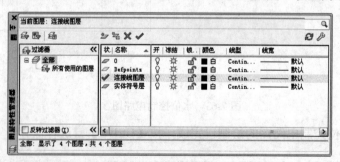

图 7-65　新建图层

7.2.2　绘制结构图

从图 7-64 可知，该电路图是由多种电器元件组成，下面首先介绍如何绘制控制电路图。

（1）执行"直线"命令（L），在视图中绘制长度为 577mm 的水平线段，如图 7-66 所示。

（2）执行"偏移"命令（O），将绘制的水平线段垂直向下偏移，偏移距离分别为 60mm、15mm 和 85mm，如图 7-67 所示。

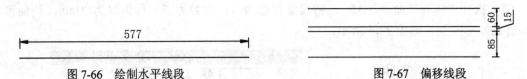

图 7-66 绘制水平线段 　　　　　　　图 7-67 偏移线段

（3）执行"直线"命令（L），分别按照如图 7-68 所示的效果绘制垂直线段。

（4）执行"偏移"命令（O），将上侧垂直线段水平向右偏移，偏移距离为 82mm，将下侧的垂直线段，水平向右偏移，偏移距离分别为 53mm 和 29mm，并将最左侧的垂直线段删除，如图 7-69 所示。

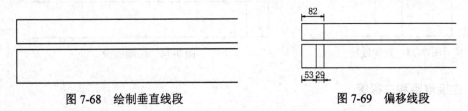

图 7-68 绘制垂直线段 　　　　　　　图 7-69 偏移线段

7.2.3 插入图块

从图 7-64 可知，该电路图由信号灯、晶闸管、电阻和二极管等图块插入到视图中，利用"插入块"、"移动"、"直线"、"旋转"和"修剪"等命令进行操作。

1．连接信号灯和晶闸管

（1）执行"插入块"命令（I），将"案例\07\信号灯、晶闸管.dwg"文件插入到视图中，如图 7-70 所示。

（2）执行"移动"命令（M），将上一步插入的图块组合起来，如图 7-71 所示。

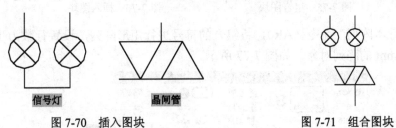

图 7-70 插入图块 　　　　　　　　　图 7-71 组合图块

（3）执行"移动"命令（M），将上一步组合的图形插入到结构图中，效果如图 7-72 所示。

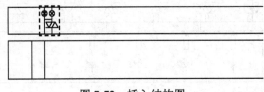

图 7-72 插入结构图

（4）执行"直线"命令（L），按【F10】键将极轴追踪功能打开，捕捉晶闸管右侧三角形的左下角点为起点，绘制长度为 10mm，夹角为 45°的斜线段，再捕捉该斜线段的端点为起点，垂直向下绘制垂直线段，如图 7-73 所示。

（5）执行"阵列"命令（AR），将设置行数为 1，列数为 7，行偏移为 1mm，列偏移为 80mm 的矩形阵列，如图 7-74 所示。

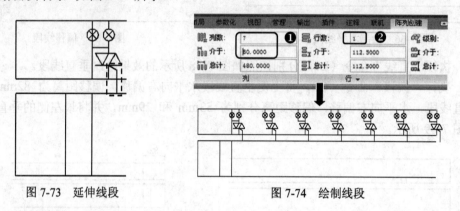

图 7-73　延伸线段　　　　图 7-74　绘制线段

2．连接电阻和二极管

（1）执行"插入块"命令（I），将"案例\07\电阻、二极管.dwg"文件插入到视图中，并将其符号组合，如图 7-75 所示。

（2）执行"移动"命令（M），将组合的符号移动到结构图中，如图 7-76 所示。

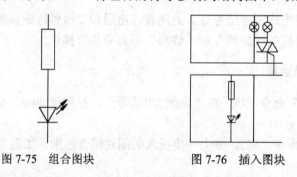

图 7-75　组合图块　　　　图 7-76　插入图块

（3）执行"阵列"命令（AR），将组合的符号进行矩形阵列，设置行数为 1，列数为 7，列偏移为 80mm 的阵列对象，如图 7-77 所示。

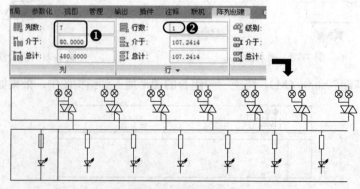

图 7-77　阵列图块

3. 连接电阻和晶体管

（1）执行"插入块"命令（I），将"案例\07\电阻、晶体管.dwg"文件插入到视图中，如图 7-78 所示。

（2）执行"移动"命令（M），将上一步插入的图块组合起来，如图 7-79 所示。

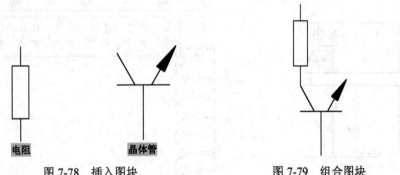

图 7-78　插入图块　　　　　　　图 7-79　组合图块

（3）执行"移动"命令（M），将上一步连接的图形移动到控制电路结构图中的相应位置处，如图 7-80 所示。

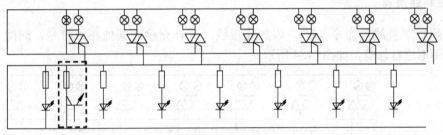

图 7-80　移动图形

（4）执行"阵列"命令（AR），将上一步插入的图块进行矩形阵列，设置行数为 1，列数为 7，列偏移为 80mm，并删除辅助线段，如图 7-81 所示。

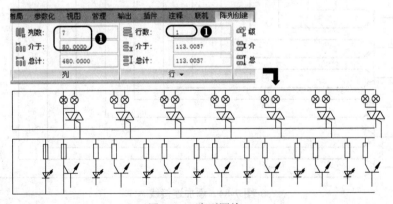

图 7-81　阵列图块

（5）执行"复制"命令（CO），将电阻和晶体管图块复制 1 份，

（6）结合"移动"及"旋转"命令，将电阻和晶体管图块按照如图 7-82 所示的效果组合。

（7）执行"阵列"命令（AR），将组合的图块矩形阵列，如图 7-83 所示。

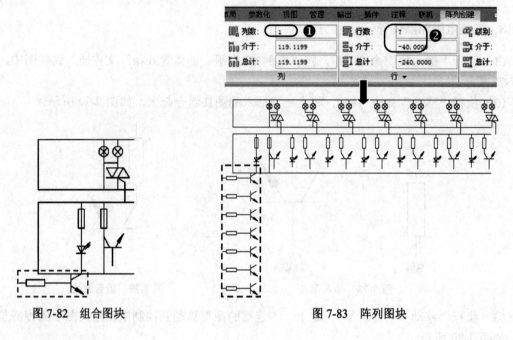

图 7-82　组合图块

图 7-83　阵列图块

3. 绘制连接线

（1）执行"直线"命令（L），添加连接线，并补充绘制其他图形符号，删除一些辅助线，并将图形进行修剪，如图 7-84 所示。

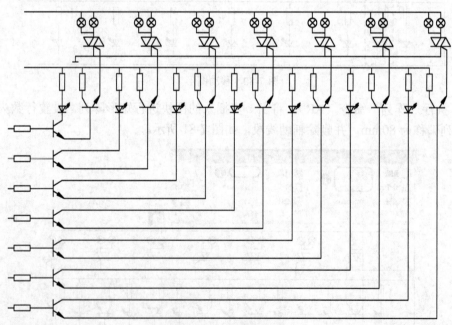

图 7-84　添加连接线

（2）执行"圆"命令（C），捕捉如图 7-85 所示电阻的左水平线段的端点为圆心，绘制半径为 2.5mm 的圆。

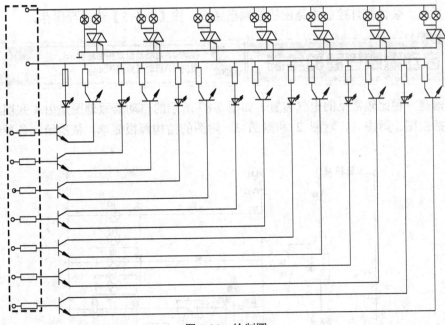

图 7-85 绘制圆

7.2.4 添加文字注释

在绘制好所有的整体电路图的效果后，最后将添加文字注释的说明，以完成最终效果，下面利用"多行文字"命令来进行操作。

（1）执行"多行文字"命令（MT），设置文字高度为"8"，按照如图 7-86 所示进行文字的说明注释，其中一些文字根据要求将其设置为"10"，完成装饰彩灯控制电路图的绘制。

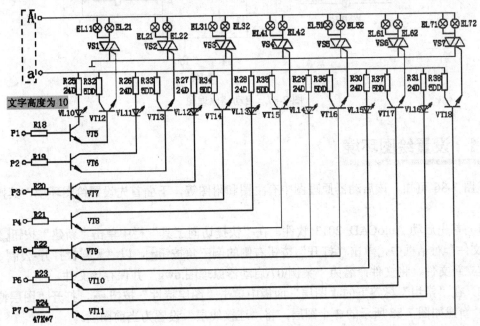

图 7-86 装饰彩灯控制电路图

（2）至此，装饰彩灯控制电路图的绘制已完成，按【Ctrl+S】键进行保存。

AutoCAD 2013

7.3 启动器原理图的绘制

视频\07\启动器原理图的绘制.avi
案例\07\启动器原理图.dwg

启动器是一种比较常见的电气装置，如图 7-87 所示的启动器原理图是由 4 张图纸组合而成的，包括主图、附图 1、附图 2 和附图 3。附图的结构都很简单，依次绘制各导线和电气元件即可。

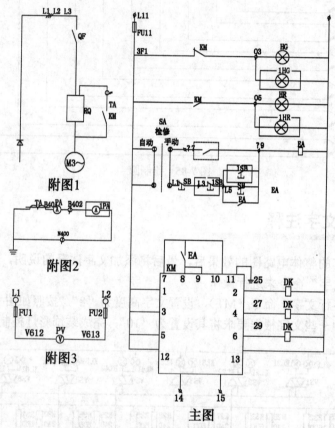

图 7-87 启动器原理图

7.3.1 设置绘图环境

从图 7-86 可知，该启动器原理图中有主图和附图等，下面首先设置绘图环境，其操作步骤如下。

（1）首先启动 AutoCAD 2013 软件，在"快捷访问工具"栏中单击"新建"按钮，在"选择文件"对话框中，单击"打开"按钮右侧的倒三角按钮，以"无样板打开-公制（I）"方式建立新文件，将文件命名为"案例\07\启动器原理图.dwg"并保存该文件。

（2）在"常用"标签下的"图层"面板中单击"图层特性"按钮，打开"图层特性管理器"，新建如图 7-88 所示的 3 个图层，将"连接线层"设置为当前图层。

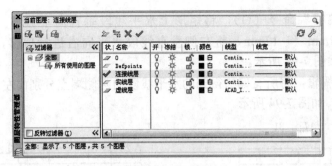

图 7-88 设置图层

7.3.2 绘制主图

从图 7-86 可知，首先绘制主图，然后绘制电器元件，下面将介绍如何绘制主图的结构及电器元件。

1．绘制主图结构

（1）执行"直线"命令（L），在视图中绘制长度为 150mm 的水平线段，如图 7-89 所示。
（2）执行"偏移"命令（O），将绘制的水平线段垂直向上偏移，偏移距离分别为 15mm、15mm、15mm、70mm、35mm、35mm 和 35mm，并将两侧所有水平线段的端点相连接，绘制两条垂直线段，如图 7-90 所示。

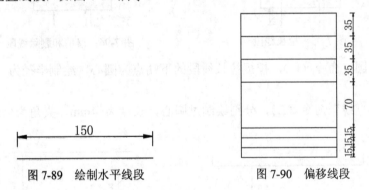

图 7-89 绘制水平线段　　　　图 7-90 偏移线段

2．绘制软启动集成块

（1）执行"矩形"命令（REC），在视图中绘制 65mm×75mm 的矩形，如图 7-91 所示。
（2）执行"分解"命令（X），将矩形进行分解，如图 7-92 所示。

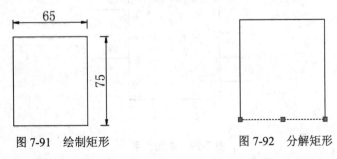

图 7-91 绘制矩形　　　　图 7-92 分解矩形

（3）执行"偏移"命令（O），将矩形上水平线段垂直向下偏移，偏移距离分别为 12mm、17mm、17mm 和 17mm，将左侧垂直线段水平向右进行偏移，偏移距离分别为 17mm 和 31mm，如图 7-93 所示。

（4）利用夹点编辑，将所有偏移得到的水平线段的两侧端点分别向左、右侧进行拉长，拉长距离为 23mm，如图 7-94 所示。

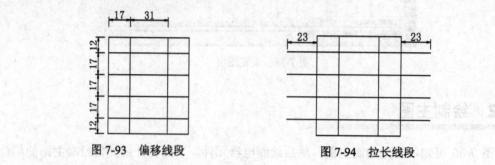

图 7-93　偏移线段　　　　　　　　图 7-94　拉长线段

（5）再利用夹点编辑，将矩形内的垂直线段的下端点向下拉长 13mm，如图 7-95 所示。

（6）执行"修剪"命令（TR），修剪和删除多余的线段，如图 7-96 所示。

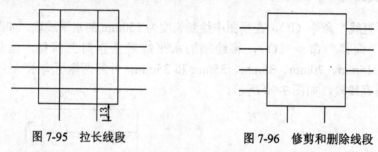

图 7-95　拉长线段　　　　　　　　图 7-96　修剪和删除线段

（7）执行"圆"命令（C），捕捉拉长线段的下端点为圆心，绘制半径为 1mm 的圆，如图 7-97 所示。

（8）执行"直线"命令（L），分别绘制过圆心，长度为 4mm，夹角为 45°的斜线段，如图 7-98 所示。

图 7-97　绘制圆　　　　　　　　　图 7-98　绘制斜线段

（9）执行"多行文字"命令（T），按照如图 7-99 所示效果添加文字说明。

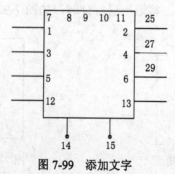

图 7-99　添加文字

3．绘制中间继电器

（1）执行"矩形"命令（REC），绘制 25mm×45mm 的矩形，绘制中间继电器，如图 7-100 所示。

（2）执行"分解"命令（X），将绘制的矩形进行分解，分解成四条线段，如图 7-101 所示。

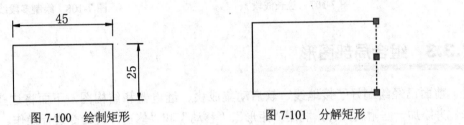

图 7-100　绘制矩形　　　　　　　　　图 7-101　分解矩形

（3）执行"偏移"命令（O），将矩形左侧垂直线段，水平向右偏移，偏移距离为 16mm 和 13mm，将下侧水平线段垂直向上偏移，偏移距离为 5mm、5mm 和 4mm，如图 7-102 所示。

（4）执行"修剪"命令（TR），将图形进行修剪和删除多余的线段，如图 7-103 所示。

（5）执行"直线"命令（L），捕捉断开垂直线段下侧部分上端点为起点，绘制长度为 7mm，角度为 115° 的斜线段，如图 7-104 所示。

图 7-102　偏移线段　　　　图 7-103　修剪图形　　　　图 7-104　绘制斜线段

4．绘制接地线

（1）执行"直线"命令（L），在视图中绘制长度为 2mm 的水平线段，如图 7-105 所示。

（2）执行"偏移"命令（O），将水平线段垂直向下偏移，偏移距离为 1mm，偏移出 2 份，如图 7-106 所示。

图 7-105　绘制水平线段　　　　　　　图 7-106　偏移线段

（3）利用夹点编辑，将上水平线段的两端点分别向左、右拉长，拉长距离为 1mm，中间水平线段的两端点向左、右侧拉长，拉长距离为 0.5mm，如图 7-107 所示。

（4）执行"多段线"命令（PL），捕捉上水平线段的中点为起点，按照如图 7-108 所示的尺寸绘制多段线。

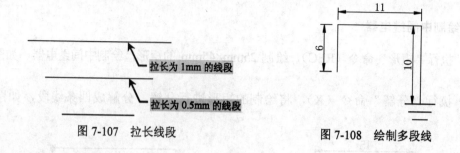

图 7-107 拉长线段　　　　　　　　图 7-108　绘制多段线

7.3.3　组合局部图形

前面已经绘制好了接地线、软启动集成块、继电器和结构图，下面将这些图形组合起来，并添加一些附属元件，利用"矩形"、"移动"和"修剪"等命令进行操作。

1．绘制附属元件

（1）执行"矩形"命令（REC），绘制 4mm×7mm 的矩形，如图 7-109 所示。

（2）执行"移动"命令（M），捕捉矩形左垂直线段的中点为基点，以导线接出点 2 为目标点，移动矩形，效果如图 7-110 所示。

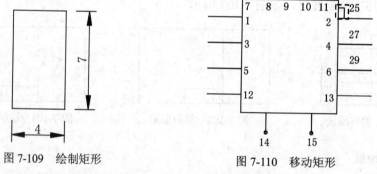

图 7-109　绘制矩形　　　　　　　图 7-110　移动矩形

（3）执行"移动"命令（M），捕捉上一步矩形的左垂直中点为基点，水平向右移动，移动距离为 32mm，并将其线段连接，将矩形内的线段修剪掉，如图 7-111 所示。

（4）执行"复制"命令（CO），捕捉矩形的左垂直线段的中点为基点，垂直向下复制，复制距离均为 17，复制出 2 份，如图 7-112 所示。

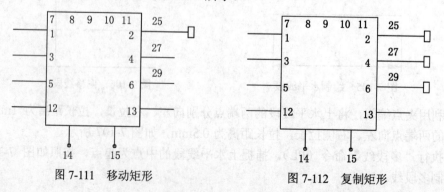

图 7-111　移动矩形　　　　　　　图 7-112　复制矩形

2．组合各元器件

（1）执行"移动"命令（M），捕捉中间继电器内的小矩形右下角点与主视图结构图的大矩形上水平线段的中点对齐重合，效果如图 7-113 所示。

（2）执行"移动"命令（M），捕捉接地线中多段线的左下端点为基点，移动至如图 7-114 所示位置。

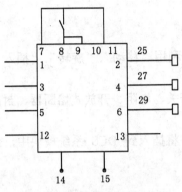

图 7-113　移动中间继电器

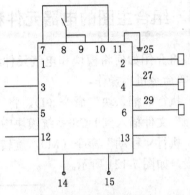

图 7-114　移动接地线

3．绘制 DCS 系统接入模块

（1）执行"矩形"命令（REC），绘制 190mm×49mm 的矩形，如图 7-115 所示。

（2）执行"分解"命令（X），将矩形分解成 4 条独立的线段，如图 7-116 所示。

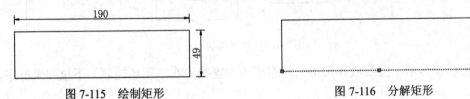

图 7-115　绘制矩形

图 7-116　分解矩形

（3）执行"偏移"命令（O），将上水平线段垂直向下偏移，偏移距离分别为 19mm、15mm 和 15mm 的水平线段，如图 7-117 所示。

（4）执行"偏移"命令（O），再将左侧垂直线段水平向右偏移，偏移距离分别为 100mm 和 35mm 的垂直线段，如图 7-118 所示。

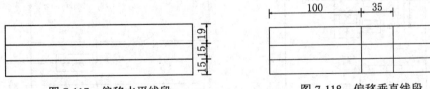

图 7-117　偏移水平线段

图 7-118　偏移垂直线段

（5）利用夹点编辑，分别最左、右侧的垂直线段的上、下端点向外侧拉长距离均为 20mm，如图 7-119 所示。

（6）执行"修剪"命令（TR），多余的线段修剪掉，修剪成如图 7-120 所示的效果。

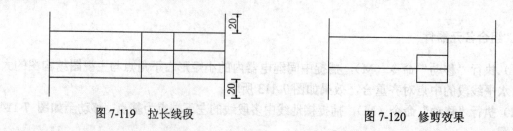

图 7-119　拉长线段　　　　　　　　　图 7-120　修剪效果

7.3.4　组合主图的电器元件和模块

本节将介绍如何将模块和电气元件组合在主图中，利用"移动"、"旋转"、"插入块"和"修剪"等命令进行操作。

（1）执行"插入块"命令（I），将"案例\07\单极开关、电阻、开放式熔断器、封闭式熔断器.dwg"文件插入到 DCS 系统模块中。

（2）执行"移动"命令（M），旋转和复制等命令，将插入到 DCS 系统模块中，修剪多余的线段，如图 7-121 所示。

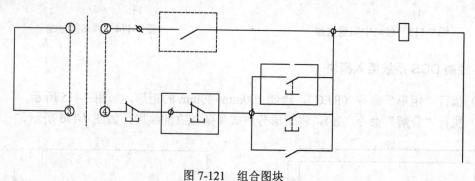

图 7-121　组合图块

（3）将图中显示一些线段和图形的线型更改为虚线，在"图层控制"下拉列表框中，选择虚线层。

（4）执行"移动"命令（M），DCS 模块与之前所组合的结构移至主图结构中，并完善图形，如图 7-122 所示。

（5）执行"移动"命令（M），以及旋转和矩形等相关命令，将单机开关插入到图中所示的位置中，并在合适地方绘制圆，效果如图 7-123 所示。

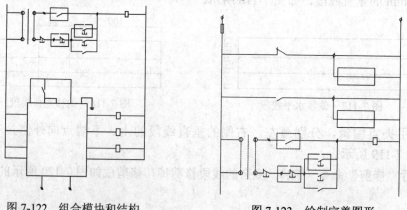

图 7-122　组合模块和结构　　　　　　　　图 7-123　绘制完善图形

（6）执行"插入块"命令（I），将"案例\07\信号灯.dwg"文件插入到结构图中适当的位置，如图 7-124 所示。

（7）最终完成主图，效果如图 7-125 所示。

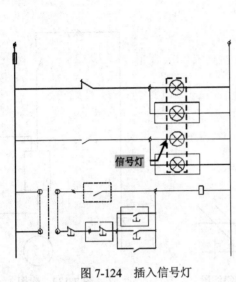

图 7-124　插入信号灯

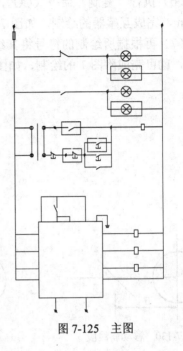

图 7-125　主图

7.3.5　绘制附图

从图 7-86 可知，首先绘制完主图后，还有附图 1、附图 2 和附图 3，下面将介绍如何绘制附图的电气元件和连接线。

1．绘制附图 1

（1）执行"圆"命令（C），绘制半径为 2mm 的圆，如图 7-126 所示。

（2）执行"直线"命令（L），分别捕捉圆心为起点，分别向上、下绘制长度均为 10mm，水平向右绘制长度为 8mm 的线段，如图 7-127 所示。

（3）执行"直线"命令（L），捕捉圆心为起点，绘制长度为 2mm，夹角为 45° 的斜线段，如图 7-128 所示。

（4）利用夹点编辑，选择斜线段的下端点向下拉长，拉长距离为 2mm，如图 7-129 所示。

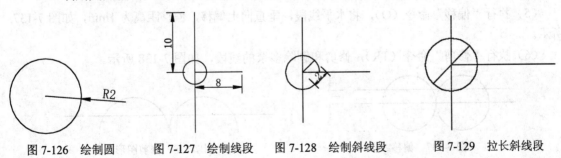

图 7-126　绘制圆　　　图 7-127　绘制线段　　　图 7-128　绘制斜线段　　　图 7-129　拉长斜线段

（5）执行"移动"命令（M），捕捉斜线段的中点为移动基点，将斜线段水平向右移动，移动距离为 5mm，如图 7-130 所示。

（6）执行"复制"命令（CO），捕捉斜线段的中点为基点，水平向右复制，复制距离为 1.5mm，完成互感器的绘制，如图 7-131 所示。

（7）再根据所绘制的符号将其组合，并将执行"直线"命令（L），连接导线，适当调整位置，就可完成附图 1 的绘制，如图 7-132 所示。

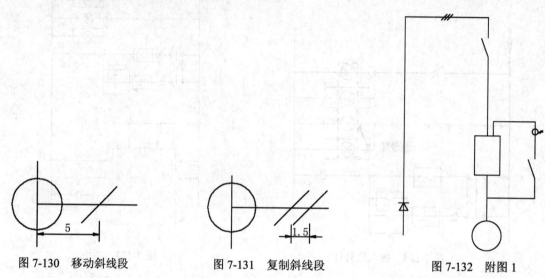

图 7-130　移动斜线段　　　　图 7-131　复制斜线段　　　　图 7-132　附图 1

2．绘制附图 2

（1）执行"圆"命令（C），绘制半径为 2mm 的圆，如图 7-133 所示。

（2）执行"复制"命令（CO），捕捉圆心为基点，水平向右复制，复制距离为 4mm，如图 7-134 所示。

（3）执行"直线"命令（L），连接两个圆的圆心，绘制水平线段，如图 7-135 所示。

（4）利用夹点编辑，将绘制的水平线段的两端点分别向左、右各拉长 4mm，如图 7-136 所示。

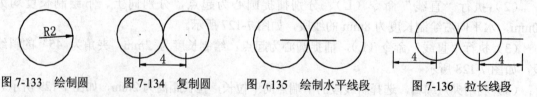

图 7-133　绘制圆　　图 7-134　复制圆　　图 7-135　绘制水平线段　　图 7-136　拉长线段

（5）执行"偏移"命令（O），将水平线段，垂直向上偏移，偏移距离为 1mm，如图 7-137 所示。

（6）执行"修剪"命令（TR），修剪和删除多余的线段，如图 7-138 所示。

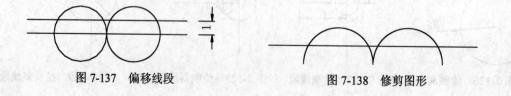

图 7-137　偏移线段　　　　　　　图 7-138　修剪图形

（7）执行"直线"命令（L），绘制连接线，将绘制好的互感器、接线头和电流表图形符号插入到适当位置，然后修剪图形，完成附图 2 的绘制，如图 7-139 所示。

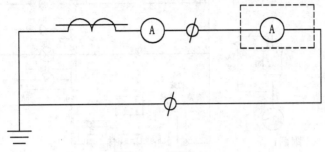

图 7-139　附图 2

2．绘制附图 3

（1）执行"直线"命令（L），坐标点分别为（30，10）和（30，37），（30，10）和（100，10），（100，10）和（100，37）绘制 3 条线段，如图 7-140 所示。

（2）执行"圆"命令（C），以点（30，10）为圆心，绘制半径为 3mm 的圆，然后将圆水平向右进行移动，移动距离为 35mm，如图 7-141 所示。

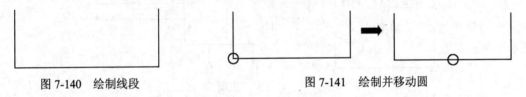

图 7-140　绘制线段　　　　　　　　　图 7-141　绘制并移动圆

（3）执行"圆"命令（C），分别捕捉垂直线段上端点为圆心，绘制半径为 2mm 的圆，并将圆内的线段修剪掉，如图 7-142 所示。

（4）再将之前的电阻符号图块插入到图中，完成附图 3 的绘制，如图 7-143 所示。

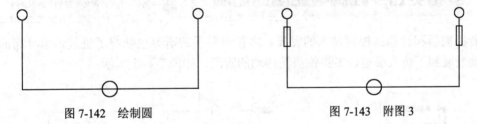

图 7-142　绘制圆　　　　　　　　　　图 7-143　附图 3

7.3.6　添加文字和注释

在绘制好所有的整体电路图后，最后将添加文字注释的说明，以完成最终效果，下面利用"多行文字"命令来进行操作。

（1）执行"多行文字"命令（T），按照如图 7-144 所示进行文字的说明注释，并将所绘制的附图与主图绘制在同一图纸中，方便观察，并对图形进行修剪，完成启动器原理图的绘制。

（2）至此，启动器原理图的绘制已完成，按【Ctrl+S】键进行保存。

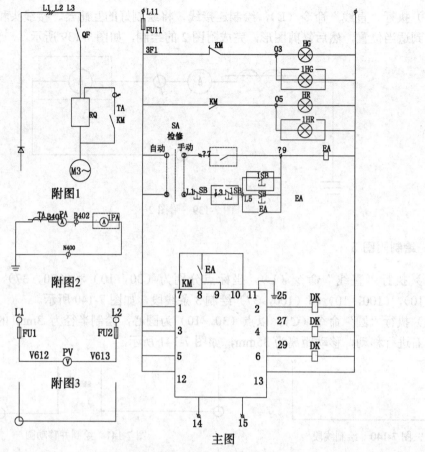

图 7-144　启动器原理图

AutoCAD 2013

7.4　多指灵巧手控制电路图的绘制

视频\07\多指灵巧手控制电路图的绘制.avi
案例\07\多指灵巧手控制电路图.dwg

　　随着机构学和计算机控制技术的发展，多指灵巧手的研究也获得了进展，由早起的二指钢绳传动发展到了仿人手型、多指锥齿轮传动的阶段，如图 7-145 所示。

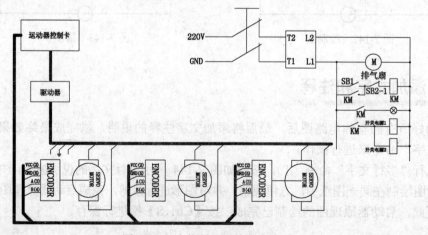

图 7-145　多指灵巧手控制电路图

7.4.1 设置绘图环境

从图 7-144 可知，在绘制多指灵巧手控制电路图主要是由低压电气和主控系统组成的，在绘制两部分结构之前，首先要设置绘图环境，然后在该环境下进行相关图形的绘制。

（1）首先启动 AutoCAD 2013 软件，在"快捷访问工具"栏中单击"新建"按钮，在"选择文件"对话框中，单击"打开"按钮右侧的倒三角按钮，以"无样板打开-公制（I）"方式建立新文件，将文件命名为"案例\07\多指灵巧手控制电路图.dwg"并保存该文件。

（2）在"常用"标签下的"图层"面板中单击"图层特性"按钮，打开"图层特性管理器"，新建如图 7-146 所示的 2 个图层，然后将"低压电气"设置为当前图层。

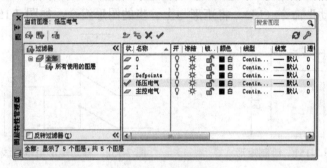

图 7-146　新建图层

7.4.2 绘制低压电气

低压电气部分是整个控制系统的重要组成部分，为控制系统提供开关控制、散热、知识和供电等，是设计整个控制系统的基础。

1．绘制火线和零线（电源线）

（1）执行"直线"命令（L），绘制首尾相连长度均为 41mm 的水平线段，如图 7-147所示。

（2）执行"旋转"命令（RO），捕捉中间水平线段的左端点为基点，旋转 30°。

（3）执行"直线"命令（L），捕捉右侧水平线段的左端点为基点，垂直向上绘制长度为27mm 的线段，并将斜线段的右上角端点向斜上侧方向拉长 10mm，效果如图 7-148 所示。

图 7-147　绘制电源线　　　　　　　　　图 7-148　复制电源线

（4）执行"复制"命令（CO），将绘制的电源线垂直向下复制 1 份，复制距离为 36mm，如图 7-149 所示。

（5）执行"直线"命令（L），捕捉斜线段的中点绘制长度为 90mm，并过垂直线段的中点绘制长度为 36mm 的水平线段，效果如图 7-150 所示。

（6）在"特性"下拉列表框中，将长度为 90 mm 的垂直线段更改为虚线。

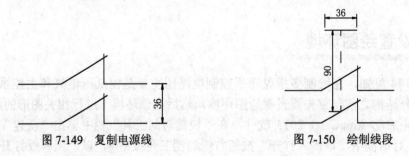

图 7-149　复制电源线　　　　图 7-150　绘制线段

2．绘制空气开关和排风扇

（1）执行"矩形"命令（REC），绘制 45mm×54mm 的矩形，如图 7-151 所示。

（2）执行"移动"命令（M），将矩形与上一步的图形组合，如图 7-152 所示。

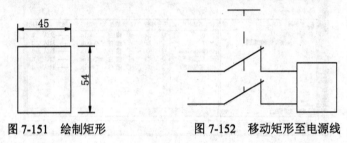

图 7-151　绘制矩形　　　　图 7-152　移动矩形至电源线

（3）执行"多行文字"命令（T），在图形中控制开关的各个端口处，设置文字高度为"9"，添加文字注释，如图 7-153 所示。

（4）执行"直线"命令（L），按照如图 7-154 所示的位置连接通火线和零线的导线。

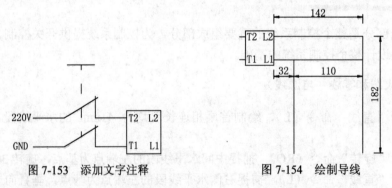

图 7-153　添加文字注释　　　　图 7-154　绘制导线

（5）执行"圆"命令（C），捕捉捕捉长度为 110mm 线段的中点为圆心，绘制半径为 12mm 的圆，并在圆内添加文字的注释说明，从而形成排气扇对象，并将圆内的线段修剪掉，如图 7-155 所示。

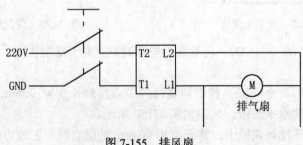

图 7-155　排风扇

4．绘制接触器支路

（1）执行"插入块"命令（I），将"案例\07\接触器支路.dwg"文件插入到如图 7-156 所示的位置处，并在接触器支路适当位置处添加文字注释。

（2）执行"插入块"命令（I），将"案例\07\信号灯.dwg"文件插入到相应的位置，如图 7-157 所示。

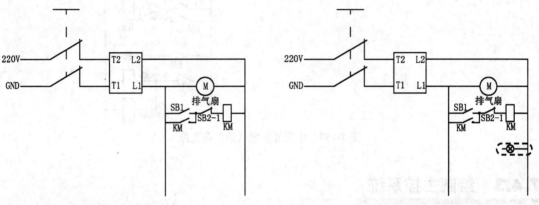

图 7-156　接触器支路　　　　　　　　　　　　　图 7-157　插入信号灯

（3）执行"直线"命令（L），绘制连通导线和触电 KM，如图 7-158 所示。

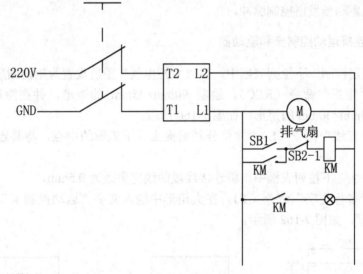

图 7-158　绘制连接导线

（4）执行"复制"命令（CO），复制导线和电气元件，并对复制后的图形进行修改，绘制低压电气的供电支路，如图 7-159 所示。

提 示　　注 意　　技 巧　　专业技能　　软件知识

在复制过程中，绘制开关电源 2 时，这里要执行"直线"命令（L），并捕捉各中点来绘制连接线。

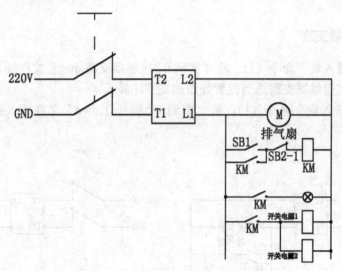

图 7-159　绘制低压电气的供电支路

7.4.3　绘制主控系统

　　主控系统分为 3 个部分，每个部分的基本结构和原理相似，选择其中的一个部分作为讨论的对象，每部分的控制对象为 3 个直流微型伺服电动机，运动控制卡采集码返回角度位置信号，给电动机驱动器发出控制脉冲。

1．绘制并连接运动控制卡和驱动器

　　（1）在"图层控制"下拉列表框中，将"主控电气"图层设置为当前图层。

　　（2）执行"矩形"命令（REC），绘制 90mm×45mm 的矩形，并在矩形垂直下方距离 75mm 处绘制 60mm×30mm 的矩形，如图 7-160 所示。

　　（3）执行"直线"命令（L），并将分别捕捉上、下矩形的中点，将其连接，如图 7-161 所示。

　　（4）在"特性"下拉列表框中，将连接线段的线宽更改为 0.5mm。

　　（5）执行"多行文字"命令（T），在大矩形中输入文字"运动控制卡"，在小矩形中输入文字"驱动器"，如图 7-162 所示。

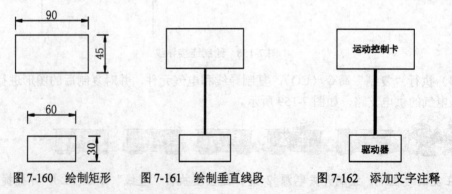

图 7-160　绘制矩形　　　图 7-161　绘制垂直线段　　　图 7-162　添加文字注释

提 示　注 意　技 巧　专业技能　软件知识

这里提到距离 50mm 处绘制小矩形，可以先在视图空白处绘制好小矩形，然后将小矩形利用对象捕捉的功能捕捉到中点至垂直线段下侧端点处。

2．绘制直流伺服电动机符号

（1）执行"矩形"命令（REC），绘制 30mm×60mm 的矩形，如图 7-163 所示。

（2）执行"复制"命令（CO），捕捉矩形下侧的中点为复制基点，水平向右进行复制，复制距离为 60mm，如图 7-164 所示。

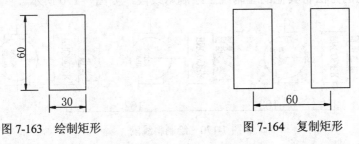

图 7-163　绘制矩形　　　　　　　　图 7-164　复制矩形

（3）执行"圆"命令（C），捕捉右侧矩形的中心点为圆心，绘制半径为 25mm 的圆，如图 7-165 所示。

（4）执行"修剪"命令（TR），修剪掉圆内的线段，如图 7-166 所示。

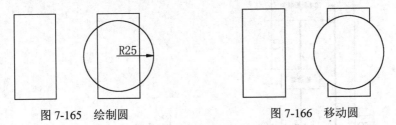

图 7-165　绘制圆　　　　　　　　图 7-166　移动圆

（5）执行"直线"命令（L），用虚线连接编码器和电动机中心，用实线绘制 2 条电动机正、负端引线和 4 条编码器引线，如图 7-167 所示。

（6）执行"多行文字"命令（T），在圆形和矩形内分别添加文字注释，在左侧 4 条水平线段的上侧输入文字注释，以完成直流伺服电动机符号的绘制，如图 7-168 所示。

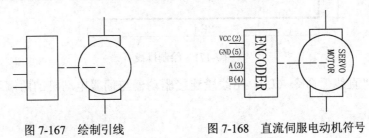

图 7-167　绘制引线　　　　　　　　图 7-168　直流伺服电动机符号

3．组合图形绘制连接线

（1）执行"复制"命令（CO），捕捉圆形下侧矩形的中点为复制基点，将绘制的直流伺服电动机符号水平向右进行复制，复制距离均为 162mm，复制出 2 份，如图 7-169 所示。

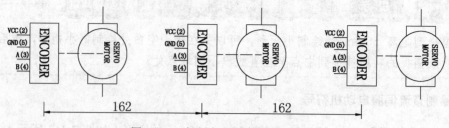

图 7-169　复制直流伺服电动机符号

（2）执行"直线"命令（L），并将 4 条编码线绘斜线段绘制夹角为 30°，长度为 14mm，采用相同的方法将其他的编码线上绘制斜线段，如图 7-170 所示。

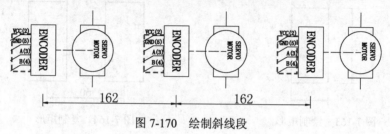

图 7-170　绘制斜线段

（3）执行"多段线"命令（PL），按照如图 7-171 所示的尺寸绘制出排线，设置多段线的起始宽度为 2。

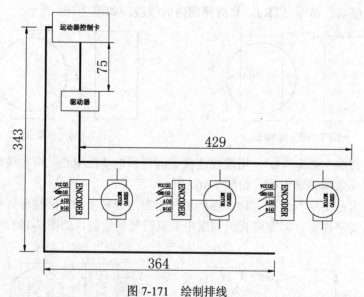

图 7-171　绘制排线

（4）执行"直线"命令（L），用线段连接驱动器与伺服电动机的两端及接地引线，如图 7-172 所示。

绘制接地线时，与右侧图形符号的端点为基准绘制长度适中的垂直线段。

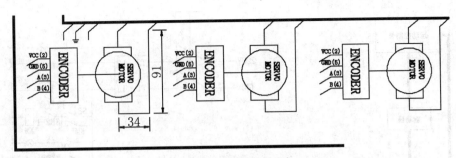

图 7-172 绘制接地引线

（5）执行"直线"命令（L），绘制控制器和编码器的连接线，如图 7-173 所示。

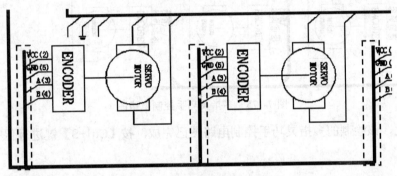

图 7-173 连接控制卡和编码器

（6）执行"倒角"命令（CHA），在绘制的垂直 3 条粗垂直线段与下侧的水平线段处倒角 45°，如图 7-174 所示。

在绘制倒角时，可以利用另一种方法执行"直线"命令（L），绘制角度 45° 的斜线段，然后再删除掉多余的线段。

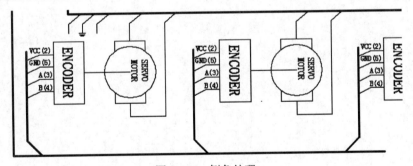

图 7-174 倒角处理

4．调整电路图

前面已经绘制好了低压电气和主控系统图，下面将 2 个图调整在一个平面视图中。

（1）执行"移动"命令（M），将绘制的低压电气和主控系统图进行组合，效果如图 7-175 所示。

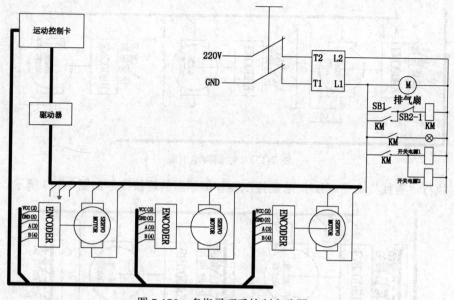

图 7-175　多指灵巧手控制电路图

（3）至此，该绘制的多指灵巧手控制电路图已完成，按【Ctrl+S】键进行保存。

第8章

工厂电气工程图的绘制

本章导读

　　工厂电气，顾名思义，就是工厂所涉及的电气，主要是指在工厂中用到的一些电气，例如，工厂系统线路、接地线路和工厂的大型设备涉及的一些电气。工厂电气涉及的面比较广。

　　本章将介绍工厂电气的分类和其他一些相关基础知识，然后将结合实例绘制几个工厂电气控制图。

主要内容

- 📖 工厂基本控制电路图的绘制
- 📖 工厂低压系统图的绘制
- 📖 某工厂电气控制图的绘制
- 📖 某工厂启动电动机系统图的绘制

效果预览

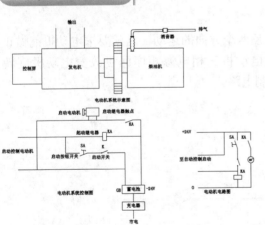

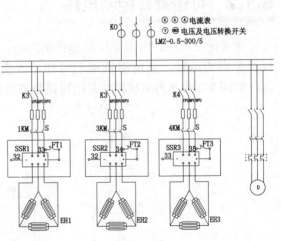

AutoCAD 2013
8.1 工厂基本控制电路图

工厂基本控制电路图分为 4 个控制电路图，以下将分别介绍 4 个控制电路图。

8.1.1 单向旋转控制电路

三相笼型电动机单向旋转可用开关或接触器控制，如图 8-1 所示为接触器单向旋转控制电路。

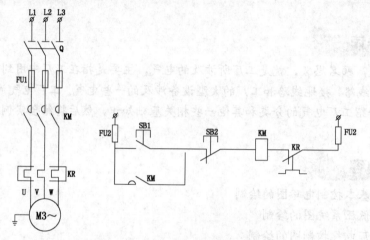

图 8-1 单向旋转控制电路

8.1.2 可逆旋转控制电路

在实际生产中，常需要运动部件实现正、反两个方向的运动，这就要求电动机能做正、反两方向的运转。从电动机原理可知，改变电动机三相电源相序即可改变电动机旋转方向，如图 8-2 所示为电动机的常用可逆旋转控制电路。

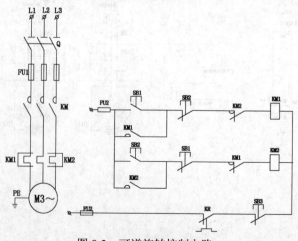

图 8-2 可逆旋转控制电路

8.1.3　点动控制电路

生产过程中，不仅要求生产机械运动部件连续运动，还需要点动控制。如图 8-3 所示为电动机点动控制电路，图中的控制电路既可实现点动控制，又可实现连续运转。SB3 为连续运转的停止按钮，SB1 为连续运转的启动按钮，SB2 为点动启动按钮。

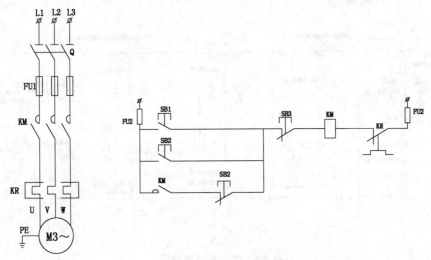

图 8-3　点动控制电路

8.1.4　自动往返运动

在实际生产中，常常要求生产机械的运动部件能实现自动往返。因为有行程限制，所以，常用行程开关座控制元件来控制电动机的正、反转，如图 8-4 所示为电动机往返运行的可逆旋转控制电路，KM1、KM2 分别为电动机正、反转接触器，SQ1 为反向转正向行程开关，SQ2 为正向转反向行程开关，SQ3、SQ4 分别为正向、反向极限保护用限位开关。

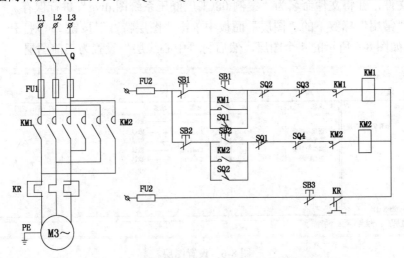

图 8-4　电动机往返运行的可逆旋转控制电路

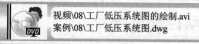

如图 8-5 所示为某工厂的低压系统图，其绘制思路绘制大致的定出轮廓线；绘制各电气元器件连接绘制各主要模块将各模块插入到轮廓图中；最后添加注释和绘制表格。

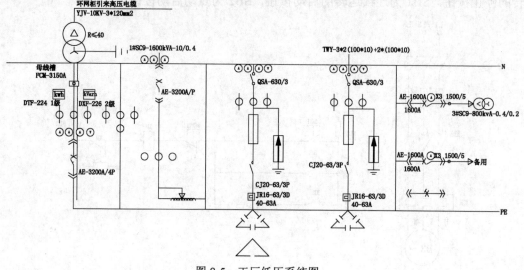

图 8-5　工厂低压系统图

8.2.1　设置绘图环境

在绘制工厂低压系统图时，要将绘图环境进行设置，保存文件，新建图层等，操作步骤如下。

（1）首先启动 AutoCAD 2013 软件，在"快捷访问工具"栏中单击"新建"按钮，在"选择文件"对话框中，单击"打开"按钮右侧的倒三角按钮，以"无样板打开-公制（I）"方式建立新文件，并将文件命名为"案例\08\工厂低压系统图.dwg"进行保存。

（2）在"常用"标签下的"图层"面板中单击"图层特性"按钮，打开"图层特性管理器"，新建如图 8-6 所示的 4 个图层，然后将"中心线层"设置为当前图层。

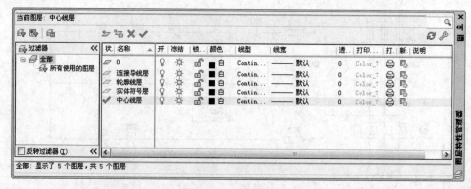

图 8-6　设置图层

8.2.2 绘制图纸布局图

从图 8-5 可知，该工程的低压系统图是由图纸的布局、电气元件和模块组成的，下面将介绍如何绘制图纸布局图，利用"直线"和"偏移"等命令进行操作。

（1）执行"直线"命令（L），在视图中绘制坐标为（1000，1000），（10000，1000）的水平线段。

（2）执行"偏移"命令（O），将绘制的水平线段垂直向下偏移，偏移距离为 3000mm，如图 8-7 所示。

（3）执行"直线"命令（L），捕捉左侧线段上、下端点，绘制一条垂直线段，如图 8-8 所示。

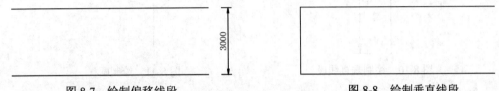

图 8-7 绘制偏移线段   图 8-8 绘制垂直线段

（4）执行"偏移"命令（O），将绘制的垂直线段水平向右进行偏移，偏移的距离分别为 1000mm、820mm、1000mm、2000mm 和 3200mm，如图 8-9 所示。

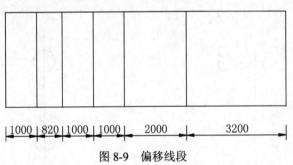

图 8-9 偏移线段

> **提示 注意 技巧 专业技能 软件知识**
>
> 在执行"偏移"命令（O）时，可能会采用该命令来执行，在这里还有另一种方法就是执行"复制"命令（CO），但是要注意的是，每复制得到的对象是以前一个对象做参照的，所以在这里可以尝试操作。

8.2.3 绘制电气元件图形符号

从图 8-5 分析，该系统图由隔离开关、断路器、断路器 2、电流互感器和电桥 5 种电气元件图形组成，下面利用"直线"、"圆"、"移动"、"修剪"、"复制"和"矩形"等命令进行操作。

1. 绘制隔离开关

（1）在"图层控制"下拉列表框中，将"实体符号层"设置为当前图层。

（2）执行"直线"命令（L），绘制坐标点（100，50）和（100，100），长度为 50mm 的垂直线段，如图 8-10 所示。

（3）执行"圆"命令（C），捕捉上一步线段上端点为圆心，绘制半径为 4 的圆，如图 8-11 所示。

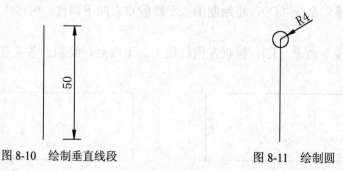

图 8-10　绘制垂直线段　　　　　　　　图 8-11　绘制圆

（4）执行"移动"命令（M），捕捉圆心为基点垂直向下移动，移动距离为 10mm，如图 8-12 所示。

（5）使用以上相同的命令，绘制半径为 4mm 的圆，并将圆垂直向上移动距离为 10mm，如图 8-13 所示。

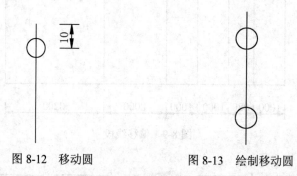

图 8-12　移动圆　　　　　　　　图 8-13　绘制移动圆

（6）执行"直线"命令（L），捕捉下侧圆心为起点，夹角为 40°，长度为 23mm 的斜线段，如图 8-14 所示。

（7）执行"修剪"命令（TR），将图形进行修剪，修剪掉多余的线段，如图 8-15 所示。

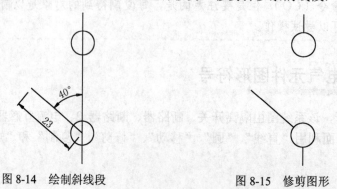

图 8-14　绘制斜线段　　　　　　　　图 8-15　修剪图形

在绘制斜线段时，在 Auto CAD2013 软件中可以利用极轴追踪工具作为辅助来绘制，这样可以准确地绘制出线段的夹角，避免出现不准确的夹角数。

2. 绘制断路器 1

（1）执行"直线"命令（L），绘制长度为 30mm 的水平线段，如图 8-16 所示。

（2）执行"直线"命令（L），捕捉水平线段左端点，打开"极轴追踪（F10）"，绘制长度为 9mm，夹角为 60°的斜线段，如图 8-17 所示。

图 8-16 绘制水平线段   图 8-17 绘制斜线段

（3）执行"复制"命令（CO），将绘制的斜线段水平向右进行复制，复制距离为 4mm，如图 8-18 所示。

（4）执行"镜像"命令（MI），选中两条斜线段，以水平线段为镜像线，进行镜像复制操作，如图 8-19 所示。

图 8-18 复制斜线段   图 8-19 镜像线段

（5）执行"镜像"命令（MI），选中图形对象以右水平端点为镜像点，水平向右镜像复制操作，如图 8-20 所示。

（6）执行"直线"命令（L），捕捉上一步复制对象的左端点为起点，绘制夹角分别为 60°、120°、240°和 300°，长度均为 5mm 的线段，如图 8-21 所示。

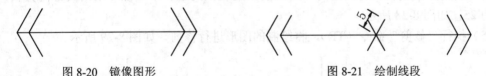

图 8-20 镜像图形   图 8-21 绘制线段

在绘制斜线段时，除了以上方法外，还可以将上侧绘制好的两条斜线段利用"镜像"命令（MI）以线段的起点为镜像点垂直向下镜像。

（7）执行"移动"命令（M），将上一步的斜线段水平向左移动距离为 3mm，如图 8-22 所示。

（8）执行"直线"命令（L），捕捉水平线段的端点为起点，绘制长度为 9mm，夹角为 30°的斜线段，如图 8-23 所示。

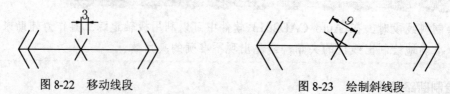

图 8-22　移动线段　　　　　　　　　　图 8-23　绘制斜线段

（9）执行"移动"命令（M），将上一步斜线段水平向右进行移动，移动距离为 9mm，如图 8-24 所示。

（10）执行"修剪"命令（TR），将图形多余的线段进行修剪，如图 8-25 所示。

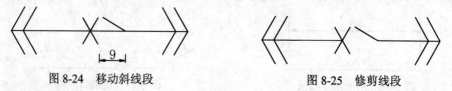

图 8-24　移动斜线段　　　　　　　　　图 8-25　修剪线段

3．绘制断路器 2

（1）执行"矩形"命令（REC），绘制 18×18 的矩形，如图 8-26 所示。

（2）执行"分解"命令（X），将绘制的矩形分解为 4 条线段。

（3）执行"偏移"命令（O），将左侧的垂直线段水平向右进行偏移，偏移距离为 4mm 和 9mm，将上侧的水平线段垂直向下偏移，偏移距离均为 6mm，如图 8-27 所示。

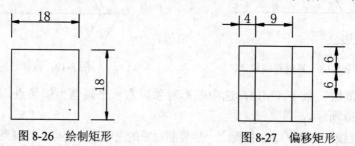

图 8-26　绘制矩形　　　　　　　　　图 8-27　偏移矩形

（4）利用夹点编辑，将间距为 9mm 的垂直线段的上、下端点分别向反方向拉长，其距离均为 25，如图 8-28 所示。

（5）执行"修剪"命令（TR），将绘制的图形进行修剪，如图 8-29 所示。

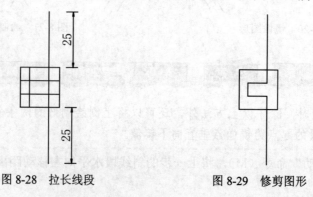

图 8-28　拉长线段　　　　　　　　　图 8-29　修剪图形

4．绘制电流互感器

（1）执行"圆"命令（C），在视图中绘制半径为 40mm 的圆，如图 8-30 所示。

（2）执行"复制"命令（CO），捕捉圆心为基点，水平向右复制距离均为 55mm 的圆对象，复制出 8 个，如图 8-31 所示。

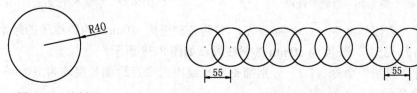

图 8-30　绘制圆　　　　　　　　　　图 8-31　复制圆

（3）执行"直线"命令（L），过所有圆心，绘制一条水平线段。

（4）执行"偏移"命令（O），将水平线段垂直向上偏移，偏移距离为 30mm，如图 8-32 所示。

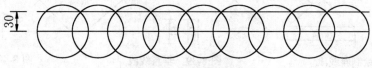

图 8-32　绘制并偏移

（5）执行"修剪"命令（TR），修剪和删除多余的线段，如图 8-33 所示。

图 8-33　修剪图形

5．绘制电桥

（1）执行"直线"命令（L），在视图中绘制一条长度为 20mm，夹角为 45° 的斜线段，如图 8-34 所示。

（2）执行"直线"命令（L），捕捉斜线段的上端点为起点，按照如图 8-35 所示的尺寸绘制 2 条斜线段。

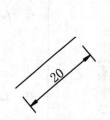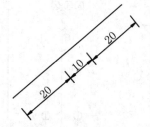

图 8-34　绘制斜线段　　　　　　　　图 8-35　绘制斜线段

（3）执行"镜像"命令（MI），以斜线段上侧的端点为镜像点，水平向右镜像复制操作，如图 8-36 所示。

（4）执行"直线"命令（L），分别捕捉左、右侧斜线段下端点为起点，分别向内绘制长度均为 30.4mm 的水平线段，如图 8-37 所示。

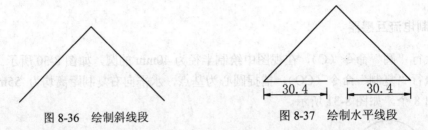

图 8-36　绘制斜线段　　　　　　　　图 8-37　绘制水平线段

（5）执行"直线"命令（L），捕捉左、右两条长度为 10mm 的斜线段的起始端点为起点，绘制夹角为 135°，长度为 10mm 的斜线段，如图 8-38 所示。

（6）执行"直线"命令（L），分别捕捉水平线段的端点绘制长度均为 10mm 的垂直线段，如图 8-39 所示。

（7）执行"修剪"命令（TR），修剪为如图 8-40 所示的效果。

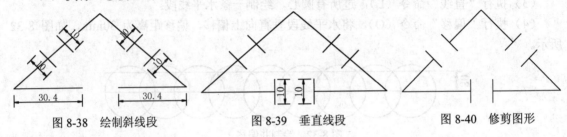

图 8-38　绘制斜线段　　　　　图 8-39　垂直线段　　　　　图 8-40　修剪图形

8.2.4　连接主要模块

从图 8-5 可知，系统图除了主要的电气元件外，还有计量进线、杆式稳压器、电容补偿柜、馈电柜 4 个主要模块，下面利用"复制""移动"、"直线"和"修剪"等命令进行操作。

（1）在"图层控制"下拉列表框中，将"连接导线层"图层设置为当前图层。

（2）执行"移动"命令（M），将绘制的符号将其移动到指定的位置，按照以下 4 部分的模块图进行操作，绘制出计量进线、杆式稳压器、电容补偿柜和馈电柜，如图 8-41、图 8-42、图 8-43 和图 8-44 所示。

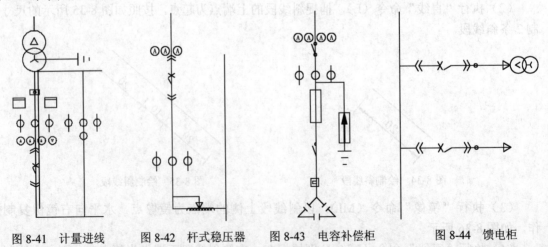

图 8-41　计量进线　　　图 8-42　杆式稳压器　　　图 8-43　电容补偿柜　　　图 8-44　馈电柜

8.2.5 组合模块

从图 8-5 可知，将各主要部分插入到前面绘制好的轮廓图中。注意，前面绘制各元器件时，各图形符号的尺寸不一定完全相符，这样组合起来不会很美观，在组合时要利用缩放（SC）功能，将各部件调整到合适的大小，组成过程中随时调整，但不能改变器件的相对位置，如图 8-45 所示。

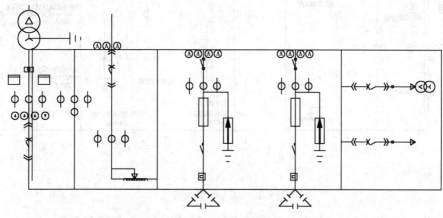

图 8-45 组合模块

8.2.6 添加文字注释

前配绘制好所有的模块和整体的电气符号，最后将添加文字注释的说明，以完成最终的效果，下面利用"多行文字"命令来进行操作。

（1）创建文字样式。在"常用"标签下的"注释"面板中的下拉菜单中单击"文字样式"按钮 ，打开"文字样式"对话框，创建如图 8-46 所示的文字样式。

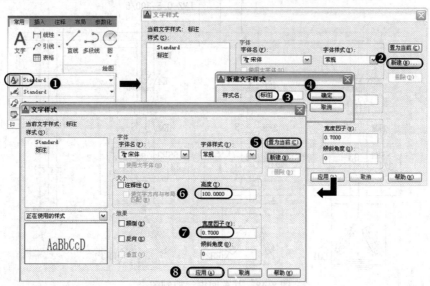

图 8-46 设置文字样式

（2）执行"多行文字"命令（T），按照如图 8-47 所示的效果添加注释说明。

（3）执行"修剪"命令（TR），将系统图中多余的线段修掉，完善系统图。

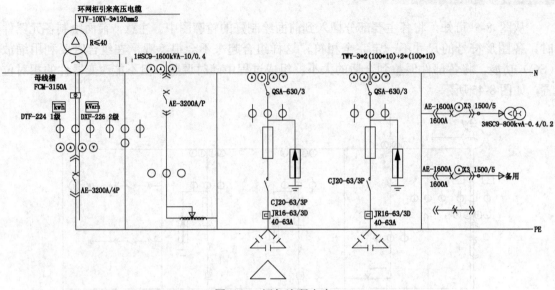

图 8-47　添加注释文字

（4）至此，该工厂低压系统图的绘制已完成，按【Ctrl+S】键进行保存。

8.3　某工厂电气控制图的绘制

AutoCAD 2013

视频\08\某工厂电气控制图的绘制.avi
案例\08\某工厂电气控制图.dwg

如图 8-48 所示为某工厂的电气控制图，它主要由供电线路、加热区和风机这几部分组成，本节将介绍该电气控制图的绘制。

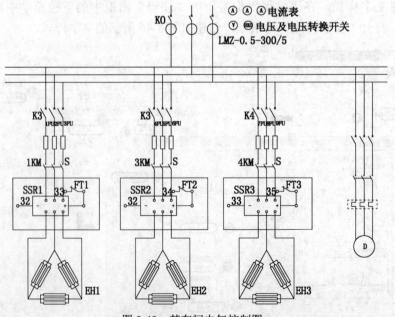

图 8-48　某车间电气控制图

8.3.1 设置绘图环境

从图 8-48 可知，该控制图首先要绘制主要连接线、电气元件和组合图形，最后添加文字注释几部分组成，下面将介绍绘图环境的设置。

（1）首先启动 AutoCAD 2013 软件，在"快捷访问工具"栏中单击"新建"按钮，在"选择文件"对话框中，单击"打开"按钮右侧的倒三角按钮，以"无样板打开-公制（I）"方式建立新文件，将文件命名为"案例\08\某工厂电气控制图.dwg"并保存。

（2）在"常用"标签下的"图层"面板中单击"图层特性"按钮，打开"图层特性管理器"，新建如图 8-49 所示的 2 个图层，然后将"连接线层"设置为当前图层。

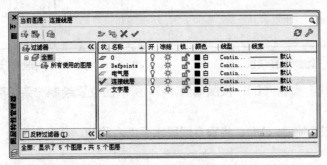

图 8-49　新建图层

8.3.2 绘制主要连接线

在设置好绘图环境后，在视图中绘制连接线，为后面组合图形到连接线中打下基础，利用"直线"、"偏移"、"移动"和"修剪"等命令进行操作。

（1）执行"直线"命令（L），在视图中绘制一条长度为 366mm 的水平线段，如图 8-50 所示。

（2）执行"偏移"命令（O），将水平线段依次向下偏移，偏移距离分别为 7mm、7mm 和 160mm，如图 8-51 所示。

366

图 8-50　绘制水平线段　　　　　图 8-51　偏移线段

在偏移线段时注意，这里偏移线段都是以上一条直线为起始的，所以在这里不要出现误区。

（3）执行"直线"命令（L），捕捉相应水平线段的左侧端点绘制一条垂直线段，如图 8-52 所示。

（4）执行"偏移"命令（O），将上一步绘制的垂直线段依次向右偏移，偏移距离分别为 40mm、8mm、8mm、88mm、8mm、8mm、83mm、8mm、8mm、77mm、8mm 和 8mm，然后删除最左侧绘制的垂直初始线段，如图 8-53 所示。

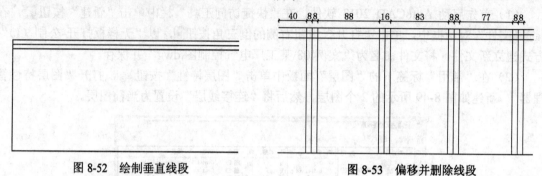

图 8-52　绘制垂直线段　　　　　　　　　图 8-53　偏移并删除线段

（5）执行"直线"命令（L），按照如图 8-54 所示的位置绘制一条长度为 105mm 的垂直线段。

（6）执行"移动"命令（M），将垂直线段水平向右移动，移动距离为 180mm，如图 8-55 所示。

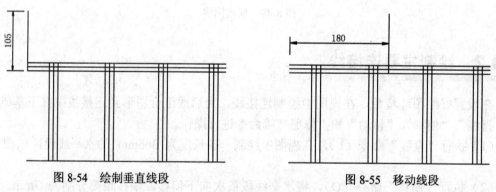

图 8-54　绘制垂直线段　　　　　　　　　图 8-55　移动线段

（7）执行"偏移"命令（O），将上一步移动后的线段分别向左及向右各偏移 20mm，再执行"直线"命令（L），将偏移线段的上侧端点连接起来，如图 8-56 所示。

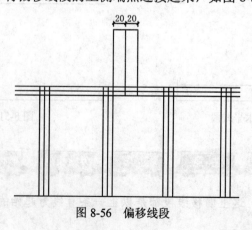

图 8-56　偏移线段

（8）执行"偏移"命令（O），将最下侧的水平线段垂直向上偏移，偏移距离为 70，如图 8-57 所示。

（9）执行"修剪"命令（TR），将图形多余的线段进行修剪，如图 8-58 所示。

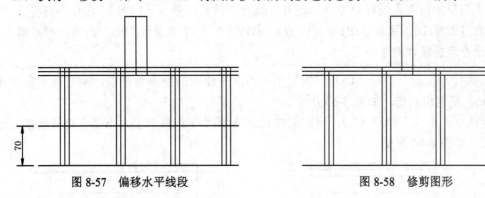

图 8-57　偏移水平线段　　　　　　　　图 8-58　修剪图形

8.3.3　绘制电气元件符号

从图 8-48 可知，图中由加热器、接触器、断路器、风机 4 种主要的电气元件组成，下面将利用"矩形"、"直线"、"复制"、"圆"、"修剪"和"移动"等命令进行操作。

1．绘制加热器

（1）在"图层控制"下拉列表框中，将"电气层"设置为当前图层。

（2）执行"矩形"命令（REC），在视图中绘制 17mm×1.8mm 的矩形，如图 8-59 所示。

（3）执行"复制"命令（CO），捕捉矩形下水平中点为基点，垂直向下进行复制，复制出 2 个，复制距离均为 4mm，如图 8-60 所示。

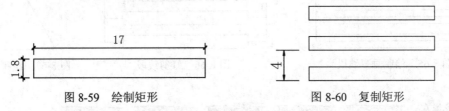

图 8-59　绘制矩形　　　　　　　　图 8-60　复制矩形

（4）执行"直线"命令（L），捕捉上侧矩形左、右的中点为起始端点，绘制水平线段，如图 8-61 所示。

（5）利用夹点编辑，将绘制的水平线段的左、右侧端点向外侧拉长，拉长距离为 2.5mm，如图 8-62 所示。

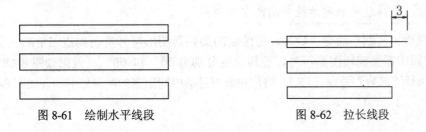

图 8-61　绘制水平线段　　　　　　　　图 8-62　拉长线段

　　除了用以上的夹点编辑命令外，还可以执行"拉长"命令（LEN），在命令行提示"选择对象或 [增量(DE)/百分数(P)/全部(T)/动态(DY)]:"选择"增量(DE)"选项，然后输入长度增量值再选择修改对象即可。

　　（6）执行"复制"命令（CO），捕捉上一步水平线段的中点为基点，垂直向下复制间距均为 4mm，复制出两份，如图 8-63 所示。

　　（7）执行"直线"命令（L），将左侧拉长的 3 条水平线段的上、下端点将其连接，绘制垂直线段，如图 8-64 所示。

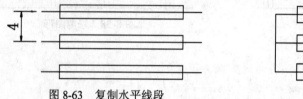

图 8-63　复制水平线段

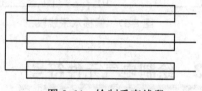

图 8-64　绘制垂直线段

　　（8）以相同的方法将右侧的水平线段的上、下端点将其连接，绘制出垂直线段，如图 8-65 所示。

　　（9）执行"修剪"命令（TR），将矩形内侧多余的线段进行修剪，如图 8-66 所示。

　　（10）执行"创建块"命令（B），将绘制的图形进行块定义，并命名为"加热器"。

　　（11）执行"多边形"命令（POL），绘制半径为 25mm 内接于圆的正三角形，如图 8-67 所示。

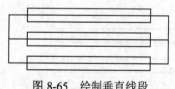

图 8-65　绘制垂直线段

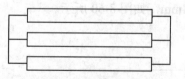

图 8-66　修剪线段

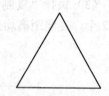

图 8-67　绘制正三角形

　　在复制符号之前，可以先执行"直线"命令（L），绘制中间矩形的水平中心线作为辅助线段，然后捕捉该符号的水平中线段的中点移至正三角形下侧边的中点处，最后再将绘制的辅助水平线段删除即可，同理在复制左、右侧的符号时要先旋转好角度再捕捉中点复制图形符号，这样就可准确地绘制出图中的效果了。

　　（12）执行"复制"命令（CO），将绘制的加热器图形符号复制到正三角形三条边的中点处，复制过程中需要旋转图形符号，旋转角度分别为 60° 和-60°，效果如图 8-68 所示。

　　（13）执行"修剪"命令（TR），将加热器符号的中间矩形的线段修剪掉，如图 8-69 所示。

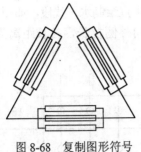

图 8-68　复制图形符号

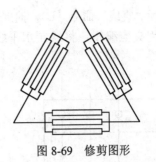

图 8-69　修剪图形

2．绘制固态继电器

（1）执行"矩形"命令（REC），绘制 34mm×18mm 的矩形，如图 8-70 所示。

（2）执行"圆"命令（C），捕捉矩形右上角点为圆心，绘制半径为 1mm 的圆，如图 8-71 所示。

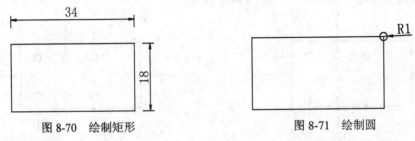

图 8-70　绘制矩形　　　　　　　　　　　　　图 8-71　绘制圆

（3）执行"移动"命令（M），捕捉圆心为基点，水平向左距离为 5mm，再将圆垂直向下距离为 4mm，如图 8-72 所示。

（4）执行"阵列"命令（AR），将移动的圆进行行数为 2、拉伸为 3、行偏移为 −10.5mm、列偏移为-8mm 的矩形阵列操作，如图 8-73 所示。

图 8-72　移动圆　　　　　　　　图 8-73　阵列圆

（5）执行"直线"命令（L），分别捕捉圆心为起始端点，绘制 3 条垂直线段，如图 8-74 所示。

（6）利用夹点编辑，将绘制的 3 条垂直线段的上、下侧端点分别向外侧拉长，拉长距离为 10mm，如图 8-75 所示。

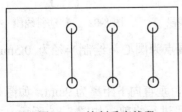

图 8-74　绘制垂直线段

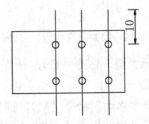

图 8-75　拉长线段

（7）执行"直线"命令（L），捕捉矩形左、右两侧的中点绘制水平线段，如图 8-76 所示。

（8）利用夹点编辑，将绘制水平线段的两端点分别向外侧拉长，拉长距离为 15mm，如图 8-77 所示。

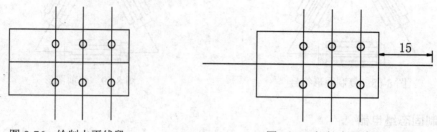

图 8-76 绘制水平线段   图 8-77 拉长水平线段

（9）执行"修剪"命令（TR），将图形的多余线段进行修剪，如图 8-78 所示。

（10）执行"直线"命令（L），在矩形的适当处绘制，长度为 2mm，添加"−"和"+"符号从而形成固态继电器图形符号，如图 8-79 所示。

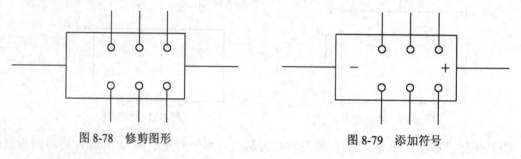

图 8-78 修剪图形   图 8-79 添加符号

3. 绘制接触器

（1）执行"直线"命令（L），绘制长度为 22mm 的垂直线段，如图 8-80 所示。

（2）执行"直线"命令（L），打开"极轴追踪（F10）"功能，捕捉垂直线段的下端点为起点，绘制长度为 5mm、夹角为 120° 的斜线段，如图 8-81 所示。

（3）执行"移动"命令（M），捕捉斜线段的下侧端点为基点，垂直向上距离为 8mm，如图 8-82 所示。

图 8-80 绘制垂直线段   图 8-81 绘制斜线段   图 8-82 移动斜线段

（4）执行"圆"命令（C），捕捉垂直线段上端点为圆心，绘制半径为 0.5mm 的圆，如图 8-83 所示。

（5）执行"移动"命令（M），捕捉圆心为基点，垂直向下距离为 9mm，如图 8-84 所示。

（6）执行"修剪"命令（TR），将图形多余线段进行修剪，如图 8-85 所示。

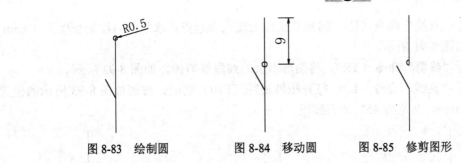

图 8-83　绘制圆　　　　图 8-84　移动圆　　　图 8-85　修剪图形

（7）执行"复制"命令（CO），捕捉修剪后图形的下端点为基点，水平向右复制，复制距离分别为 8mm 和 16mm，如图 8-86 所示。

执行复制图形时，除了用以上的复制方法进行复制外，还可以用执行"阵列"命令（AR）设置行数为 1、列数为 3、列偏移为 8mm 的矩形阵列也可得到，可以自取其一进行操作。

（8）执行"直线"命令（L），捕捉所有斜线段的中点为起始端点绘制一条水平线段，如图 8-87 所示。

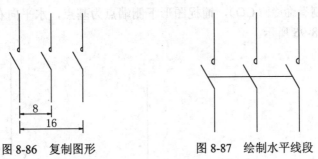

图 8-86　复制图形　　　　　　　　　图 8-87　绘制水平线段

4．绘制断路器

（1）执行"直线"命令（L），绘制长度为 45mm 的垂直线段，如图 8-88 所示。

（2）执行"直线"命令（L），打开极轴追踪（F10）功能，捕捉垂直线段的下端点为起点，绘制长度为 10mm、夹角为 120°的斜线段，如图 8-89 所示。

（3）执行"移动"命令（M），捕捉斜线段下端点为基点，垂直向上移动距离为 12mm，如图 8-90 所示。

图 8-88　绘制垂直线段　　　图 8-89　绘制斜线段　　　图 8-90　移动斜线段

（4）执行"直线"命令（L），捕捉斜线段上端点为起点，水平向右绘制长度为 10mm 的水平线段，如图 8-91 所示。

（5）执行"修剪"命令（TR），将图形多余的线段修剪掉，如图 8-92 所示。

（6）执行"直线"命令（L），打开极轴追踪（F10）功能，按照如图 8-93 所示的位置，绘制长度为 1mm，夹角为 45°的斜线段。

图 8-91　绘制水平线段　　　　图 8-92　修剪图形　　　　图 8-93　绘制斜线段

（7）执行"阵列"命令（AR），选择上一步的斜线段，项目总数为 4，进行环形阵列操作，如图 8-94 所示。

（8）执行"复制"命令（CO），捕捉图形下侧端点为基点，水平向右进行复制，复制距离均为 8mm，如图 8-95 所示。

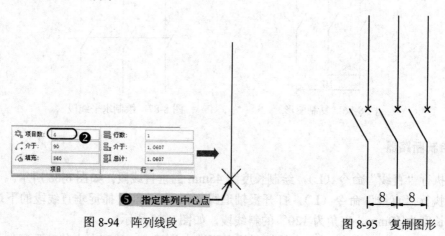

图 8-94　阵列线段　　　　　　　　　　图 8-95　复制图形

5．绘制风机

（1）执行"直线"命令（L），绘制长度为 25mm 的垂直线段，再将绘制的垂直线段水平向右偏移，偏移距离均为 8mm，如图 8-96 所示。

（2）执行"圆"命令（C），捕捉中间垂直线段的下端点为圆心，绘制半径为 10mm 的圆，再将图形进行修剪，效果如图 8-97 所示。

（3）执行"多行文字"命令（T），在圆内中心处输入文字"D"，文字高度为 5mm，如图 8-98 所示。

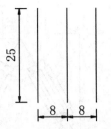

图 8-96 绘制并偏移线段

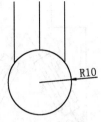

图 8-97 修剪图形

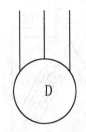

图 8-98 添加文字

6. 绘制触头开关

（1）执行"直线"命令（L），绘制首尾相连的长度均为 5mm 的 3 条水平线段，如图 8-99 所示。

（2）执行"旋转"命令（RO），打开极轴追踪（F10）功能，捕捉中间线段右端点为旋转基点，旋转角度为-30°，如图 8-100 所示。

图 8-99 绘制线段

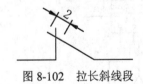

图 8-100 旋转线段

（3）执行"直线"命令（L），捕捉左水平线段右端点为起点，垂直向上绘制长度为 4mm 的垂直线段，如图 8-101 所示。

（4）利用夹点编辑，捕捉斜线段左上端点向相反方向拉长，拉长距离为 2mm，从而形成触头开关对象，如图 8-102 所示。

图 8-101 绘制垂直线段　　　　图 8-102 拉长斜线段

8.3.4 绘制各模块

从图 8-48 可知，该控制图是由加热模块、风机模块和供电线路模块组成的，下面将介绍如何绘制各模块，利用"直线"、"多段线"、"镜像"、"移动"和"缩放"等命令进行操作。

1. 绘制加热模块

（1）执行"多段线"命令（PL），捕捉加热器的右下角点为起点，按照如图 8-103 所示的尺寸绘制多段线。

（2）执行"镜像"命令（MI），将上一步的多段线水平向左镜像复制 1 份，以正三角形的上顶点为镜像点，如图 8-104 所示。

（3）执行"直线"命令（L），捕捉三角形的上顶点为起点，垂直向上绘制长度为 14mm 的垂直线段，如图 8-105 所示。

（4）执行"移动"命令（M），捕捉固态继电器符号，按照如图 8-106 所示位置放置。

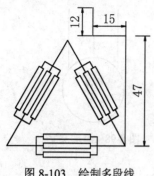

图 8-103 绘制多段线

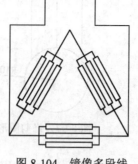

图 8-104 镜像多段线

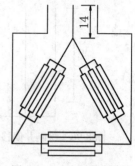

图 8-105 绘制垂直线段

（5）执行"缩放"命令（SC），调整固态继电器的大小，以使两个图形完全对应，效果如图 8-107 所示。

（6）利用夹点编辑，捕捉固态继电器符号上 3 条垂直线段的端点，此时鼠标选段出现夹点符号 ■ 时，将其向上拉长，拉长距离为 9mm 即可，如图 8-108 所示。

提 示　　注 意　　技 巧　　专业技能　　软件知识

在缩放固态继电器符号时，一定要注意只有指定要缩放图形的基点，才能进行图形的缩放操作，否则图形将不发生任何的改变，设置比例时是以 1 为基准，小于 1 缩小图形，大于 1 图形放大，所以在适当调整图形大小时，要注意这点。

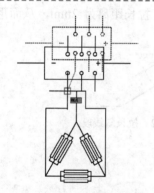

图 8-106 移动固态继电器符号

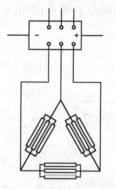

图 8-107 缩放图形以使对齐

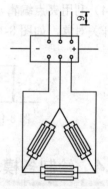

图 8-108 拉长图形

（7）执行"移动"命令（M），捕捉接触器的左下端点为基点，移动到固态继电器上侧的 3 条垂直线段上，再执行"缩放"命令（SC），以相同的方法将接触器符号进行适当调整，将其对齐，如图 8-109 所示。

（8）执行"插入块"命令（I），将"案例\08\电阻.dwg"文件插入到如图 8-110 所示的位置。

（9）执行"移动"命令（M），捕捉断路器左下角点为基点，移动至如图 8-111 所示的位置。

（10）执行"矩形"命令（REC），在如图 8-112 所示的适当位置绘制 84mm×48mm 的矩形。

（11）执行"圆"命令（C），分别捕捉固态继电器左、右水平线段的外端点为圆心，绘制半径均为 1mm 的圆，如图 8-113 所示。

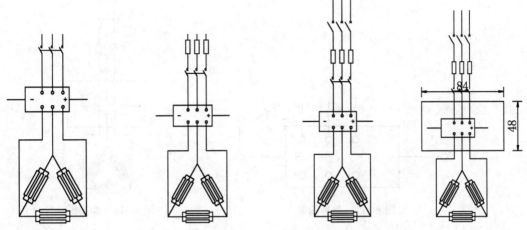

图 8-109 移动接触器符号　　图 8-110 插入图块　　图 8-111 移动断路器符号　　图 8-112 绘制矩形

（12）执行"直线"命令（L），捕捉右侧圆的上象限点为起点，垂直向上绘制长度为 10mm 的垂直线段，如图 8-114 所示。

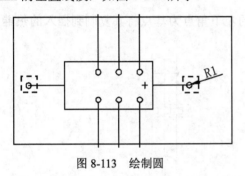

图 8-113 绘制圆

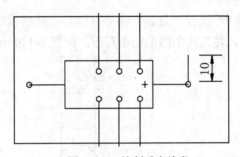

图 8-114 绘制垂直线段

（13）执行"移动"命令（M），捕捉触头开关的水平线段的右端点为基点，移至如图 8-115 所示的位置。

（14）执行"圆"命令（C），捕捉触头开关的左、右水平线段的端点，绘制半径为 1mm 的圆，如图 8-116 所示。

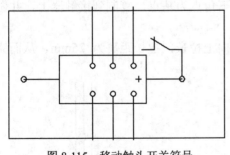

图 8-115 移动触头开关符号

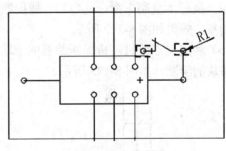

图 8-116 绘制圆

（15）执行"修剪"命令（TR），将圆内的多余线段进行修剪，如图 8-117 所示，所形成的加热模块，如图 8-118 所示。

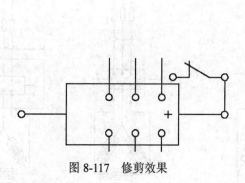

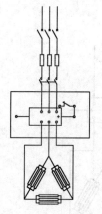

图 8-117　修剪效果　　　　　　　　　图 8-118　加热模块

2. 绘制风机模块

（1）执行"插入块"命令（I），将"案例\08\热继电器.dwg"文件插入到风机符号上，效果如图 8-119 所示。

（2）执行"复制"命令（CO），捕捉接触器的左下角点为基点将其复制到插入的热继电器中，使其两个图形完全对应，如图 8-120 所示。

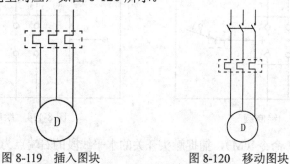

图 8-119　插入图块　　　　　　　　　图 8-120　移动图块

（3）利用夹点编辑，将接触器符号上侧的 3 条垂直线段垂直向上拉长，拉长距离为 10mm，如图 8-121 所示。

（4）执行"复制"命令（CO），捕捉断路器左下角点为基点，复制到接触器上，并做适当的调整，效果如图 8-122 所示。

（5）利用夹点编辑，捕捉断路器的上端点垂直向上拉长，拉长距离为 25mm，从而完成风机模块的绘制，如图 8-123 所示。

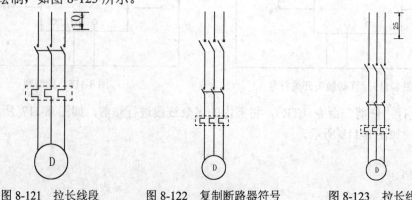

图 8-121　拉长线段　　　图 8-122　复制断路器符号　　　图 8-123　拉长线段

3. 绘制供电线路模块

（1）执行"复制"命令（CO），将图 8-85 所示的图形在视图的空白位置处，复制 1 份，如图 8-124 所示。

（2）执行"复制"命令（CO），捕捉上一步复制图形的下端点为基点，水平向右复制，复制距离为 20mm，如图 8-125 所示。

图 8-124　复制图形　　　　　　　　　图 8-125　复制图形

（3）执行"删除"命令（E），将所有的半圆弧图形删除掉。

（4）执行"直线"命令（L），捕捉上垂直线段的下端点为起点，绘制长度为 1mm，夹角为 45°的斜线段，如图 8-126 所示。

（5）执行"阵列"命令（AR），将斜线段进行阵列的项目数为 4 的环形阵列操作，如图 8-127 所示。

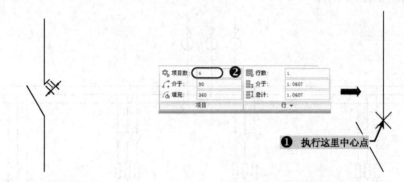

图 8-126　绘制斜线段　　　　　　　　图 8-127　阵列线段

（6）执行"复制"命令（CO），将阵列后的斜线段，水平向右复制到如图 8-128 所示的位置。

（7）执行"圆"命令（C），捕捉图形左下角点为圆心，绘制半径为 5mm 的圆，以相同的方法在其余 2 个图形中绘制圆，如图 8-129 所示。

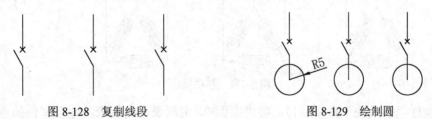

图 8-128　复制线段　　　　　　　　　图 8-129　绘制圆

（8）执行"直线"命令（L），分别捕捉 3 个圆的圆心为起点，垂直向下绘制长度为 35mm、42mm 和 49mm，从而完成供电线路模块的绘制，如图 8-130 所示。

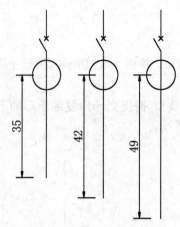

图 8-130　供电线路模块

8.3.5　绘制组合图形

前面已经将所有的电气符号和主要模块绘制完成，下面将利用"复制"、"阵列"、"圆"、"镜像"和"删除"等命令进行操作。

（1）执行"复制"命令（CO）和执行"移动"命令（M），将 3 个模块依次添加到连接线路图中，如图 8-131 所示。

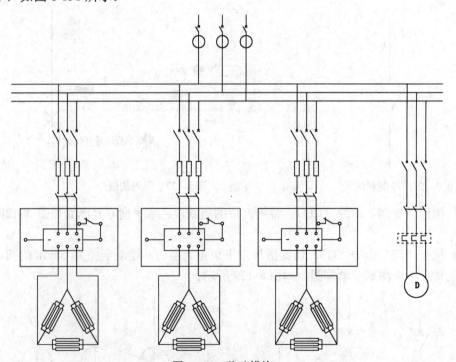

图 8-131　移动模块

（2）执行"插入块"命令（I），将"案例\03\电流表、电压表.dwg"文件插入到供电线路，模块右侧，如图 8-132 所示。

（3）然后单击鼠标左键将"V"文字更改为"HKO"，如图 8-133 所示。

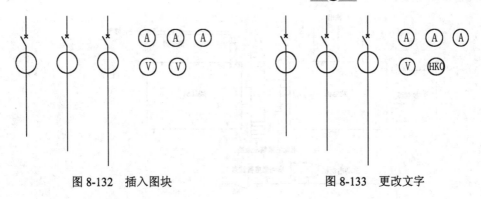

图 8-132　插入图块　　　　　　　　　　图 8-133　更改文字

8.3.6　添加文字注释

在绘制好所有的模块和整体的电气符号时，最后将添加文字注释的说明，以完成最终的效果，下面利用"多行文字"命令来进行操作。

（1）在"图层控制"下拉列表框中，将"文字层"设置为当前图层。

（2）执行"多行文字"命令（T），按照如图 8-134 所示的效果添加注释说明。

（3）执行"修剪"命令（TR），将电气控制图多余的线段修剪掉，完成控制图。

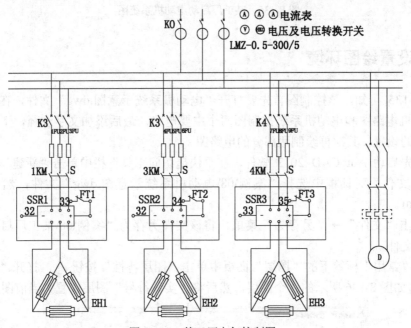

图 8-134　某工厂电气控制图

（4）至此，某车间电气控制图的绘制已完成，按【Ctrl+S】键进行保存。

8.4　某工厂启动电动机系统图的绘制

视频\08\某工厂启动电动机系统图的绘制.avi
案例\08\某工厂启动电动机系统图.dwg

如图 8-135 所示为某工厂的电动机系统图，该系统图是由多种电气符号和连接线组成。本节将介绍该电气控制图的绘制。

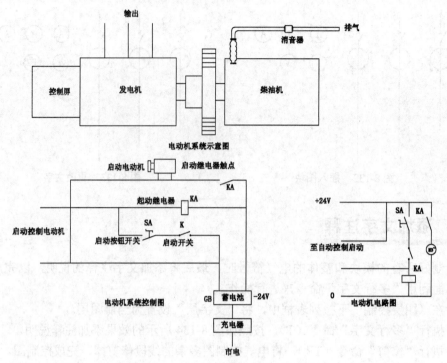

图 8-135　某工厂启动电动机系统图

8.4.1　设置绘图环境

从图 8-135 可知，该控制图首先要打开"电动机系统示意图.dwg"文件，在该文件基础上绘制电动机电路图和电动机系统控制图两个主要电路，最后添加文字注释，下面将首先介绍绘图环境的设置，其次再绘制两部分的电路图。

（1）首先启动 AutoCAD 2013 软件，在"快捷访问工具"栏中单击"新建"按钮，从弹出的"选择文件"对话框中选择"案例\08\电动机系统示意图.dwg"文件，然后单击"打开"按钮即可。

（2）单击"文件"→"另存为"菜单，将该文件另存为"案例\08\某工厂启动电动机系统图.dwg"文件。

（3）在"常用"标签下的"图层"面板中单击"图层特性"按钮，打开"图层特性管理器"，新建如图 8-136 所示的 3 个图层，然后将"实体符号"图层设置为当前图层。

图 8-136　设置图层

8.4.2 绘制电动机电路图

从图 8-135 可知，该系统图是由电动机电路图和电动机系统控制图组成，下面将介绍如何绘制各电路图，利用"直线"、"多段线"、"镜像"、"移动"、"旋转"、"修剪"和"删除"等命令进行操作。

1．绘制电路结构图

（1）执行"矩形"命令（REC），在视图中一个绘制 68mm×68mm 的矩形，如图 8-137 所示。

（2）执行"分解"命令（X），将上一步绘制的矩形分解。

（3）执行"偏移"命令（O），将矩形左侧垂直线段水平向右偏移，偏移距离为 34mm 和 51mm，将上侧的水平线段垂直向下偏移，偏移距离为 28mm 和 48mm，如图 8-138 所示。

（4）执行"修剪"命令（TR）和删除命令，修剪删除如图 8-139 所示的效果。

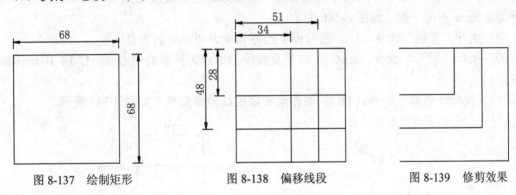

图 8-137 绘制矩形   图 8-138 偏移线段   图 8-139 修剪效果

2．绘制电气符号

（1）执行"直线"命令（L），在视图中绘制首尾相连的长度均为 10mm 的 3 条垂直线段，如图 8-140 所示。

（2）执行"旋转"命令（RO），以第 2 条线段的下侧端点为旋转基点，将其旋转 20°，如图 8-141 所示。

（3）执行"直线"命令（L），捕捉斜线段的中点为起点，水平向左绘制长度为 5mm 的水平线段，如图 8-142 所示。

图 8-140 绘制垂直线段   图 8-141 旋转线段   图 8-142 绘制水平线段

（4）执行"多段线"命令（PL），捕捉上一步水平线段的左端点为起点，按照如图 8-143 所示的尺寸绘制多段线。

（5）利用以上相同的命令，绘制如图 8-144 所示效果，按照尺寸绘制多段线。

（6）执行"复制"命令（CO），再将绘制的图 8-169 所示的图形复制 1 份，再将所复制的图形进行旋转，捕捉中间线段的上端点为旋转基点，旋转角度为 20°，如图 8-145 所示。

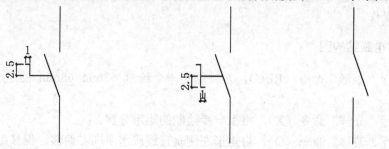

图 8-143　绘制多段线　　　　图 8-144　镜像多段线　　　　图 8-145　复制并旋转

（7）执行"圆"命令（C），分别捕捉上一步图形的垂直线段的上、下端点为圆心，绘制半径为 0.5mm 的两个圆，如图 8-146 所示。

（8）执行"直线"命令（L），在视图中绘制长度为 20mm 的垂直线段。

（9）执行"矩形"命令（REC），以垂直线段的中点为矩形的中心点，绘制 10mm×5mm 的矩形。

（10）执行"修剪"命令（TR），将图形多余的线段修剪掉，如图 8-147 所示。

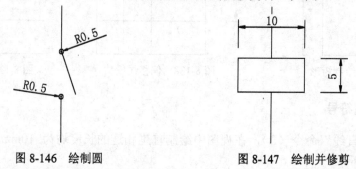

图 8-146　绘制圆　　　　　　图 8-147　绘制并修剪

3. 组合图形

（1）执行"插入块"命令（I），将"案例\03\电动机.dwg"文件插入到视图中。

（2）执行"移动"命令（M），将所绘制的电气符号移动到电路结构图中，效果如图 8-148 所示。

（3）执行"多行文字"命令（T），在图形适当的位置处添加文字注释说明，从而完成电动机电路图的绘制，如图 8-149 所示。

提示　注意　技巧　专业技能　软件知识

在移动电气符号时，为了图形的美观，可能大小不是很符合，所以对图形要适当的调整大小。

图 8-148　移动图形符号

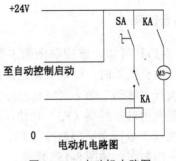

图 8-149　电动机电路图

8.4.3　绘制电动机系统控制图

从图 8-135 可知，该控制图主要是由启动按钮开关、启动开关、蓄电池、充电器、启动电动机和启动断电器组成，下面将介绍如何绘制各电气符号，利用"直线"、"多段线"、"镜像"、"移动"、"旋转"、"修剪"和"删除"等命令进行操作。

1．绘制控制图的结构

（1）执行"矩形"命令（REC），在视图中绘制 155mm×120mm 的矩形，如图 8-150 所示。

（2）执行"分解"命令（X），分解矩形。

（3）执行"偏移"命令（O），将矩形左侧垂直线段，水平向右偏移，偏移距离分别为 24mm、36mm 和 75mm，将上水平线段垂直向下偏移，偏移分别距离为 20mm、40mm、30mm、10mm、10mm 和 10mm，如图 8-151 所示。

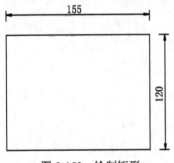

图 8-150　绘制矩形

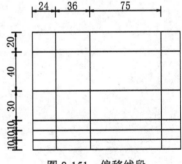

图 8-151　偏移线段

（4）执行"修剪"命令（TR），修剪和删除多余的线段，效果如图 8-152 所示。

（5）执行"矩形"命令（REC），按照如图 8-153 所示的位置绘制 28mm×10mm 的两个矩形。

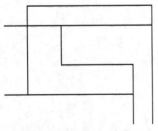

图 8-152　修剪后的效果

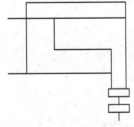

图 8-153　绘制矩形

2. 组合图形

从图 8-135 可知，该控制图的主要电气元件和电动机电路图的电气元件的图形是一致的，所有在组合图形时，可以调用之前的电动机电路图中的电气元件。

（1）执行"移动"命令（M），将之前绘制的一些符号将其移动如图 8-154 所示的指定位置中，同理利用对象捕捉（F3）功能，捕捉各线段的中点及终点将其对齐。

（2）执行"多行文字"命令（T），将之前所绘制文字注释复制到图形指定的位置，完成电动机系统控制图，如图 8-155 所示。

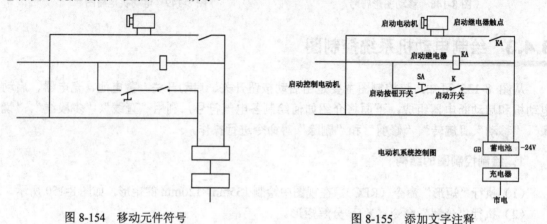

图 8-154 移动元件符号   图 8-155 添加文字注释

（3）至此，某工厂启动电动机系统图的绘制已完成，按【Ctrl+S】键进行保存。

第9章

建筑电气平面图的绘制

本章导读

建筑电气平面图主要表示某一电气工程中电气设备、装置和线路的平面布置，一般是在建筑平面图的基础上绘制出来的。常见的电气工程平面图有线路平面图、变电所平面图、照明平面图、弱电系统平面图、防雷与接地平面图等。

主要内容

 办公楼低压配电干线系统图的绘制

 车间电力平面图绘制

 某建筑配电图的绘制

效果预览

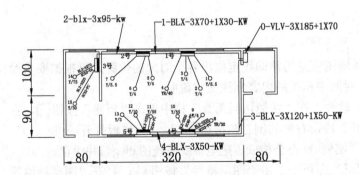

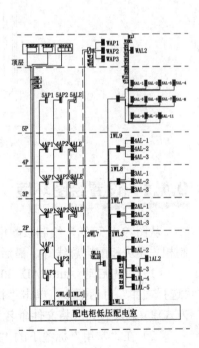

视频\09\办公楼低压配电干线系统图的绘制.avi
案例\09\办公楼低压配电干线系统图.dwg

9.1 办公楼低压配电干线系统图的绘制

配电干线系统图具有无尺寸标注、难以对图中的对象进行定位的特点，如图 9-1 所示为绘制完成的某办公楼低压配电干线系统图。

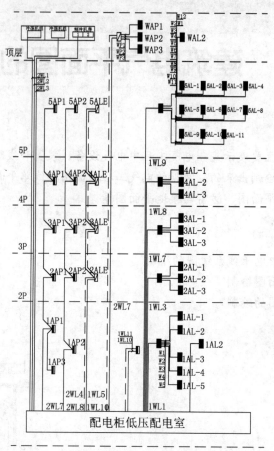

图 9-1　办公楼低压配电干线系统图

9.1.1　设置绘图环境

从图 9-1 可知，绘制该配电系统图应先用辅助线定位出各个对象的位置，再根据要求绘制相关模块和配电总线等，最后在对图中相关的内容标注文字说明。

（1）首先启动 AutoCAD 2013 软件，在"快捷访问工具"栏中单击"新建"按钮，在"选择文件"对话框中，单击"打开"按钮右侧的倒三角按钮，以"无样板打开-公制（I）"方式建立新文件，并将文件命名为"案例\09\办公楼低压配电干线系统图.dwg"并保存。

（2）在"常用"标签下的"图层"面板中单击"图层特性"按钮，打开"图层特性管理器"，新建如图 9-2 所示的 4 个图层，然后将"虚线"图层设置为当前图层。

（3）选择"格式"→"线型"菜单，打开"线型管理器"对话框，然后单击右侧的"显示细节"按钮，将下方的"全局比例因子"设置为 500，如图 9-3 所示。

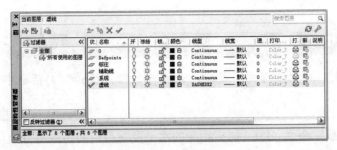

图 9-2　设置图层

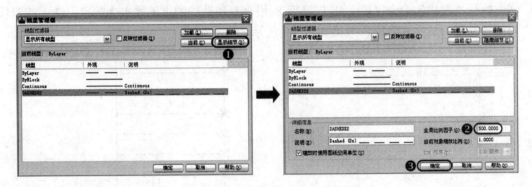

图 9-3　设置线型比例

9.1.2　绘制配电系统

从图 9-1 可知，该配电系统图主要由底层配电系统、辅助线、各种模块和总线组成，下面将结合"矩形"、"分解"、"定数等分"、"直线"、"图案填充"、"复制"、"修剪"、"偏移"和"多线"等命令进行相关内容的绘制。

1．绘制底层配电系统辅助线

（1）执行"矩形"命令（REC），在视图中绘制一个 12 000mm×20 000mm 的矩形，如图 9-4 所示。

（2）执行"分解"命令（X），将上一步绘制的矩形进行分解。

（3）执行"定数等分"命令（DIV），将矩形左侧的垂直边分成 9 份，再将矩形下侧的水平边分成 12 份，如图 9-5 所示。

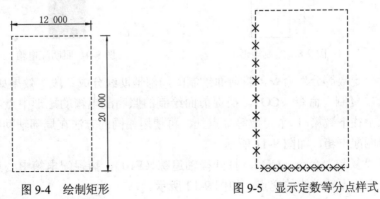

图 9-4　绘制矩形　　　　　　图 9-5　显示定数等分点样式

可选择"格式"→"点样式"菜单,从弹出的"点样式"对话框中设置点的样式为"×"。

(4) 执行"直线"命令(L),捕捉相应的水平及垂直向的定数等分点,绘制多条水平及垂直的辅助线段,其绘制的效果如图 9-6 所示。

(5) 执行"直线"命令(L),以左起第 8 根垂直辅助线的上侧端点为起点,向上绘制代表"局部辅助线"的垂直线段,效果如图 9-7 所示。

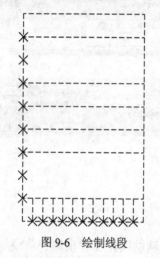

图 9-6 绘制线段

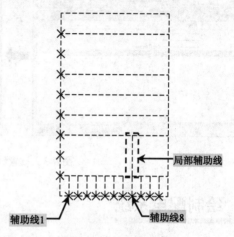

图 9-7 绘制局部辅助线

2. 绘制配电模块

(1) 执行"矩形"命令(REC),绘制一个 200mm×400mm 的矩形,如图 9-8 所示。

(2) 执行"图案填充"命令(H),为上一步绘制矩形的内部填充"SOLID"图案,从而完成照明配电箱的绘制,如图 9-9 所示。

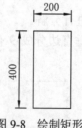

图 9-8 绘制矩形

图 9-9 照明配电箱

(3) 执行"定数等分"命令,将前面绘制的局部辅助线分成 7 段,效果如图 9-10 所示。

(4) 执行"复制"命令(CO),捕捉前面绘制的照明配电箱的矩形中点,将其复制到局部辅助线的从上往下数第 1 个定数等分点处,再使用相同的方法在局部辅助线的其他定数等分点上布置照明配电箱,如图 9-11 所示。

(5) 执行"复制"命令(CO),打开极轴追踪(F10),捕捉配电箱中心点和局部辅助线节点 3 与第 7 根垂直辅助线的交点,如图 9-12 所示。

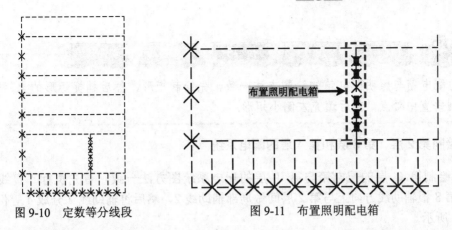

图 9-10　定数等分线段　　　　　　　　图 9-11　布置照明配电箱

（6）由于连接线需要的线型是实线，所以在"图层控制"下拉列表框中，将"0"图层设置为当前图层。

（7）执行"定数等分"命令（DIV），将照明配电箱的右侧垂直线段分成 6 份，捕捉节点按照如图 9-13 所示的尺寸绘制连接线。

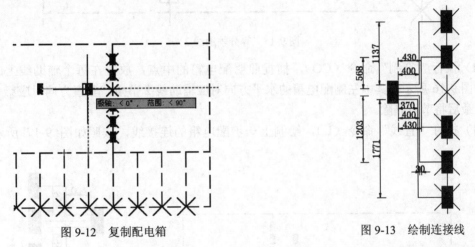

图 9-12　复制配电箱　　　　　　　　　　图 9-13　绘制连接线

（8）执行"复制"命令（CO），捕捉第 2 根、第 3 根和第 6 根垂直辅助线上放置动力配电箱，效果如图 9-14 所示，其中，第 2 根辅助线上的 2 个动力配线箱，水平方向分别对应与第 2 节点和第 5 节点。第 3 根和第 6 根辅助线上的动力配电箱水平方向对应局部辅助线段的中点。

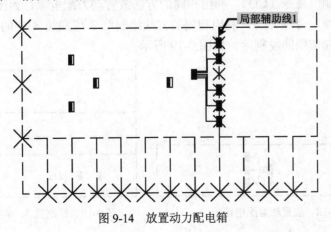

图 9-14　放置动力配电箱

提 示　　注 意　　技 巧　　专业技能　　软件知识

　　动力配电箱与照明配电箱的绘制方法一致，先绘制矩形，然后捕捉矩形的上、下水平中点绘制垂直中心点，然后填充左侧小矩形。

3. 绘制第 2 层、第 3 层和第 4 层的配电系统

　　（1）绘制第 2 层的配电箱与第 1 层的配电系统图方法一致，首先执行"直线"命令（L），在第 8 根辅助线方向上与第 2 层间做局部辅助线 2，然后将辅助线 2 分成 4 等份，效果如图 9-15 所示。

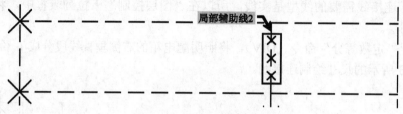

图 9-15　　等分辅助线 2

　　（2）执行"复制"命令（CO），捕捉照明配电箱的中点，放置在每个辅助线上的节点处，如图 9-16 所示，其中左侧配电箱的水平方向对应辅助线 2 节点，垂直方向对应第 8 根辅助线。最后将节点删除。

　　（3）执行"直线"命令（L），绘制上一步配电箱的连接线，按照如图 9-17 所示尺寸绘制。

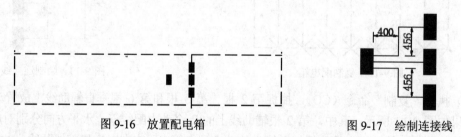

图 9-16　　放置配电箱　　　　　　　　　图 9-17　　绘制连接线

　　（4）执行"复制"命令（CO），利用相同的方法放置动力配电箱，如图 9-18 所示。

　　（5）执行"直线"命令（L），利用相同的方法绘制第 3 层和第 4 层的局部辅助线，并将第 2 层和第 1 层的局部辅助线删除，如图 9-19 所示。

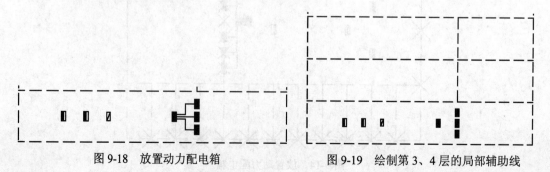

图 9-18　　放置动力配电箱　　　　　　图 9-19　　绘制第 3、4 层的局部辅助线

（6）执行"复制"命令（CO），选取第 2 层的所有配电器图块，捕捉中心，分别放置 3 层和 4 层的局部辅助线的中点，如图 9-20 所示。

（7）执行"复制"命令（CO），捕捉第 4 层中照明配电箱，将其复制至顶层，定位关系如图 9-21 所示。

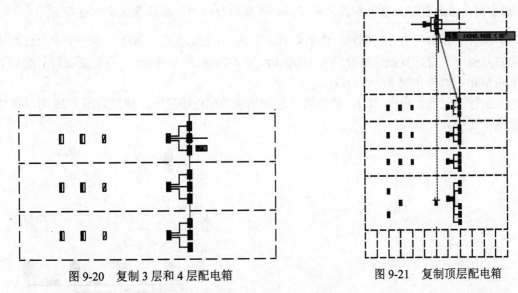

图 9-20　复制 3 层和 4 层配电箱　　　　　图 9-21　复制顶层配电箱

（8）利用直线和删除命令，修改上一步顶层的配电箱，使之修改为双电源切换箱，如图 9-22 所示。

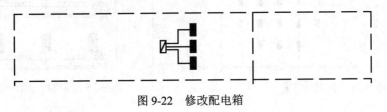

图 9-22　修改配电箱

4．绘制第 5 层配电系统

（1）执行"定数等分"命令（DIV），将第 5 层的局部辅助线分成 4 份。

（2）执行"复制"命令（CO），捕捉配电箱的中点，放置到节点处，其中中间独立的配电箱的水平方向对应辅助线的第 2 个节点，垂直方向对应第 7 根垂直辅助线，并将第 4 层的动力配电箱和双电源切换箱复制到水平方向对应的第 2 个节点处，如图 9-23 所示。

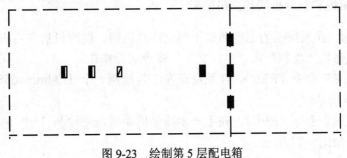

图 9-23　绘制第 5 层配电箱

对于各个局部绘制的垂直辅助线，都要先将其平分，然后再将各个图块放置到节点上，这样各个图块的之间的距离均等，绘制出来的图形整齐、美观。如果将图块随便摆放，则绘制出来的图形就显得杂乱。所以，在连线的过程中也要尽量运用此技巧。

（3）执行"复制"命令（CO），选中垂直方向的 3 个配电箱，指定其中一个中心点为基点，向右复制出 3 份，复制距离分别为 1000mm、2000mm 和 3000mm，并将复制得到的右下角配电箱删除，如图 9-24 所示。

（4）执行"直线"命令（L），绘制第 5 层和顶层的配电箱连线，按照如图 9-25 所示尺寸绘制配电箱连线。

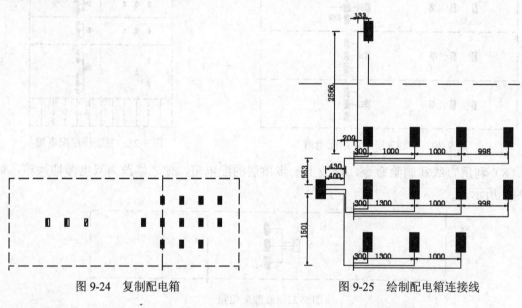

图 9-24　复制配电箱　　　　　　　　　图 9-25　绘制配电箱连接线

在绘制以上图 9-25 中的连接线中，一些具体尺寸可能没有给出，捕捉各配电箱的中点及其他连接线就会相交，线段自然就绘制出，所以在以后绘制时，遇到此状况都可以采用此方法。

5．绘制冷冻机组和制冷机房和主机图形

从图 9-1 可知，在系统图的上侧和最下侧由冷冻机组、制冷机房和主机图形组成，下面利用"直线"、"矩形"、"复制"和"多行文字"命令进行操作。

（1）执行"矩形"命令（REC），在系统图左上角绘制一个 1134mm×655mm 的矩形，其位置关系如图 9-26 所示。

（2）执行"矩形"命令（REC），在上一步绘制的矩形内侧绘制 1 个 640mm×320mm 的矩形，其绘制关系如图 9-27 所示。

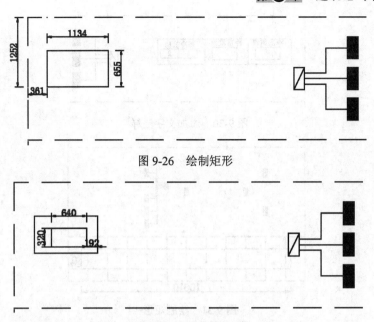

图 9-26　绘制矩形

图 9-27　绘制内部矩形

（3）执行"复制"命令（CO），选中绘制的 2 个矩形，然后以外侧大矩形的下侧水平中点为复制移动的基点，水平向右复制移动 1134mm，如图 9-28 所示。

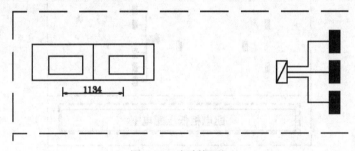

图 9-28　复制矩形

（4）执行"矩形"命令（REC），按照如图 9-29 所示的尺寸绘制矩形及定位其相互的位置关系。

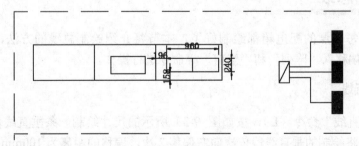

图 9-29　绘制矩形

（5）执行"多行文字"命令（MT），在所绘制的矩形内部添加相应的文字注释说明，文字高度为 150mm，如图 9-30 所示。

（6）执行"矩形"命令（REC），在图形的下侧相应位置绘制 1 个 10 610mm×983mm 的矩形，如图 9-31 所示。

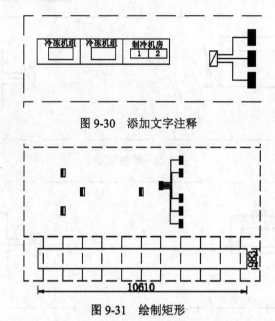

图 9-30　添加文字注释

图 9-31　绘制矩形

（7）执行"删除"命令（E），将下侧的辅助线段删除，然后在上一步绘制的矩形内部输入文字"配电柜低压配电室"，其文字高度为 400mm，如图 9-32 所示。

配电柜低压配电室

图 9-32　删除并添加文字注释

9.1.3　绘制总线

前面已经将每一层的配电箱都绘制好了，本节将介绍绘制总线的方法，主要使用"多线"、"直线"、"偏移"、"阵列"和"修剪"等命令进行操作。

1. 绘制平行线

（1）执行"直线"命令（L），按如图 9-33 所示的尺寸绘制一条垂直线段，再执行"偏移"命令（O），将绘制的垂直线段依次向右偏移 2 次，偏移的距离为 100mm。

（2）执行"直线"命令（L），以左上角冷冻机组内侧矩形的左下角点为基点，向下绘制长度为 945mm 的垂直线段，再捕捉中间冷冻机组内侧矩形的下侧水平中点，向下绘制长度为 845mm 的垂直线段，再捕捉制冷机房内左侧小矩形的下侧水平边中点，向下绘制长度为 985mm 的垂直线段；绘制好上述 3 条垂线段以后，然后将绘制的垂直线段与上一步的线段连接起来，如图 9-34 所示。

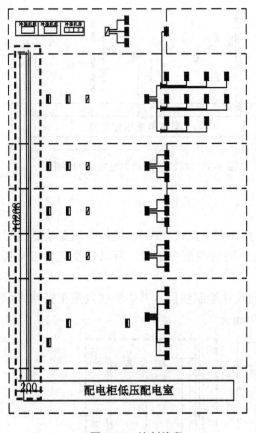

图 9-33　绘制线段

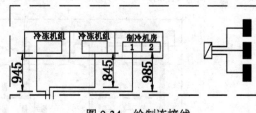

图 9-34　绘制连接线

（3）执行"多线"命令（ML），绘制顶层的配电箱与配电室的配电柜之间的连接线，效果如图 9-35 所示。

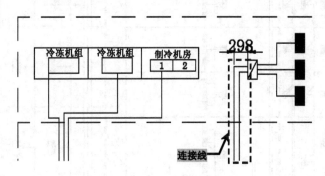

图 9-35　绘制多线

（4）执行"分解"命令（X），将上一步绘制的多线分解，然后选中左侧的线段，在"图层控制"下拉列表框中，选择"虚线"图层，则被选中的直线改为虚线，如图 9-36 所示。

（5）利用相同的方法绘制一层动力配电箱的连接线，如图 9-37 所示。

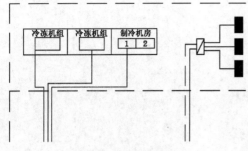

图 9-36　更改线型

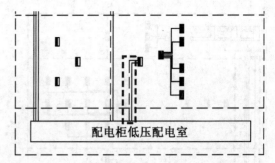

图 9-37　绘制一层动力配电箱的连接线

2．绘制单线

从图 9-1 可知，在图中有单线，在绘制单线时打开正交模式"F8"，这样会避免绘制过程中有倾斜的误差。在绘制时有实线和虚线，需要在不同的图层中进行，所以也要把其归类到绘制单线之中。

执行"直线"命令（L），按照如图 9-38 所示的尺寸绘制线段，其中斜线段是在极轴追踪（F10）功能下绘制的，夹角为 45°，长度均为 607mm。

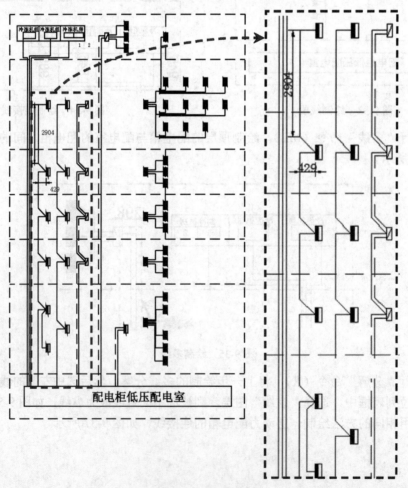

图 9-38　绘制单线

观察图 9-38 中所示的单线，其实不难看出，在绘制时有很多单线的都与其余的相同，并且都是捕捉配电箱的中点，所以在绘制时，可以先绘制一组单线，然后分别放置动力配电箱和双电源切换箱的中点，然后再加以进行完善，修改成图中所示的效果即可。

3．绘制总线

（1）执行"直线"命令（L），按照如图 9-39 所示的尺寸绘制线段，其中水平线段长度为396mm。

（2）执行"偏移"命令（O），将上一步绘制的垂直线段依次向左偏移 4 次，偏移的距离为 50mm，如图 9-40 所示。

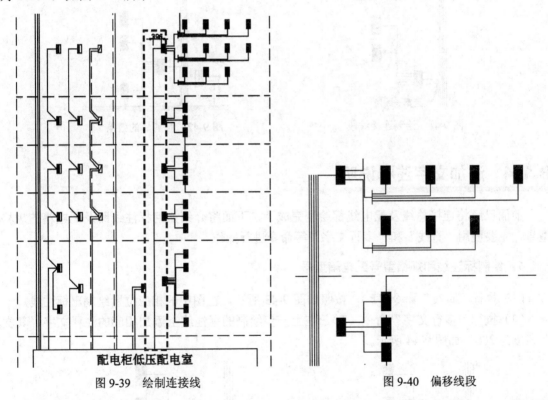

图 9-39　绘制连接线　　　　　　图 9-40　偏移线段

（3）执行"直线"命令（L），分别捕捉相应配电箱的中点，绘制出连接至上一步偏移的相应垂线段上，其定位关系如图 9-41 所示。

（4）执行"修剪"命令（TR），对上两步绘制及偏移的线段进行修剪，其修剪后的效果如图 9-42 所示。

用户在绘制过程中，打开对象捕捉（F3）功能，捕捉配电箱的中点进行绘制，避免出现斜线误差，更加准确地绘制连接线。

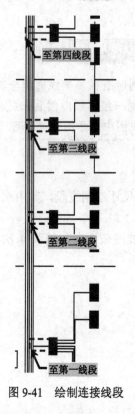

图 9-41　绘制连接线段

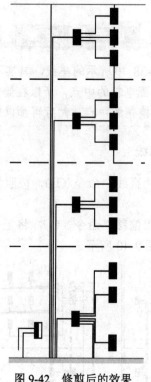

图 9-42　修剪后的效果

9.1.4　添加文字注释说明

前面已经将连接总线及配电线都绘制完成了，下面将介绍如何标注线路及配电箱的规格型号，主要使用"直线"和"多行文字"等命令进行操作。

1. 绘制标注线和规格型号配电箱型号

（1）执行"直线"命令（L），按照如图 9-43 所示，在图中的相应位置绘制出标注线。

（2）执行"多行文字"命令（T），在上一步绘制的标注线上添加相应的注释文字，其文字高度为 200，如图 9-44 所示。

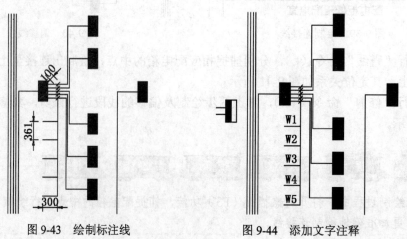

图 9-43　绘制标注线　　　　　　图 9-44　添加文字注释

提示　注意　技巧　专业技能　软件知识

对于文字下面的短横线的绘制有很多种方法，可以一条条的绘制，尽量保持各个横线之间的间距相等，也可以先绘制出一条线段，然后执行"偏移"命令（O），输入偏移距离，这样就能保证各个横线之间的等距，再就是执行"定数等分"命令（DIV），垂直线段等分所需线段数量，然后捕捉节点绘制横线段。

（3）使用相同的方法绘制出第 5 层和顶层的标注线及添加说明文字，给系统图的配电箱添加文字时，在适当位置添加即可，执行"多行文字"命令（T），效果如图 9-45 所示，并删除两侧的辅助线，如图 9-46 所示。

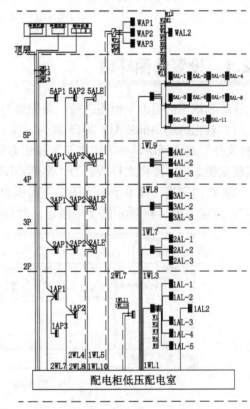

图 9-45　添加标注线及标注文字　　　图 9-46　标注配电箱型号并删除辅助线

（4）至此，该办公楼的低压配电干线系统图已经绘制完成，在键盘上按【Ctrl+S】组合键对文件进行保存。

AutoCAD 2013

9.2　车间电力平面图的绘制

视频\09\车间电力平面图的绘制.avi
案例\09\车间电力平面图.dwg

车间电力平面图是在建筑平面图的基础上绘制的，该平面图主要由 3 个空间区域组成，采用了尺寸数字定位，如图 9-47 所示为车间电力平面图详细的表示了各电力配电线路（干线、支线）、配电箱、各电动机等的平面布置及其有关内容。

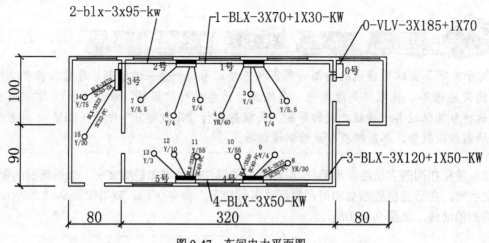

图 9-47　车间电力平面图

9.2.1　设置绘图环境

在绘制该车间电力平面图之前，首先要对绘图环境进行设置，其操作步骤如下。

（1）首先启动 AutoCAD 2013 软件，在"快捷访问工具"栏中单击"新建"按钮，在"选择文件"对话框中，单击"打开"按钮右侧的倒三角按钮，以"无样板打开-公制（I）"方式建立新文件，并将文件命名为"案例\09\车间电力平面图.dwg"保存。

（2）在"常用"标签下的"图层"面板中单击"图层特性"按钮，打开"图层特性管理器"，新建如图 9-48 所示的 2 个图层，然后将"电气层"图层设置为当前图层。

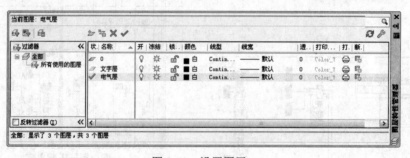

图 9-48　设置图层

9.2.2　绘制轴线和墙线

从图 9-47 可知，该车间电力平面图由墙线、窗线和轴线组成，下面将介绍如何绘制这些组成部分。

（1）执行"矩形"命令（REC），在视图中绘制一个 400mm×190mm 的矩形，如图 9-49 所示。

（2）执行"偏移"命令（O），将上一步绘制的矩形向内偏移 5mm，如图 9-50 所示。

（3）执行"矩形"命令（REC），以外侧矩形的右上角点为矩形起点，绘制一个 80mm×100mm 的矩形，如图 9-51 所示。

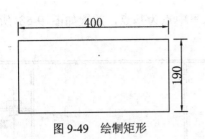

图 9-49　绘制矩形

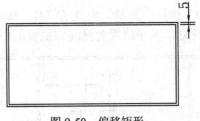

图 9-50　偏移矩形

（4）执行"移动"命令（M），将上一步绘制的矩形水平向左移动，移动距离为 5mm，如图 9-52 所示。

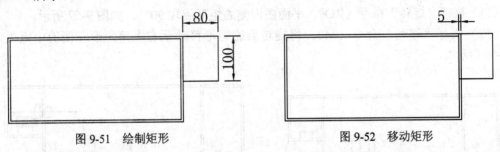

图 9-51　绘制矩形　　　　　　　　　　　　　　　　图 9-52　移动矩形

（5）执行"偏移"命令（O），将移动后的矩形向内侧偏移，偏移距离为 5mm，如图 9-53 所示。

（6）执行"直线"命令（L），以内侧矩形的左下角点为起点，向下绘制一条长度适中的垂直线段，如图 9-54 所示。

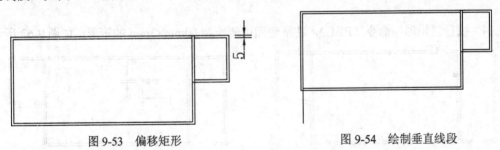

图 9-53　偏移矩形　　　　　　　　　　　　　　　　图 9-54　绘制垂直线段

（7）执行"移动"命令（M），将上一步绘制的垂直线段水平向右移动，移动距离为 75mm，如图 9-55 所示。

（8）执行"矩形"命令（REC），捕捉外侧矩形与垂直线段的交点为第 1 角点，绘制 5mm×190mm 的矩形，然后将垂直辅助线段删除，如图 9-56 所示。

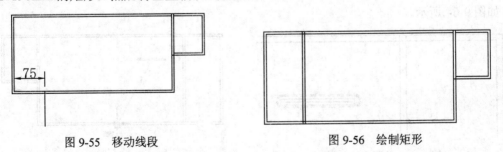

图 9-55　移动线段　　　　　　　　　　　　　　　　图 9-56　绘制矩形

（9）执行"矩形"命令（REC），在图形内侧绘制 30mm×20mm 的矩形，如图 9-57 所示。

（10）执行"复制"命令（CO），捕捉矩形的下水平中点为基点，放置如图 9-58 所示的指定位置处，其中放置时捕捉到线段的中点处。

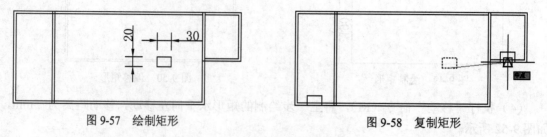

图 9-57　绘制矩形　　　　　　　　　图 9-58　复制矩形

（11）执行"旋转"命令（RO），平面图内侧的矩形旋转 90°，如图 9-59 所示。

（12）执行"移动"命令（M），将旋转后的矩形移动至右上角矩形左侧的中点处，如图 9-60 所示。

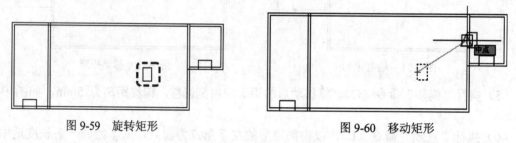

图 9-59　旋转矩形　　　　　　　　　图 9-60　移动矩形

（13）执行"修剪"命令（TR），将图形进行修剪和删除，绘制出门洞的效果，如图 9-61 所示。

（14）执行"矩形"命令（REC），在平面图内侧绘制 60mm×3mm 的矩形，如图 9-62 所示。

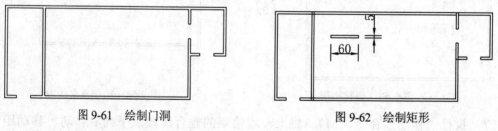

图 9-61　绘制门洞　　　　　　　　　图 9-62　绘制矩形

（15）执行"直线"命令（L），捕捉上一步矩形左、右侧的中点为起始端点绘制水平中心线段，如图 9-63 所示。

（16）执行"复制"命令（CO），捕捉矩形的下水平中点为基点复制到下侧矩形的中点处，如图 9-64 所示。

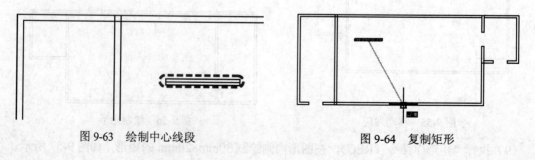

图 9-63　绘制中心线段　　　　　　　图 9-64　复制矩形

（17）执行"复制"命令（CO），捕捉上一步辅助的矩形和中心线段的中点，水平向左、右各复制 1 份，复制如图 9-65 所示。

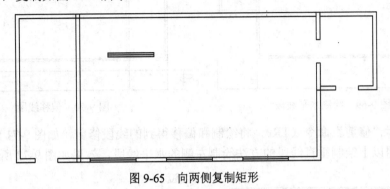

图 9-65　向两侧复制矩形

（18）执行相同的方法垂直向上复制出 5 份，向左、右侧复制时是捕捉线段的中点，并删除中间的矩形，如图 9-66 所示。

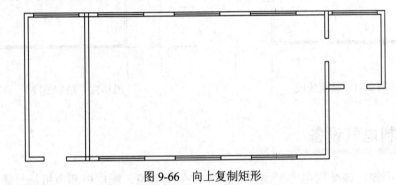

图 9-66　向上复制矩形

（19）执行"直线"命令（L），捕捉图形左下角点为起点，垂直向下绘制长度为 60mm 的线段，如图 9-67 所示。

（20）执行"偏移"命令（O），将垂直线段水平向右偏移，偏移距离为 80mm、400mm 和 480mm，如图 9-68 所示。

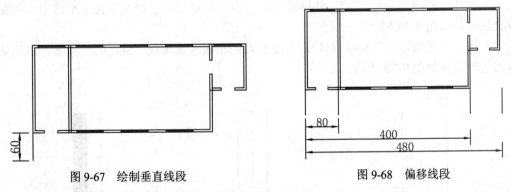

图 9-67　绘制垂直线段　　　　　　图 9-68　偏移线段

（21）执行"直线"命令（L），捕捉所有偏移得到的线段的下侧端点，将下端点连接，如图 9-69 所示。

（22）执行"偏移"命令（O），将绘制的垂直线段垂直向上偏移 40mm，如图 9-70 所示。

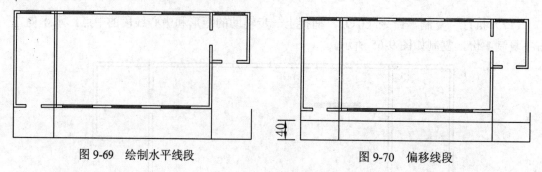

图 9-69　绘制水平线段　　　　　　　　图 9-70　偏移线段

（23）执行"修剪"命令（TR），将绘制和偏移得到的线段修剪，如图 9-71 所示。

（24）利用以上绘制垂直线段的方法绘制左侧的水平线段，效果如图 9-72 所示。

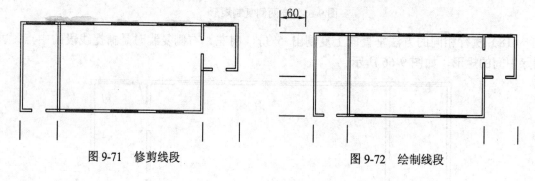

图 9-71　修剪线段　　　　　　　　　　图 9-72　绘制线段

9.2.3　绘制电气设备

从图 9-47 可知，该车间电力平面图中包含 5 个配电箱、配电柜和电机符号等电气设备，下面将结合"矩形"、"直线"、"圆"、"图案填充"、"复制"和"旋转"等命令进行操作。

1．绘制配电箱

（1）执行"矩形"命令（REC），绘制一个 10mm×30mm 的矩形，如图 9-73 所示。

（2）执行"直线"命令（L），分别捕捉上一步绘制矩形的上侧及下侧水平边中点绘制一条垂直线段，如图 9-74 所示。

（3）执行"图案填充"命令（H），为矩形右侧相应区域填充"SOLID"图案，从而完成配电箱的绘制，如图 9-75 所示。

图 9-73　绘制矩形　　　图 9-74　绘制垂直中心线段　　　图 9-75　配电箱

（4）执行"移动"命令（M），选择上面绘制的配电箱，将其移动至如图 9-76 所示的位置。

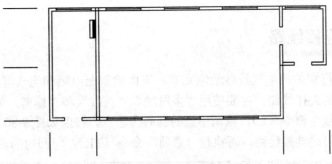

图 9-76　移动配电箱

（5）结合"复制"、"移动"和"旋转"等命令，将配电箱复制几个，然后将其布置到图中相应的位置处，如图 9-77 所示。

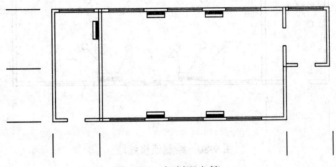

图 9-77　复制配电箱

2．绘制配电柜和电机符号

（1）执行"矩形"命令（REC），在如图 9-78 所示的位置绘制一个 10mm×20mm 的矩形作为配电柜符号。

（2）执行"圆"命令（C），在如图 9-79 所示的相应位置绘制多个半径为 4mm 的圆，作为电气符号。

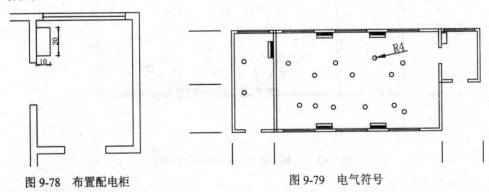

图 9-78　布置配电柜　　　　　　　　图 9-79　电气符号

在绘制电气符号时，参照图中所指定的适当位置绘制即可。

9.2.4　绘制连接线路

前面我们已经将相关的电气设备绘制完成，下面绘制配电箱和电气符号的连接线路，以及配电柜与配电箱的连接线路，主要使用"多段线"、"直线"和"修剪"等命令进行操作。

（1）执行"直线"命令（L），以图中圆的圆心为起点，按照如图 9-80 所示的位置关系绘制配电箱和电气符号的连接线路，再执行"修剪"命令（TR），将圆内的多余线段修剪掉。

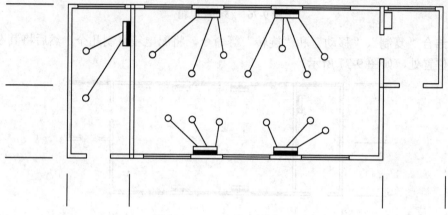

图 9-80　绘制连接线路

（2）执行"直线"命令（L），按照如图 9-81 所示的位置关系绘制配电柜与配电箱的连接线路。

（3）将上一步绘制的配电柜与配电箱的连接线路选中，然后在"特性"面板中的对象颜色下拉列表框中将其颜色修改为"红色"。

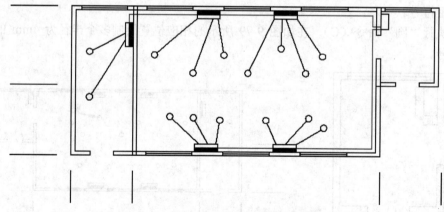

图 9-81　绘制配电柜与配电箱的连接线

9.2.5　添加文字注释

从图 9-47 可知，其中包含配电箱、配电柜和连接线路等的文字注释，下面将分别对相关的内容进行文字标注说明。

1．添加配电箱和配电柜的文字注释

（1）在"图层控制"下拉列表框中，将"文字层"图层设置为当前图层。

（2）执行"多行文字"命令（T），为图中的配电箱和配电柜标注编号，文字高度设置为10，如图 9-82 所示。

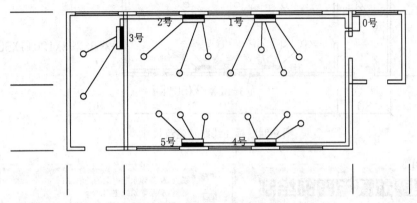

图 9-82　添加电机编号

2．标注连接线路及建筑尺寸

（1）执行"多行文字"命令（T），对图中的相关连接线路及电机符号进行文字标注（其中对连接线路进行标注时，文字的方向应与线路的方向相平行），如图 9-83 所示。

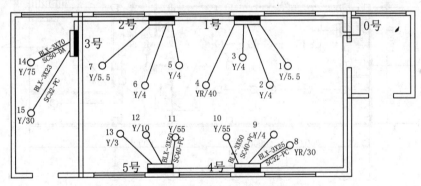

图 9-83　标注电气符号和连接线路

（2）执行"引线标注"命令（LE），对图中相关的连接线路进行引线标注，再单击"标注"工具栏上的"线性标注"按钮对平面图的尺寸进行标注，如图 9-84 所示。

（3）至此，该车间电力平面图的绘制已完成，按【Ctrl+S】键保存。

　　在绘制墙线时，在这里可以执行"多线"命令（ML）绘制墙线，在图形烦琐和复制时，运用该命令可以提高绘图的效率，由于车间电力平面图是简单的平面图，能够更好的观察绘图的过程，这里采用"矩形"、"偏移"和"修剪"的命令，也可以巩固和加强这些命令的运用。

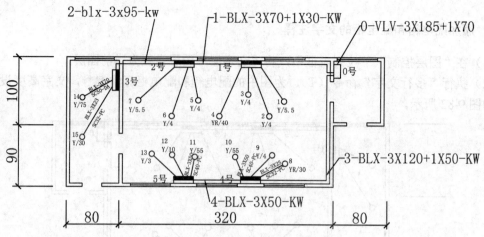

图 9-84 标注线路及建筑尺寸

AutoCAD 2013

9.3 某建筑配电图的绘制

视频\09\某建筑配电图的绘制.avi
案例\09\某建筑配电图.dwg

建筑配电图的绘制是建立在建筑平面图基础之上的，主要是在建筑平面图中绘制各种用电设备、配电箱，以及各电气设备之间的连接线路，如图 9-85 所示为某建筑的配电图。

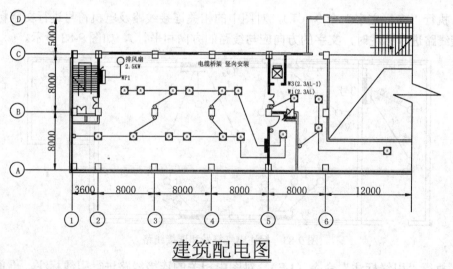

建筑配电图

图 9-85 某建筑配电图

9.3.1 设置绘图环境

在绘制该建筑配电图时，可以将事先绘制好的"建筑平面图.dwg"文件打开，然后在该建筑平面图的基础之上进行建筑配电图的绘制。

（1）首先启动 AutoCAD 2013 软件，在"快捷访问工具"栏中单击"打开"按钮 🖰，在"选择文件"对话框中将文件"案例\09\建筑平面图.dwg"打开即可，如图 9-86 所示。

（2）执行"文件"→"另存为"菜单，将该文件另存为"案例\09\某建筑配电图.dwg"文件。

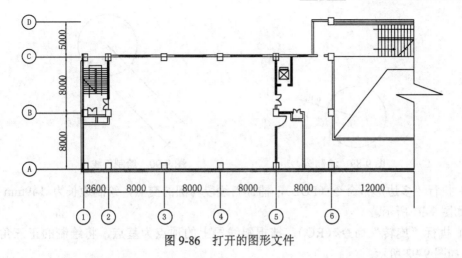

图 9-86 打开的图形文件

9.3.2 绘制电气设备

本节主要讲解平面图中相关电气设备的绘制，其中包括风机盘管、上下敷管符号、动力配电箱、温控和三速开关控制器等的绘制。

1. 绘制风机盘管

（1）执行"矩形"命令（REC），绘制一个 1000mm×1000mm 的矩形。

（2）执行"圆"命令（C），以矩形的中心点为圆心，绘制一个半径为 500mm 的圆，如图 9-87 所示。

（3）执行"文字"命令（T），在圆内中心位置输入符号"±"，其中文字高度为 300，从而形成风机盘管符号的绘制，如图 9-88 所示。

图 9-87 绘制内切圆

图 9-88 风机盘管

面对复杂的图形，应该学会将其分解为简单的实体，然后分别进行绘制，最终组合成所要的图形。

2. 绘制上下敷管符号

（1）执行"圆"命令（C），绘制一个半径为 200mm 的圆，如图 9-89 所示。

（2）执行"直线"命令（L），打开"极轴追踪（F10）"功能，然后以上一步绘制圆的圆心为起点，绘制一条与垂直方向成 45°，长度为 745mm 的斜线段，如图 9-90 所示。

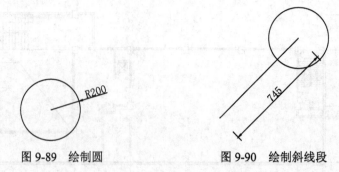

图 9-89　绘制圆　　　　　　　　图 9-90　绘制斜线段

（3）执行"多边形"命令（POL），捕捉斜线段与圆的交点，绘制边长为 149mm 的正三角形，如图 9-91 所示。

（4）执行"旋转"命令（RO），捕捉斜线段上的顶点为基点，将绘制的正三角形旋转180°，如图 9-92 所示。

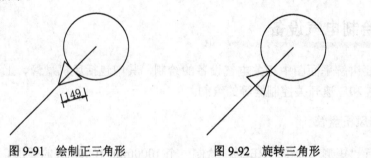

图 9-91　绘制正三角形　　　　　图 9-92　旋转三角形

（5）执行"修剪"命令（TR），对正三角形的相应位置进行修剪，如图 9-93 所示。

（6）执行"图案填充"命令（H），为图中圆及三角形的内部填充"SOLID"图案，如图 9-94 所示。

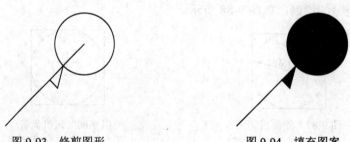

图 9-93　修剪图形　　　　　　　图 9-94　填充图案

（7）执行"复制"命令（CO），将斜线段及填充的三角形图形选中，复制到如图 9-95 所示的位置，从而形成上下敷管符号的绘制。

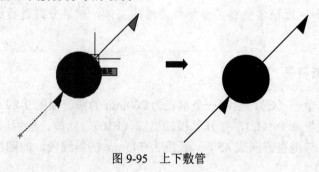

图 9-95　上下敷管

3．绘制动力配电箱

（1）执行"矩形"命令（REC），绘制一个 820mm×1812mm 的矩形，如图 9-96 所示。

（2）执行"直线"命令（L），捕捉矩形上、下侧水平边的中点绘制一条垂直线段，如图 9-97 所示。

（3）执行"图案填充"命令（H），为矩形的左侧相应区域填充"SOLID"图案，如图 9-98 所示。

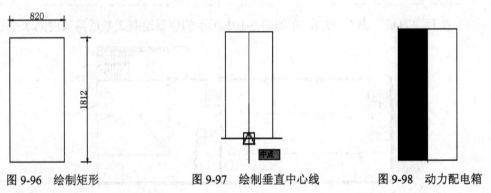

图 9-96　绘制矩形　　　　图 9-97　绘制垂直中心线　　　图 9-98　动力配电箱

4．绘制温控与三速开关控制器

（1）执行"圆"命令（C），绘制一个半径为 250mm 的圆，如图 9-99 所示。

（2）执行"文字"命令（T），在圆内中心位置输入文字"C"，文字高度为"150"，从而形成温控与三速开关控制器对象，如图 9-100 所示。

图 9-99　绘制圆　　　　　　图 9-100　温控与三速开关控制器

提示　　注意　　技巧　　专业技能　　软件知识

三速温控开关用于风机盘管风速的控制，通过改变中央空调风机的三速，调节风机盘管送风量的大小，进而达到调节室内温度的目的。

9.3.3　布置电气设备

前面已经绘制好了相关的电气设备，下面讲解将绘制的电气设备布置到平面图中的相应位置，主要使用"直线"、"定数等分"、"复制"和"移动"等命令进行操作。

1. 绘制辅助线和布置风机盘管

敷管在电气图中主要在动力、照明电话和消防等系统的管路敷设，可以进行明敷、暗敷，也可敷设于墙体内，不适用于腐蚀性场所和爆炸危险环境中。

（1）执行"直线"命令（L），在如图 9-101 所示的位置绘制 2 条适当长度的水平线段。

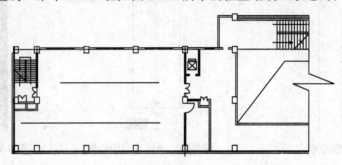

图 9-101　绘制辅助水平线段

（2）执行"定数等分"命令（DIV），将上侧的一条水平线段分为 9 份，然后将下侧的一条水平线段分为 10 份，如图 9-102 所示。

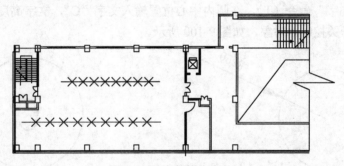

图 9-102　定数等分线段

（3）执行"复制"命令（CO），以风机盘管的圆心为移动基点，然后将其复制移动到相应的定数等分点上，再将绘制的辅助水平线段删除，如图 9-103 所示。

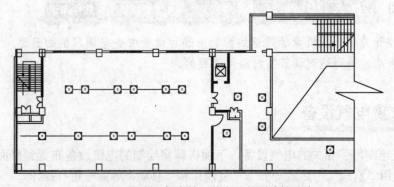

图 9-103　复制风机盘管至节点处并删除辅助线

2．布置配电箱和温控与三速开关控制器

（1）执行"复制"命令（CO），按照如图 9-104 所示的位置布置配电箱，其中一些配电箱按照图中的效果进行适当大小的调整。

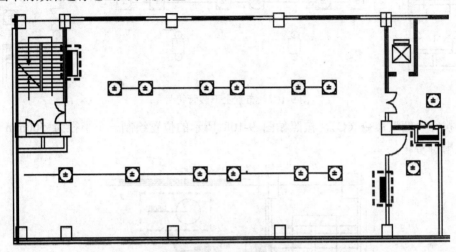

图 9-104 布置配电箱

（2）执行"复制"命令（CO），按照如图 9-105 所示的位置布置温控与三速开关控制器。

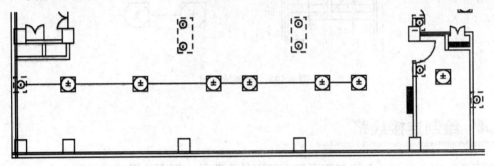

图 9-105 布置温控与三速开关控制器

（3）执行"矩形"命令（REC），在如图 9-106 所示的位置绘制 2 个 800mm×1000mm 的矩形。

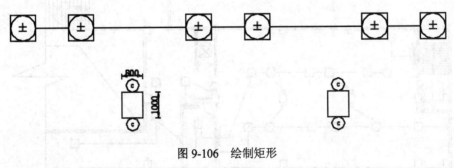

图 9-106 绘制矩形

3．布置上下敷管符号及绘制排风扇

（1）执行"复制"命令（CO），按照如图 9-107 所示的位置布置 2 个上下敷管符号。

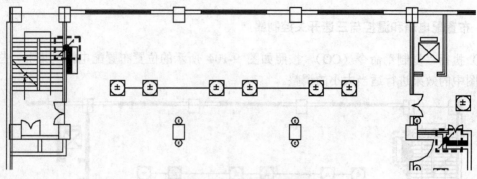

图 9-107　布置上下敷管符号

（2）执行"圆"命令（C），按照如图 9-108 所示的位置绘制一个半径为 500mm 的圆，作为排风扇符号。

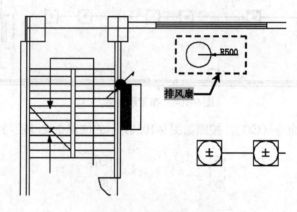

图 9-108　绘制排风扇

9.3.4　绘制连接线路

前面已经将电气设备布置到平面图中相应的位置了，下面使用"直线"命令（L），按照如图 9-109 所示将图中相应的电气设备连接起来。

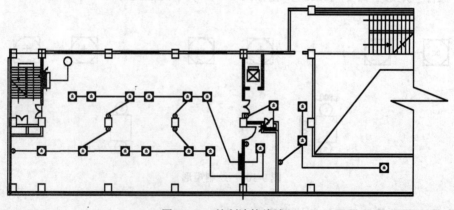

图 9-109　绘制连接线路

9.3.5 添加文字注释

前面已经将相关的电气符号和连接线路绘制完成了，下面为图中的相应内容添加文字注释说明。

（1）执行"多行文字"命令（T），按照如图 9-110 所示的效果添加文字注释说明，其文字高度为 600。

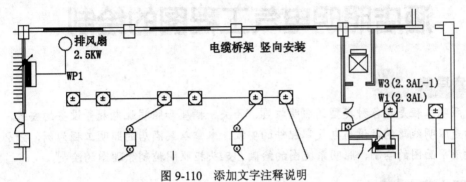

图 9-110 添加文字注释说明

（2）执行"多行文字"命令（T），在配电图下侧标注图名，其文字高度为"2000"，如图 9-111 所示。

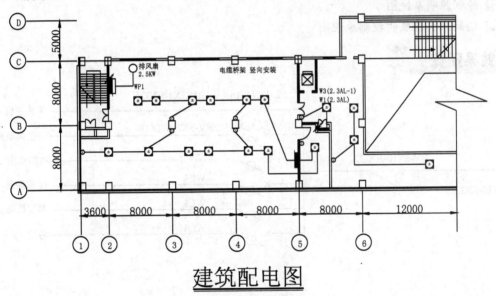

建筑配电图

图 9-111 最终效果

（3）至此，该建筑配电图的绘制已完成，按【Ctrl+S】键保存。

第10章

酒店照明电气工程图的绘制

本章导读

电气照明工程是指各种类型的照明灯具、开关、插座和照明配电箱等设备的安装,其中最主要的是照明线路的敷设与电气零配件的安装。本章以某酒店的照明工程为例,分别介绍了电气插座平面图的绘制、照明系统图的绘制、床头柜照明控制原理图的绘制。

主要内容

 绘制电气插座平面布置图

 绘制照明系统图

 绘制床头柜照明控制原理图

效果预览

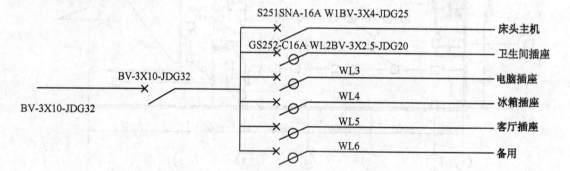

10.1　电气插座平面布置图的绘制

视频\10\如何绘制电气插座平面布置图.avi
案例\10\电气插座平面布置图.dwg

　　建筑电气插座平面图是建筑设计单位提供给施工、使用单位从事电气设备安装和维护管理的电气图，是电气施工的重要图样。如图 10-1 所示为某建筑电气插座平面布置图，绘制插座平面图首先要绘制插座平面图的电气元件图块，再根据需要确定其位置并插入到视图中，最后绘制连接线路和对图中相关内容进行标注，本章将详细介绍某酒店标准层电气插座平面图的绘制。

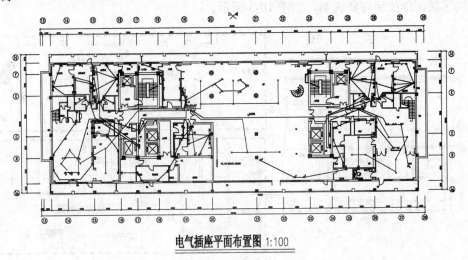

电气插座平面布置图 1:100

图 10-1　电气插座平面布置图

10.1.1　设置绘图环境

　　在绘制该电气插座平面布置图之前，应首先对绘图的环境进行设置，其操作步骤如下。

　　（1）启动 AutoCAD 2013 软件，执行"文件"→"打开"菜单命令，将"案例\10\建筑设施平面图.dwg"文件打开，如图 10-2 所示。

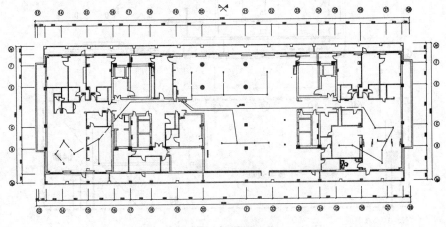

图 10-2　打开的文件

（2）执行"文件"→"另存为"菜单，将该文件另存为"案例\10\电气插座平面布置图.dwg"文件。

10.1.2 添加文字注释

从图 10-1 可知，该插座平面布置图主要是由插座和连接线路组成，本节先为平面图的相应区域添加文字注释说明，以区分空间。

（1）执行"多行文字"命令（MT），设置文字的高度为"300"，然后为平面图左上角的相应空间区域添加文字注释说明，如图 10-3 所示。

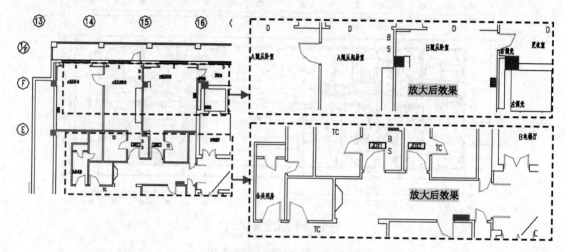

图 10-3　添加平面图左上角文字注释

（2）继续执行"多行文字"命令（T），为平面图左下侧的相应空间区域添加文字注释说明，如图 10-4 所示。

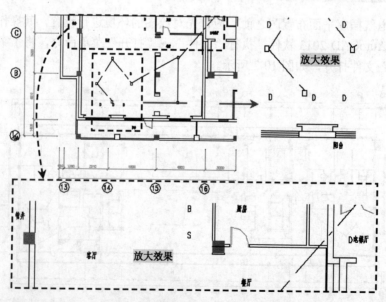

图 10-4　添加平面图左下侧文字注释

（3）继续执行"多行文字"命令（T），为平面图中间的靠上侧相应空间区域添加文字注释说明，如图10-5所示。

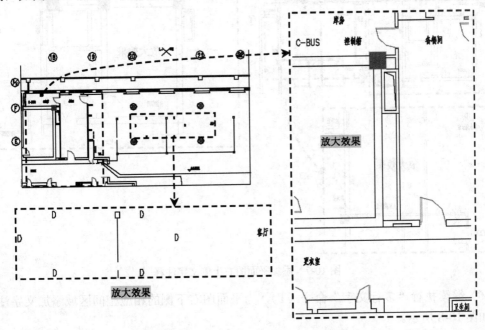

图 10-5　添加平面图中上侧文字注释

（4）继续执行"多行文字"命令（T），为平面图中间的靠下侧相应空间区域添加文字注释说明，如图10-6所示。

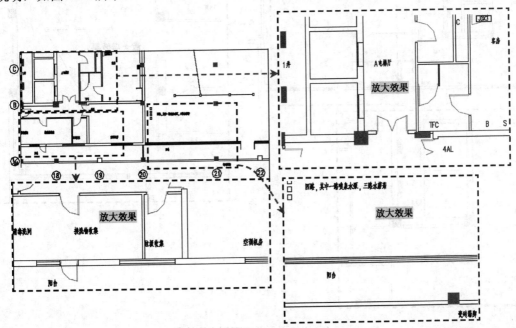

图 10-6　添加中下侧文字注释

（5）继续执行"多行文字"命令（T），为平面图右上侧的相应空间区域添加文字注释说明，如图10-7所示。

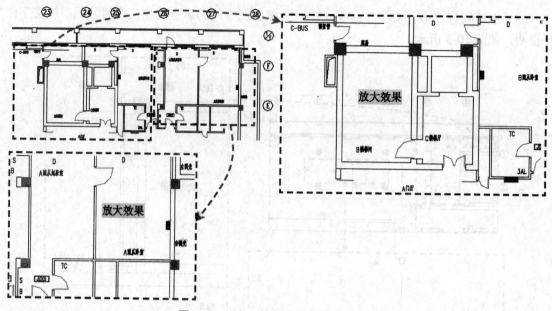

图 10-7　添加平面图右上侧文字注释

（6）继续执行"多行文字"命令（T），为平面图右下侧的相应空间区域添加文字注释说明，如图 10-8 所示。

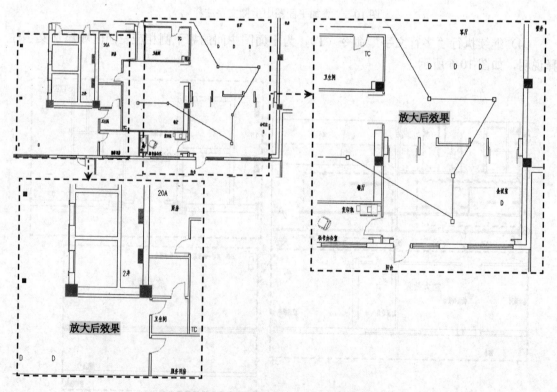

图 10-8　添加平面图右下侧文字注释

（7）至此，平面图中所有空间区域的文字注释已经添加完成，效果如图 10-9 所示。

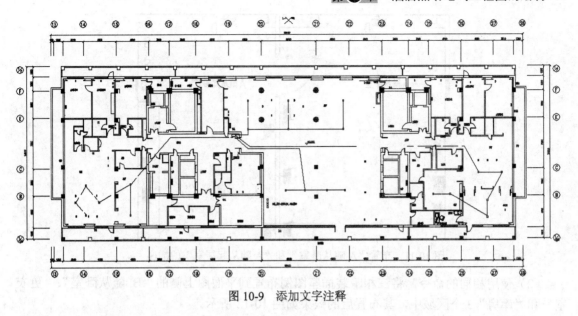

图 10-9　添加文字注释

10.1.3　布置电气元件和内部设施

从图 10-1 可知，该电气插座平面图是由电气插座和各种内部设施所组成，用户只需在该文件中插入相应的图块，然后布置在各个相应的空间中即可，下面将介绍如何布置空间，主要使用"插入块"、"复制"、"移动"和"旋转"等命令进行操作。

1. 插入相应图块

（1）执行"插入块"命令（I），将"案例\10\内部设施.dwg"和"三相暗装插座.dwg"2个图形文件插入到视图中，其插入的图块如图 10-10 所示。

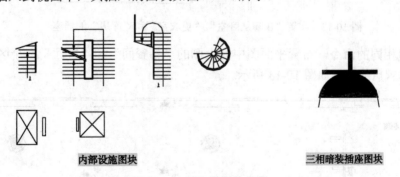

内部设施图块　　　　　　　　　　　　三相暗装插座图块

图 10-10　插入的图块文件

（2）执行"分解"命令（X），将上一步插入的图块文件进行分解。

2. 布置插座图例

（1）结合"复制"、"移动"和"旋转"等命令，将前面插入的三相暗装插座图例布置到平面图左上角的"A 随从卧室"和"A 随从起居室"2个空间区域中，其布置后的效果如图 10-11 所示。

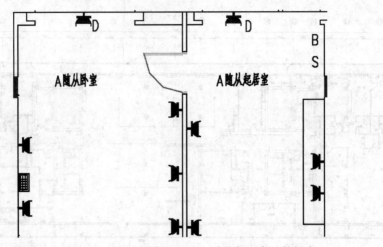

图 10-11　布置"A 随从卧室"和"A 随从起居室"的插座

（2）使用相同的命令，将三相暗装插座图例布置到平面图上侧的"B 随从卧室"、"更衣室"和"库房"3 个区域中，其布置后的效果如图 10-12 所示。

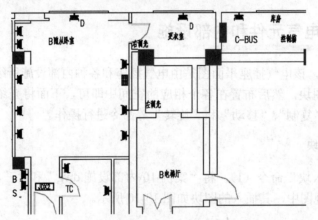

图 10-12　布置"B 随从卧室"、"更衣室"和"库房"的插座

（3）使用相同的命令，布置平面图中间上侧的"备餐间"和"客厅"2 个区域的三相暗装插座，其布置后的效果如图 10-13 所示。

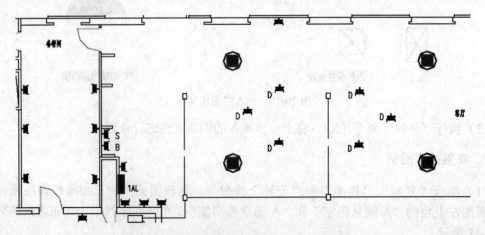

图 10-13　布置"备餐间"和"客厅"的插座

（4）使用相同的方法，将其他剩余空间的插座布置完毕，其布置后的效果如图 10-14 所示。

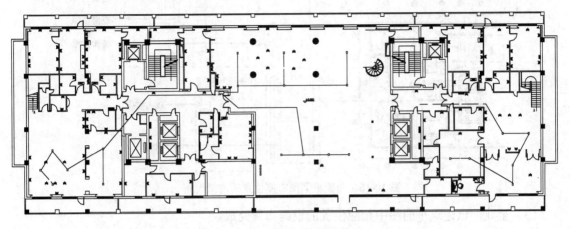

图 10-14　布置插座的效果

3．布置内部设施

前面已经将平面图中所有空间区域的插座布置完成，下面讲解布置平面图中相应位置的设施。

（1）结合"移动"、"复制"和"旋转"命令，将前面插入的内部设施图块中相应的设施布置到平面图左侧的相应位置处，其布置后的效果如图 10-15 所示。

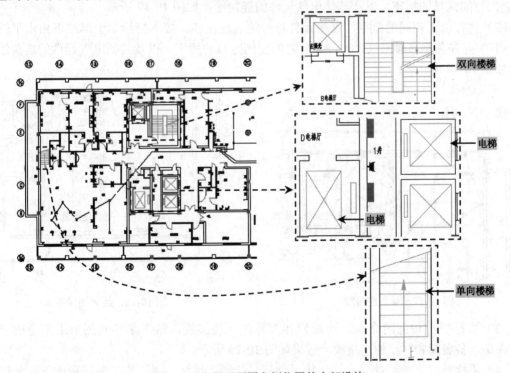

图 10-15　布置平面图左侧位置的内部设施

（2）使用相同的命令，布置平面图右侧相应位置的内部设施，其布置后的效果如图 10-16 所示。

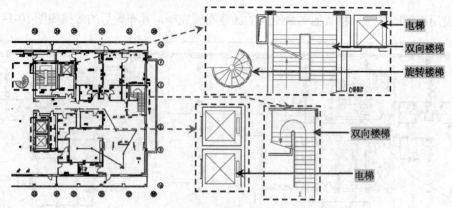

图 10-16　布置平面图右侧位置的内部设施

（3）至此，该建筑平面图中相应位置的设施布置完成。

10.1.4　绘制连接线路

在前面已经将平面图中的插座及内部设施布置完成，接下来进行连接线路的绘制，主要使用"多段线"命令进行操作。

（1）执行"多段线"命令（PL），设置多段线的起点及端点宽度为 20，连接配电箱及布置的插座符号绘制连接线，下面绘制图形左上角水平轴号（13～17）与左侧垂直轴号（1/F～E）之间空间区域的插座，以及其他电气元件的连接线，如图 10-17 所示。

（2）执行以上相同的命令，连接元件符号绘制连接线，接下来绘制图形左下角水平轴号（13～17）与左侧垂直轴号（1/OA～C）之间空间区域的插座，以及其他电气元件的连接线，效果如图 10-18 所示。

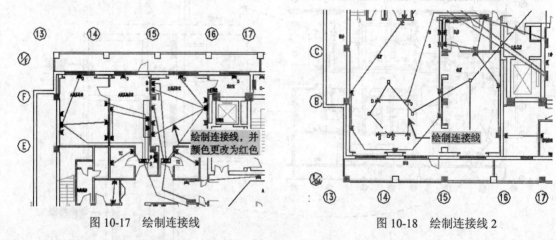

图 10-17　绘制连接线　　　　　　　　　　图 10-18　绘制连接线 2

（3）执行以上相同的命令，连接元件符号绘制连接线，接下来绘制图形上部分的更衣室、库房、备餐间和客厅的连接线，效果如图 10-19 所示。

（4）再执行以上相同的命令，连接元件符号绘制连接线，接下来绘制图形中下部分以下侧的水平轴号（17～24）和右侧垂直轴号（C～1/OA）之间的 A 电梯厅、换洗物收集、卫生间、客房和客厅的空间区域的连接线，效果如图 10-20 所示。

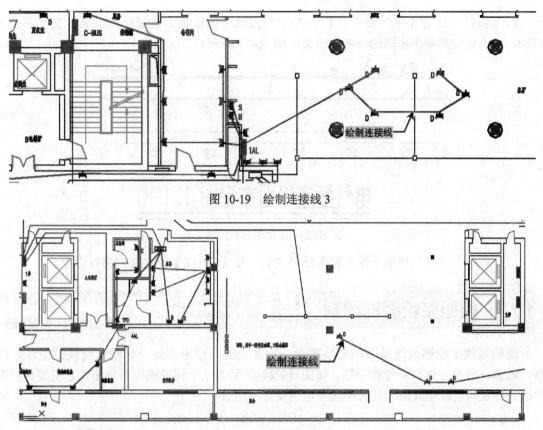

图 10-19 绘制连接线 3

图 10-20 绘制连接线 4

（5）接下来绘制图形右上角部分以上水平轴号（23～28）和右垂直轴号的（1/F～E）之间的 B 随从卧室、A 随从起居室、A 随从卧室和 A 门厅的空间区域，如图 10-21 所示。

（6）再执行相同的命令绘制剩余部分空间的连接线，效果如图 10-22 所示。

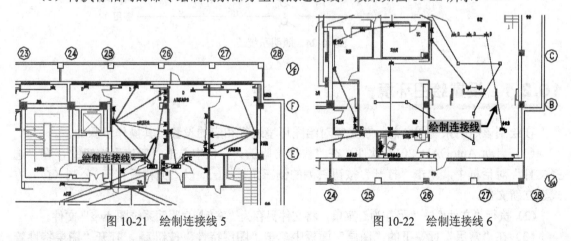

图 10-21 绘制连接线 5　　　　　　　　图 10-22 绘制连接线 6

10.1.5 标注图名及比例

在绘制完插座平面图后，应该对图形添加相应的图名，主要使用"多行文字"命令进行操作。

（1）执行"多行文字"命令（T），在平面图的下侧适当的位置添加图名，文字高度为1750，从而完成插座平面图的绘制，效果如图 10-23 所示。

电气插座平面布置图 1:100

图 10-23 添加图名和比例

（2）至此，该电气插座平面布置图绘制完成，按【Ctrl+S】键将文件进行保存。

AutoCAD 2013

10.2 照明系统图的绘制

视频\10\照明系统图的绘制.avi
案例\10\照明系统图.dwg

照明系统图能够反映照明的安装容量、计算电流、配电方式、导线或电缆的型号、规格、数量、敷设方式和穿管管径等。如图 10-24 所示为某工程的照明系统图，它主要包括进户线、计量箱、配电线路、开关插座和电气设备等组成。

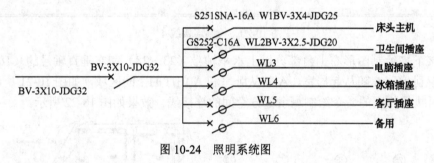

图 10-24 照明系统图

10.2.1 设置绘图环境

在绘制该照明系统图之前，首先需对绘图环境进行相应的设置，其操作步骤如下。

（1）启动 AutoCAD 2013 软件，在"快捷访问工具"栏中单击"新建"按钮，在"选择文件"对话框中，单击"打开"按钮右侧的倒三角按钮，以"无样板打开-公制（I）"方式建立新文件。

（2）执行"文件"→"另存为"菜单，将文件另存为"案例\10\照明系统图.dwg"文件。

（3）在"常用"标签下的"图层"面板中单击"图层特性"按钮，打开"图层特性管理器"，新建如图 10-25 所示的 4 个图层，然后将"绘图层"设置为当前图层。

图 10-25 新建图层

10.2.2 绘制电气元件

从图 10-28 可知，该照明系统图由不同功能的插座符号和总开关组成，下面将分别介绍这些电气元件的绘制，主要使用"直线"、"旋转"、"阵列"、"修剪"和"复制"等命令进行操作。

1．绘制总开关

（1）执行"直线"命令（L），在视图中绘制首尾相连的 3 条水平线段，其长度分别为3605mm、1000mm 和 2197mm，图中用点×表示线段的分界点，如图 10-26 所示。

（2）执行"旋转"命令（RO），以中间一条水平线段的右侧端点为基点，将其旋转 30°，如图 10-27 所示。

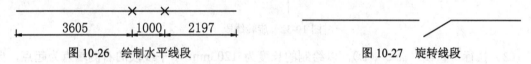

图 10-26 绘制水平线段 　　　　　　　　　 图 10-27 旋转线段

（3）执行"直线"命令（L），以长度为 3605mm 水平线段的右侧端点为起点，绘制夹角为 45°，长度为 155mm 的斜线段，如图 10-28 所示。

（4）执行"阵列"命令（AR），以斜线段与水平线段的交点为中心点，进行项目数为 4的环形阵列操作，如图 10-29 所示。

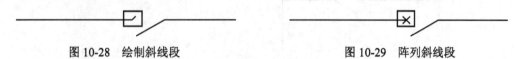

图 10-28 绘制斜线段 　　　　　　　　　 图 10-29 阵列斜线段

（5）执行"直线"命令（L），以右侧水平线段的右侧端点为起点，分别绘制向上及向下长度为 2000mm 的垂直线段，如图 10-30 所示。

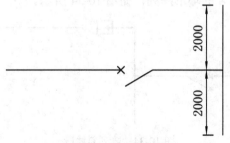

图 10-30 绘制垂直线段

2．绘制功能开关

（1）执行"直线"命令（L），以上侧垂直线段的上侧端点为起点，向右绘制首尾相连的 3 条水平线段，长度分别为 1203mm、1019mm 和 6157mm，如图 10-31 所示。

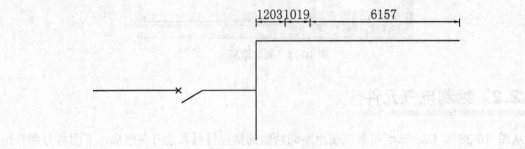

图 10-31　绘制水平线段

（2）执行"旋转"命令（RO），以上一步绘制长度为 1019mm 线段的右侧端点为基点，将其旋转 25°，如图 10-32 所示。

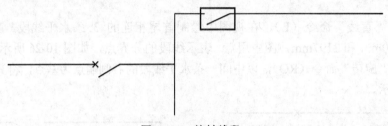

图 10-32　旋转线段

（3）执行"直线"命令（L），以绘制的长度为 1203mm 水平线段的右侧端点为起点，向上绘制角度为 45°，长度为 155mm 的斜线段，如图 10-33 所示。

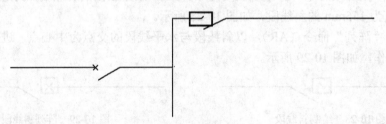

图 10-33　绘制斜线段

（4）执行"阵列"命令（AR），以上一步绘制的斜线段与水平线段的交点为阵列中心点，将斜线段进行项目数为 4 的环形阵列，如图 10-34 所示。

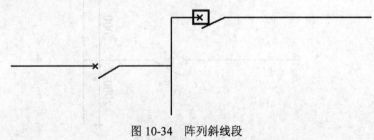

图 10-34　阵列斜线段

（5）执行"复制"命令（CO），选择图中相应的水平线段和斜线段，向下复制出 5 份，复制间距均为 800mm，如图 10-35 所示。

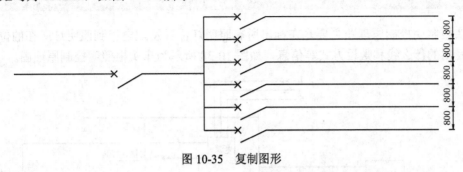

图 10-35　复制图形

（6）执行"圆"命令（C），分别以相应斜线段上的点为圆心，绘制半径为 160mm 的圆，如图 10-36 所示。

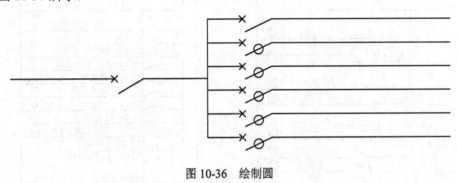

图 10-36　绘制圆

10.2.3　添加文字注释

在绘制完该照明系统图的相关图形后，接下来应对图中相应的内容进行文字注释标注，主要使用"多行文字"命令进行操作。

（1）在"图层控制"下拉列表框中，将"文字层"设置为当前图层。

（2）执行"多行文字"命令（MT），在弹出的"文字格式"对话框下选择文字的样式为默认的"Standard"样式，设置字体为"宋体"，文字高度为"400"，设置好文字样式以后，对图中的相应内容进行文字标注说明，如图 10-37 所示。

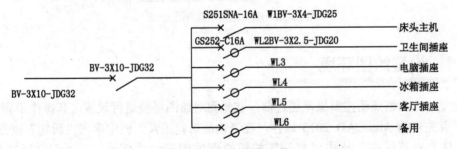

图 10-37　添加文字注释

（3）至此，该照明系统图已经绘制完成，按【Ctrl+S】键保存。

10.3 绘制床头柜照明控制原理图

视频\10\床头柜照明控制原理图的绘制.avi
案例\10\床头柜照明控制原理图.dwg

床头柜照明控制原理图主要是在标出所有照明灯位置及配电箱到照明灯所在的位置的线路走向及用的什么线和敷设方式等信息,如图 10-38 所示为床头柜照明控制原理图。

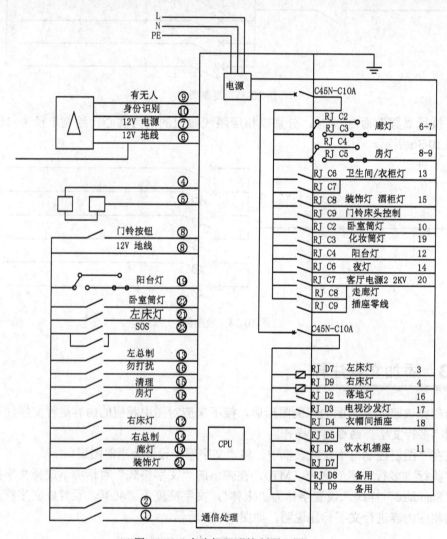

图 10-38 床头柜照明控制原理图

10.3.1 设置绘图环境

在绘制该床头柜照明控制原理图之前,首先需对绘图环境进行设置,其操作步骤如下。

(1)首先启动 AutoCAD 2013 软件,在"快捷访问工具"栏中单击"新建"按钮,在"选择文件"对话框中,单击"打开"按钮右侧的倒三角按钮,以"无样板打开-公制(I)"方式建立新文件。

(2)执行"文件"→"另存为"菜单,将该文件另存为"案例\10\床头柜照明控制原理图.dwg" 文件。

10.3.2 绘制控制结构原理图

从图 10-42 可知，要先绘制控制原理图，然后再绘制元件符号，下面利用"直线"和"偏移"等命令绘制结构图。

（1）执行"直线"命令（L），在视图中绘制长度为 36972mm 的垂直线段，如图 10-39 所示。

（2）执行"偏移"命令（O），将绘制的垂直线段水平向右依次偏移，偏移距离为 9136mm、3716mm、830mm、2449mm 和 7526mm，如图 10-40 所示。

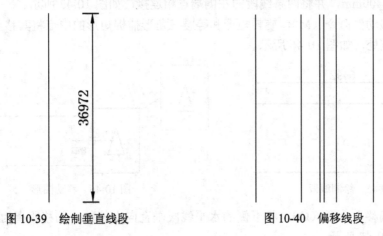

图 10-39　绘制垂直线段　　　　　　　图 10-40　偏移线段

10.3.3 绘制功能线路图

前面已经绘制绘制好了结构原理图，下面将依次介绍如何绘制不同功能线路图，利用"直线"、"旋转"、"矩形"、"多边形"、"移动"和"复制"等命令进行操作。

1．绘制单级开关

（1）执行"直线"命令（L），在视图中绘制首尾相连的 3 条水平线段，其长度分别为 2233mm、1093mm 和 5798mm，图中用点×表示线段的分界点，如图 10-41 所示。

（2）执行"旋转"命令（RO），以上一步绘制的长度为 1093mm 水平线段的左侧端点为基点，将其旋转 25°，如图 10-42 所示。

图 10-41　绘制水平线段　　　　　　　图 10-42　旋转线段

2．绘制识别器线路

（1）执行"矩形"命令（REC），绘制 2367mm×3138mm 的矩形，如图 10-43 所示。

（2）执行"多边形"命令（POL），在矩形内侧绘制 812mm×1371mm 的等腰三角形，如图 10-44 所示。

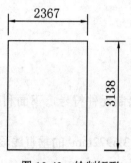

图 10-43 绘制矩形

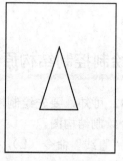

图 10-44 绘制三角形

（3）执行"直线"命令（L），绘制长度为 6492mm 的水平线段，并将线段垂直向下偏移，偏移距离为 2400mm，并将两条线段的左侧端点相连接，如图 10-45 所示。

（4）执行"移动"命令（M），旋转矩形和等腰三角形捕捉矩形的中点将其移至上一步左侧垂直线段的中点处，如图 10-46 所示。

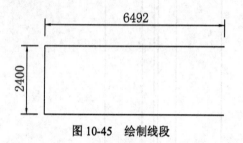

图 10-45 绘制线段

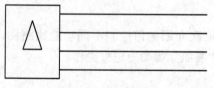

图 10-46 移动图形

（5）执行"偏移"命令（O），将下侧的水平线段垂直向上偏移，偏移距离为 800mm，偏移 2 次，如图 10-47 所示。

（6）执行"定数等分"命令（DIV），将下侧的水平线段分成 3 份，如图 10-48 所示。

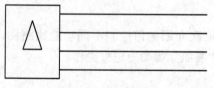

图 10-47 偏移线段

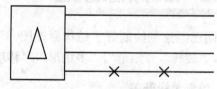

图 10-48 定数等分线段

（7）执行"多段线"命令（PL），捕捉左侧第 1 个节点为起点，按照如图 10-49 所示的尺寸绘制多段线。

（8）执行"删除"命令（E），将定数等分符号删除，从而完成识别器线路，如图 10-50 所示。

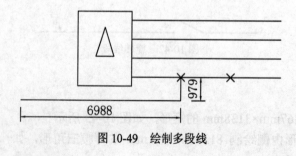

图 10-49 绘制多段线

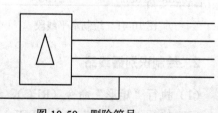

图 10-50 删除符号

3．绘制接地线路

（1）执行"矩形"命令（REC），绘制 937mm×865mm 的矩形，如图 10-51 所示。

（2）执行"复制"命令（CO），捕捉矩形下水平中点，水平向右复制 1 份，复制距离为 1983mm，如图 10-52 所示。

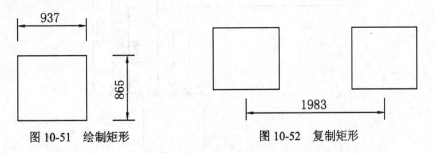

图 10-51　绘制矩形　　　　　　　图 10-52　复制矩形

（3）执行"多段线"命令（PL），按照如图 10-53 所示的尺寸绘制多段线。

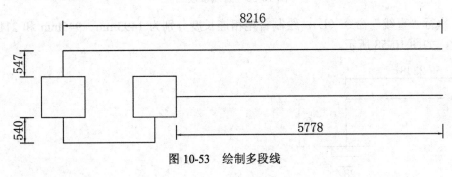

图 10-53　绘制多段线

3．绘制电源线路

（1）执行"矩形"命令（REC），绘制 1635mm×1566mm 的矩形并将矩形分解，如图 10-54 所示。

（2）执行"定数等分"命令（DIV)，将矩形上侧的水平线段分成 4 份，如图 10-55 所示。

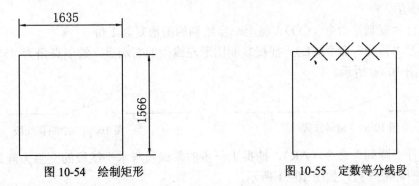

图 10-54　绘制矩形　　　　　　图 10-55　定数等分线段

（3）执行"多段线"命令（PL），按照如图 10-56 所示的尺寸绘制多段线。

4．绘制接地线符号和开关

（1）执行"直线"命令（L），按照如图 10-57 所示的尺寸绘制接电线符号。

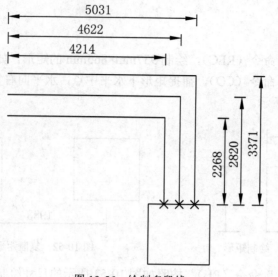

图 10-56 绘制多段线

（2）执行"直线"命令（L），绘制首尾相连长度分别为 1493mm、945mm 和 2113mm 的水平线段，如图 10-58 所示。

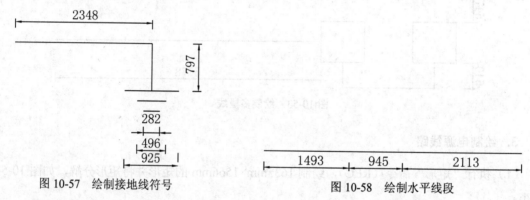

图 10-57 绘制接地线符号

图 10-58 绘制水平线段

（3）执行"旋转"命令（RO），捕捉长度为 945mm 线段的右端点为基点，旋转-20°，如图 10-59 所示。

（4）执行"复制"命令（CO），将上一步绘制的图形复制 1 份。

（5）执行"直线"命令（L），捕捉复制图形左线段的右端点，绘制夹角为 45°，长度为 115mm，如图 10-60 所示。

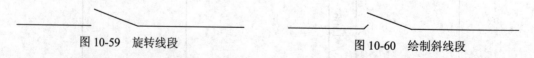

图 10-59 旋转线段

图 10-60 绘制斜线段

（6）执行"阵列"命令（AR），捕捉上一步的斜线段与水平线段的交点为阵列中心点，项目数为 4 的环形阵列，如图 10-61 所示。

图 10-61 阵列效果

4．绘制其他线路

（1）执行"直线"命令（L），绘制长度为 9971 的水平线段，如图 10-62 所示。

（2）执行"矩形"命令（REC），绘制 566mm×385mm 的矩形捕捉右上角点与左下角点的对角线，如图 10-63 所示。

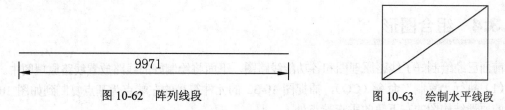

图 10-62　阵列线段　　　　　　　　　　　　　　　图 10-63　绘制水平线段

（3）执行"移动"命令（M），捕捉矩形的中心点为基点，放置水平线段的中心点处，并将多余线段修剪，如图 10-64 所示。

（4）执行"复制"命令（CO），将图 10-73 的图形复制 1 份，再捕捉左线段的右端点为圆心绘制半径为 120mm 的圆，然后将斜线段删除，如图 10-65 所示。

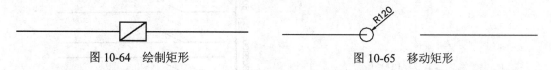

图 10-64　绘制矩形　　　　　　　　　　　　　　　图 10-65　移动矩形

（5）执行"复制"命令（CO），将绘制的圆，水平向右复制，复制距离为 810mm，如图 10-66 所示。

（6）执行"复制"命令（CO），捕捉左侧圆的圆心为复制基点，垂直向上复制，复制距离为 760mm，如图 10-67 所示。

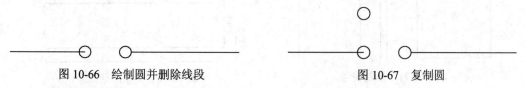

图 10-66　绘制圆并删除线段　　　　　　　　　　　图 10-67　复制圆

（7）执行"移动"命令（M），捕捉上一步复制得到的圆的圆心为基点，水平向右移动，移动距离为 345mm，如图 10-68 所示。

（8）执行"复制"命令（CO），选择 3 个圆，捕捉左下角圆心为基点，水平向右复制出 1 份，复制距离为 2461mm，如图 10-69 所示。

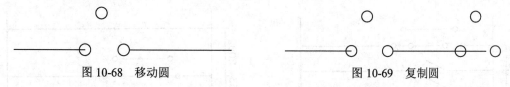

图 10-68　移动圆　　　　　　　　　　　　　　　　图 10-69　复制圆

（9）执行"直线"命令（L），将复制对象上侧圆的右象限点为起点，捕捉右侧复制得到的上侧圆的左象限点为端点，绘制水平线段，如图 10-70 所示。

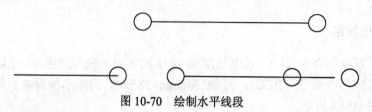

图 10-70 绘制水平线段

10.3.4 组合图形

前面已经绘制好了线路原理图和各功能线路图，下面将绘制好的线路放置线路原理图中。

（1）执行"复制"命令（CO），捕捉图 10-32 的元件符号的左端点为基点复制到如图 10-71 所示的原理结构图的左下角的垂直端点处。

（2）执行"复制"命令（CO），捕捉上一步的图形的左端点垂直向上复制，按照如图 10-72 所示的尺寸进行复制。

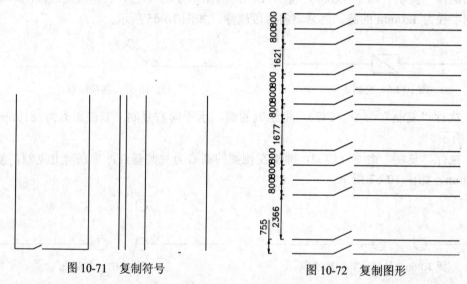

图 10-71 复制符号　　　　　　图 10-72 复制图形

（3）执行"复制"命令（CO），将图 10-56 的图形以上一步绘制的图形上侧 1153mm 处进行复制，如图 10-73 所示。

（4）执行"直线"命令（L），在距离图形符号垂直向上处 2082mm 处，绘制水平线段，如图 10-74 所示。

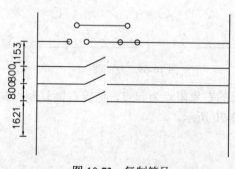

图 10-73 复制符号

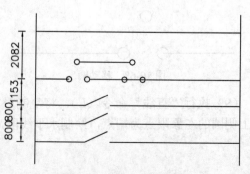

图 10-74 绘制水平线段

（5）执行"复制"命令（CO），再将第一步所绘制的图形符号以水平线段为基准垂直向上复制，复制距离为925，如图10-75所示。

（6）执行"复制"命令（CO），再以结构图的第1部分右侧的垂直线段为基准，将图10-37的图形符号以中间水平线段的右端点为基点垂直向上复制，复制距离为2044mm，如图10-76所示。

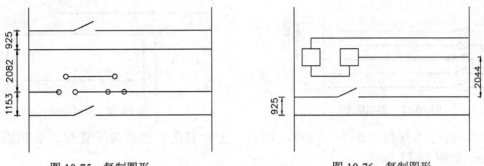

图 10-75　复制图形　　　　　　　　　图 10-76　复制图形

（7）执行"复制"命令（CO），将图 10-39 的图形以上一步的复制的图形为基准，垂直向上复制，复制距离为2690mm，完成第1部分的组合图形，如图10-77所示。

（8）执行"修剪"命令（TR），将结构图多余的线段进行修剪，效果如图10-78所示。

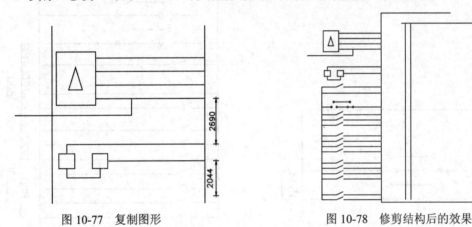

图 10-77　复制图形　　　　　　　　图 10-78　修剪结构后的效果

（9）执行"复制"命令（CO），将图 10-44 的图形的右端点为基点复制到修剪后的效果的右下角处的垂直线段的下端点，如图10-79所示。

（10）执行"复制"命令（CO），捕捉该图形的右端点为基点，垂直向上复制，复制距离为800mm、1600mm、1600mm、800mm、800mm、800mm和800mm，如图10-80所示。

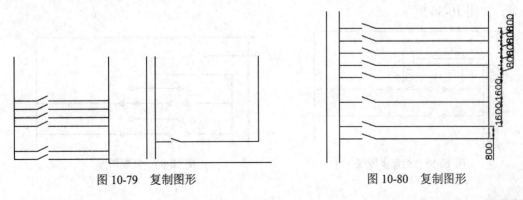

图 10-79　复制图形　　　　　　　　　图 10-80　复制图形

（11）执行"复制"命令（CO），将图 10-49 图形以上一步绘制的图形为基准，垂直向上复制出两份，复制距离均为 800mm，如图 10-81 所示。

（12）执行"复制"命令（CO），再以结构图的左上角第 2 条水平线段为基准捕捉图 10-56 图形的右端点为基点，复制到以水平线段下侧的 3302mm 处，如图 10-82 所示。

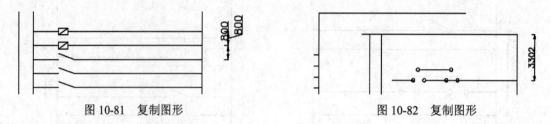

图 10-81　复制图形　　　　　　　　　　图 10-82　复制图形

（13）执行"复制"命令（CO），将上一步绘制图形垂直向下复制，复制距离为 1534mm，如图 10-83 所示。

（14）执行"复制"命令（CO），再将下侧的图形以上一步复制的图形为基准垂直向下复制，复制距离为 1171mm、1600mm、800mm、1222mm、800mm、800mm、800mm、800mm、800mm 和 800mm，如图 10-84 所示。

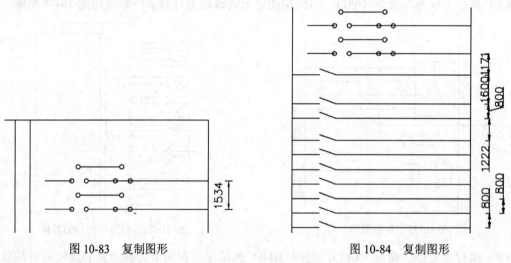

图 10-83　复制图形　　　　　　　　　　图 10-84　复制图形

（15）执行"多段线"命令（PL），捕捉上侧图形的左端点为起点，绘制垂直向上长度为 1450mm、4140mm 和 800mm 的多段线，并对多段线进行修剪，效果如图 10-85 所示。

（16）执行"复制"命令（CO），捕捉 10-46 图形的右端点为基点，复制到多段线上侧的端点处，如图 10-86 所示。

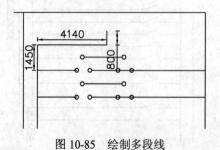

图 10-85　绘制多段线

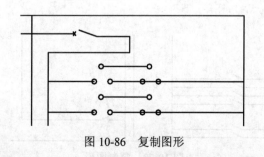

图 10-86　复制图形

（17）执行"移动"命令（M），捕捉将图 10-41 矩形的右端点中点为基点，移至图 10-72 所示的左上角水平线段的两端点连接线的中点处，如图 10-87 所示。

（18）执行"移动"命令（M），捕捉图 10-42 的接地线符号的垂直上端点为基点，移至结构图水平线段的右端点处，如图 10-88 所示。

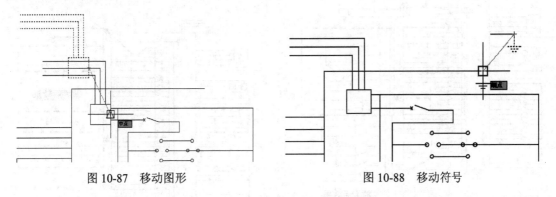

图 10-87　移动图形　　　　　　　　　　　　图 10-88　移动符号

（19）执行"直线"命令（L），捕捉右侧部分所有开关的斜线段的右端点绘制 1 条垂直线段，如图 10-89 所示。

（20）执行"直线"命令（L），绘制如图 10-76 所示的图形处绘制 2 条垂直线段，如图 10-90 所示。

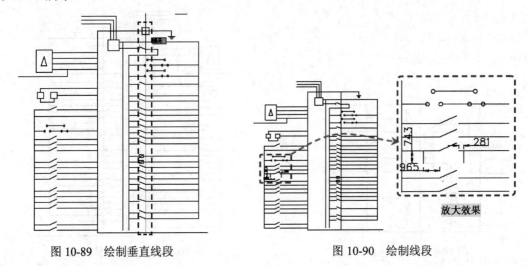

图 10-89　绘制垂直线段　　　　　　　　　　图 10-90　绘制线段

（21）执行"复制"命令（CO），捕捉开关符号与垂直线段的交点为基点垂直向下复制至垂直线段的下端点处，如图 10-91 所示。

（22）执行"修剪"命令（TR），将复制后的开关符号进行修剪，如图 10-92 所示。

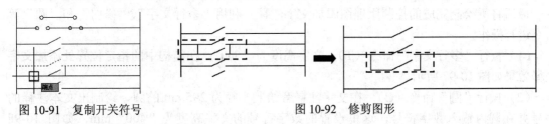

图 10-91　复制开关符号　　　　　　　　　　图 10-92　修剪图形

（23）再以相同的命令在结构图的右部分的两处进行绘制，并修剪，如图 10-93 所示。

（24）执行"直线"命令（L），在结构图中的圆形符号处，分别捕捉左部分上侧圆形符号的下象限点为起点，绘制至左下角圆形的上象限点处，如图 10-94 所示。

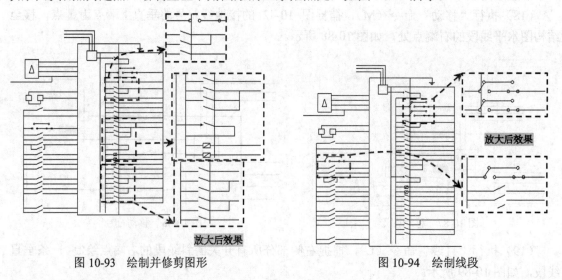

图 10-93 绘制并修剪图形   图 10-94 绘制线段

（25）执行"矩形"命令（REC），在结构图下侧距离水平线段 4107mm 处，距离垂直线段 675mm 处，绘制 2207mm×1902mm 的矩形，如图 10-95 所示，最终效果如图 10-96 所示。

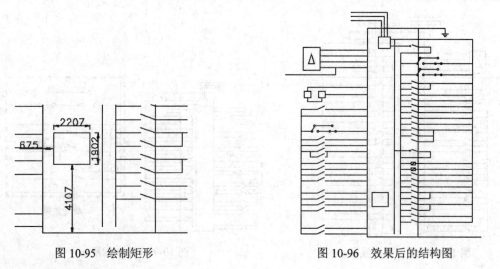

图 10-95 绘制矩形   图 10-96 效果后的结构图

10.3.5 添加文字注释说明

最后将所绘制完成的控制原理图添加文字注释，利用"多行文字"、"修剪"和"圆"等命令进行操作。

（1）执行"多行文字"命令（T），文字高度为"500"，在结构中的指定位置处添加文字注释效果如图 10-97 所示。

（2）执行"圆"命令（C），在文字注释旁绘制半径为 295mm 的圆，绘制出文本注释的序号并在圆内输入数字符号，这里设置的数字符号的文字高度为"400"mm，如图 10-98 所示。

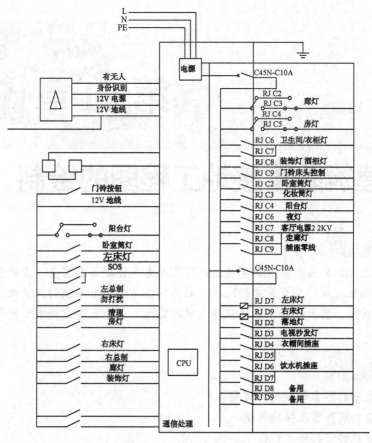

图 10-97　添加文本注释

（3）执行"修剪"命令（TR），将最终图形的一些细节进行完善修剪，完成最终的床头柜照明控制原理图，如图 10-99 所示。

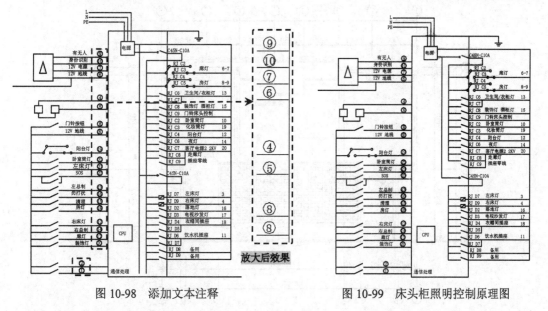

图 10-98　添加文本注释　　　　　　图 10-99　床头柜照明控制原理图

（4）至此，床头柜照明控制原理图已完成，按【Ctrl+S】键保存。

第11章

建筑防雷接地工程图的绘制

本章导读

随着住宅信息化的发展，多层住宅建筑的防雷及电气保护日渐重要，在建筑物供配电室设计中，防雷接地系统设计占有重要的地位，因为它关系到供电系统的可靠性、安全性。在第三类防雷建筑物中，宜采用装设在建筑物上的避雷网（带）或避雷针或由两种混合组成的接闪器。

主要内容

📖 了解建筑物的防雷等级及工程要求
📖 了解建筑物的防雷及接地系统
📖 绘制某建筑防雷接地工程图
📖 绘制某建筑防雷保护装置平面图

效果预览

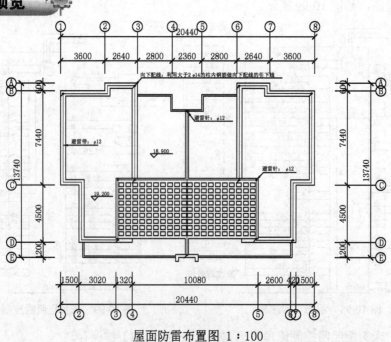

屋面防雷布置图 1:100

11.1 建筑物的防雷保护

随着智能化建筑的兴起，目前对智能化建筑接地系统提出了更高的要求。也就是说，这类建筑物对防雷接地、工作接地、保护接地、防静电接触、屏蔽接地及直流接地（信号接地、逻辑接地）等设计提出了新的更高的要求。如图 11-1 所示为建筑物综合防雷系统图。

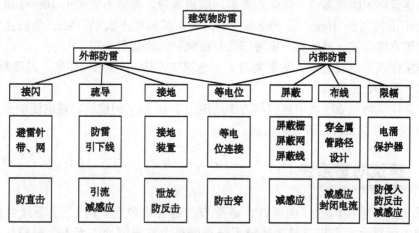

图 11-1　建筑物综合防雷系统

防雷内容一般可分为防直击雷、防感应雷及防高电位入侵。就防直击雷而言，一般是在屋面易受雷击部分安装接闪器，然后通过引下线与接地电阻很小的接地装置可靠连接。目前一般采用屋面板钢筋作为避雷网，柱主钢筋作为引下线，基础钢筋作为接地装置，这是较为经济实用的做法。为了防止感应雷和高电位入侵的危害，可在电缆进出户处将绝缘子的铁脚支架可开接地，同时安装避雷器或其他形式的过电压保护器。如图 11-2 所示为防雷装置至被保护物的距离。

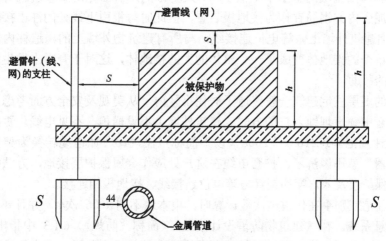

图 11-2　防雷装置至被保护物的距离

11.1.1　建筑物的防雷等级及工程要求

按照建筑物的重要性、使用性质、发生雷击事故的可能性及后果，将建筑物的防雷等级分为三类。

一类防雷建筑是特别重要的建筑物，如国家级的会堂、重要文物保护建筑、超高层建筑物等。此类建筑物的防直雷击一般采用避雷网或避雷带，网格不应大于 10m×10m，两条平行避雷带的间距不得大于 10m。引下线不少于两根，其间距不大于 18m。为防止雷电波的侵入，引入建筑物的电缆金属外皮、钢管等应与接地装饰焊接在一起。

二类防雷建筑是重要的或人员密集的大型建筑物，19 层以上的住宅，高度超过 50m 的其他民用和一般工业建筑物。

三类防雷建筑物如城区处于建筑物边缘的地上 20m 以上的建筑，雷电活动强烈地 15m，少雷区 25m 以上可以设防雷装置的建筑。

11.1.2　建筑防雷系统

防雷系统主要由接闪器（避雷针、避雷带、避雷线和避雷网）、引下线和接地装置组成。建筑物的耐雷水平是指建筑物防雷系统承受最大雷电流冲击而不至于损坏时的电流值（单位 ka）。

在建筑防雷系统的设计方案中，要从以下几个方面来考虑。

（1）防直击雷电，屋面宜优先采用避雷网带，优点是施工方便，造价低。引下线宜采用混泥土柱内钢筋，在施工过程中，要做好与土建方的配合，及时做好钢筋的焊接。用柱内钢筋做引下线可以节约成本并能减少维护。以往的明装镀锌圆钢引下线，因长期雨水侵蚀，不但造成墙面污染，而且引下线的电阻会大大增加，造成不必要的维修。当基础再用以硅酸盐为基料的水泥和周围土壤的含水率不低于 4%及基础的外表面无防腐基层或有沥青质的防腐层时，钢筋混泥土内的钢筋宜作为接地极装置，但此时每根引下线处的冲击接地电阻不宜大于 5Ω。在住宅建筑外墙上做等电位连接线，与所有建筑物外墙上的构造柱内钢筋相连接，这样使得原来单个的接地体变成了一个整体的大的接地体，这对于有雷击发生时雷电流的导入地下有很好的帮助。

（2）现在的多层住宅建筑一般建造于居住小区内，从美观及安全方面考虑，开发商已逐步接受利用护套电缆直埋地入户的方式。建筑外墙上不设横担，不见电线。否则，根据《民用建筑电气设计规范》JGJ16——2008（以下简称《民规》）"如电缆转换为架空线则应在转换处装设避雷器"就不经济了。护套电缆在进户处应作金属保护层接地，方法很简单，就是将电缆的金属保护层及入户穿的钢管与等电位连接线、接地极相连接。

（3）有些住宅或别墅在作雷击次数计算时，根本达不到 0.06 次/a，并且要看该住宅或别墅是否设有信息系统。在《建筑物防雷设计规范》（简称《防规》）6.1.3 中指出："在设有信息系统的建筑物需防雷电电磁脉冲的情况下，当该建筑物没有装设防直击雷装置和不处于其他建筑物或物体的保护范围内时，宜按照第三类防雷建筑物采取防直击雷的防雷措施"。

11.1.3 建筑接地系统

在建筑接地系统中，有 3 种低压配电系统的接地方式，即 TN 系统、TT 系统和 T 系统。

1. TN 系统

（1）TN-S 系统：即五线制系统，三根相线分别是 L1、L2、L3、一根零线 N，一根保护线 PE。仅电力系统中性点一点接地，用户设备的外露可导点部分直接接到 PE 线上，如图 11-3 所示。

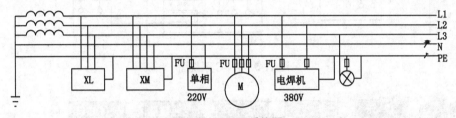

图 11-3 TN-S 系统图

TN-S 系统的 PE 线中在正常工作时无电流，设备的外露可导电部分无对地电压，保证操作人员的人身安全；在事故发生时，PE 线中有电流通过，使保护装置迅速动作，切断故障。一般规定 PE 线不允许断线和进入开关。N 线（工作零线）在接有单相负载时，可能有不平衡电流。

TN-S 系统适用于工业与民用建筑等低压供电系统，是目前我国在低压系统中普遍采取的接地方式。

PE 线与 N 线的区别如下：

◆ PE 线平时没有电流，而 N 线在三相负荷不平衡时有电流。

◆ 功能不同，PE 是专用保护接地线，N 线是工作零线。

◆ PE 用黄、绿双色线代表，N 线用黑色或淡蓝色代表。

◆ 导线截面不一定相同，在照明支路中，PE 线必须用铜线，截面不得小于 1.5mm^2，而 N 线用 1.0mm^2 的截面。

◆ PE 线不得进入漏电开关，N 线可以。

（2）TN-C 系统：即四线制系统，三根相线 L1，L2，L3，一根中性线与保护线合并的 PEN 线，用电设备的外漏可导电部分接到 PEN 线上，如图 11-4 所示。

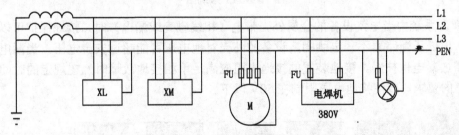

图 11-4 TN-C 系统图

在 TN-C 系统接线中，当存在三相负荷不平衡和有单相负荷时，PEN 线上呈现不平衡电流，设备的外露可导电部分有对地电压的存在。由于 N 线不得断线，故在进入建筑物前 N 或

PE 应加做重复接地。

TN-C 系统适用于三相负荷基本平衡的情况，同时适用于有单相 220V 的便携式、移动式的用电设备。

（3）TN-C-S 系统：即四线半系统，在 TN-C 系统的，末端将 PEN 分开为 PE 线和 N 线，分开后不允许再合并，如图 11-5 所示。

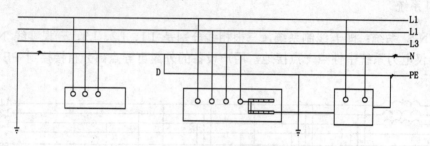

图 11-5　TN-C 系统图

在该系统的前半部分具有 TN-C 系统的特点，在系统的后半部分却具有 TN-S 系统的特点。目前，一些民用建筑中在电源入户后，将 PEN 线分为 N 线和 PE 线。

2．TT 系统

第一个"T"表示电力网的中性点（发电机、变压器的星形接线的中间节点）是直接接地系统；第二个"T"表示电气设备正常运行时不带电的金属外露部分对地做直接的电气连接，即"保护接地"系统。三根相线 L1、L2、L3，一根中性线 N 线，用电设备的外露部分采用各自的 PE 线直接接地，如图 11-6 所示。

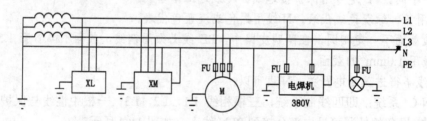

图 11-6　TT 系统图

在 TT 系统中当电气设备的金属外壳带电（相线碰壳或漏电）时，接地保护可以减少触电危险，但低压断路器不一定跳闸，设备的外壳对地电压可能超过安全电压。当漏电电流较小时，需加漏电保护器。接地装置的接地电阻应满足单相接地故障时，在规定的时间内切断供电线路的要求，或使接地电压限制在 50V 以下。

TT 适用于供给小负荷的接地系统。

3．IT 系统

IT 即电力系统不接地或经过高阻抗接地的三线制系统，三根相线 L1、L2、L3，用电设备的外露部分采用各自的 PE 线接地，如图 11-7 所示。

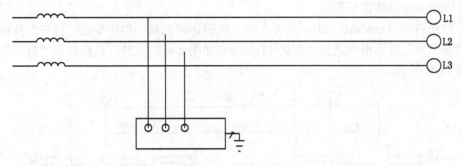

图 11-7　IT 系统图

在 IT 系统中当任何一相故障接地时，因为大地可作为相线继续工作，系统可以继续运行，所以在线路中需加单相接地检测装置，故障时报警。

AutoCAD 2013

11.2　建筑防雷接地工程图的绘制

视频\11\某建筑屋顶防雷平面图的绘制.avi
案例\11\屋顶防雷平面图.dwg

本节以某建筑的屋顶防雷接地工程图为例，讲解建筑防雷接地工程图的绘制方法及相关知识点，其绘制完成的某建筑屋顶防雷平面图如图 11-8 所示。

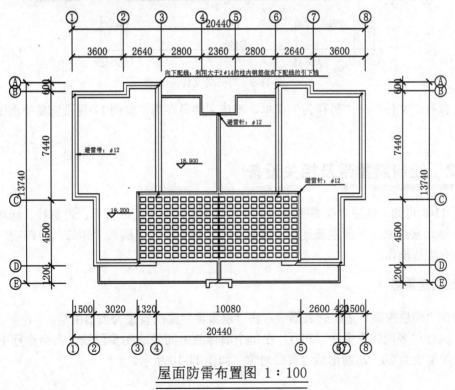

屋面防雷布置图 1：100

图 11-8　建筑屋顶防雷平面图

11.2.1　设置绘图环境

在绘制该建筑屋面防雷接地工程图之前，首先要将准备好的"屋顶平面图"文件打开，再根据要求绘制屋顶防雷平面图。

（1）首先启动 AutoCAD 2013 软件，在"快捷访问工具"栏中单击"打开"按钮，从弹出的"选择文件"对话框中选择"案例\11\屋顶平面图.dwg"文件，然后单击"打开"按钮即可，如图 11-9 所示。

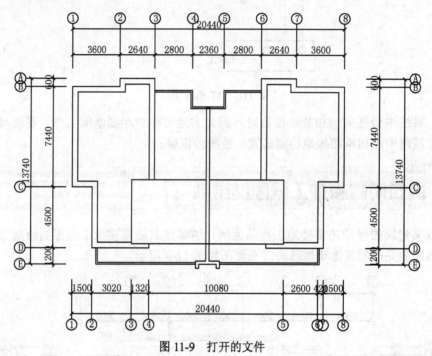

图 11-9　打开的文件

（2）执行"文件"→"另存为"菜单，将该文件另存为"案例\11\屋顶防雷平面图.dwg"文件。

11.2.2　绘制避雷带及相关设备

从图 11-8 可知，该屋顶防雷平面图主要由避雷带、向下配线符号、避雷针、标高标注和引线标注等元素组成，下面主要使用"多段线"、"插入块"、"圆"、"矩形"、"阵列"和"镜像"等命令进行操作。

1. 绘制避雷带

（1）在"图层控制"下拉列表框中，将"避雷带"图层设置为当前图层。

（2）执行"多段线"命令（PL），在每个墙体的中间处绘制多段线，在命令行中设置多段线的起始宽度为 20，从而形成避雷带对象，如图 11-10 所示。

在绘制避雷带时，可以打开对象捕捉（F3）功能，捕捉每个墙体的中点来绘制即可。

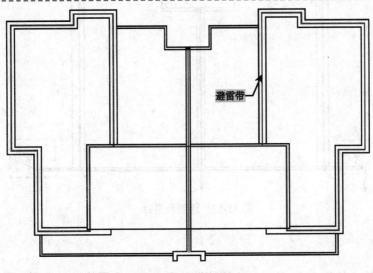

图 11-10 绘制避雷带

2. 插入"向下配线"图块

前面已经绘制好了避雷带，接下来执行"插入块"命令（I），将"案例\11\向下配线.dwg"符号图例插入到避雷线上的如图 11-11 所示的 10 个拐角处。

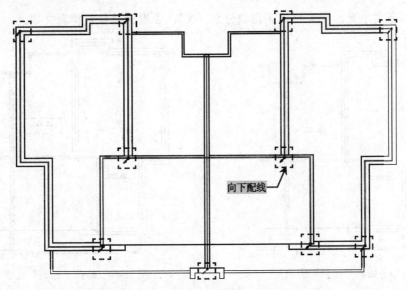

图 11-11 插入"向下配线"图块

3. 绘制避雷针

（1）在"图层控制"下拉列表框中，将"0"图层设置为当前图层。

（2）执行"圆"命令（C），在如图 11-12 所示的 3 处避雷线上，分别绘制半径为 52mm 的圆，作为避雷针。

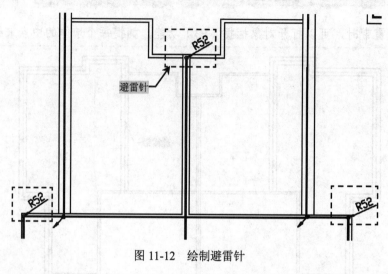

图 11-12 绘制避雷针

4．标注标高

（1）执行"插入块"命令（I），将"案例\11\标高.dwg"图块，插入到如图 11-13 所示的相应位置处。

（2）修改标高文字，双击如图 11-14 所示的标高文字，将其修改为"18.900"。

在修改标高文字时，要先将标高图块分解（X），否则无法修改标高文字。

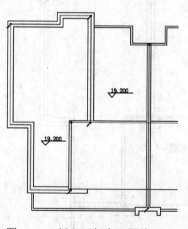

图 11-13 插入"标高"图块

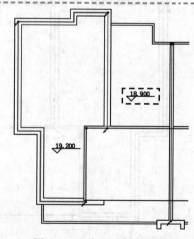

图 11-14 修改"标高"文字

（3）执行"矩形"命令（REC），在如图 11-15 所示的位置一个绘制 380mm×300mm 的矩形。

（4）执行"阵列"命令（AR），将绘制的矩形设置列数为 10，行数为 9，列间距为 560mm，行间距为 480mm 的矩形阵列操作，效果如图 11-16 所示。

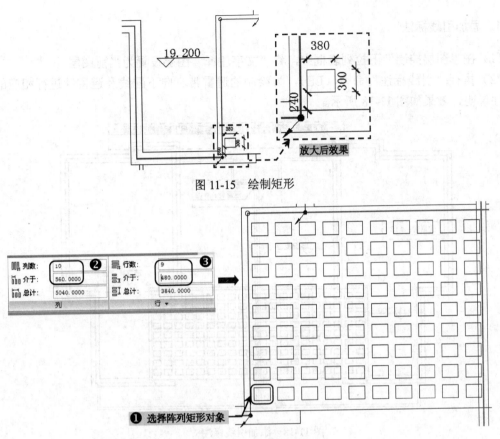

图 11-15　绘制矩形

图 11-16　阵列矩形

（5）执行"镜像"命令（MI），选中所有阵列的矩形以右侧的多段线为镜像线，水平向右镜像复制 1 份，如图 11-17 所示。

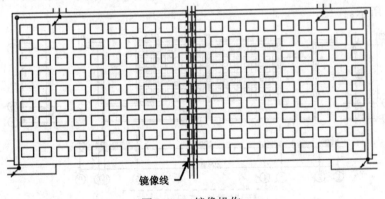

图 11-17　镜像操作

11.2.3　标注相关文字

前面已经将相关图形绘制完成了，下面为图中的相应位置标注相应的文字标注说明，利用"引线标注"、"多行文字"和"直线"等命令进行操作。

1．添加引线标注

（1）在"图层控制"下拉列表框中，将"文字注释"图层设置为当前图层。

（2）执行"引线标注"命令（LE），为绘制的避雷带、向下配线及避雷针进行相应的引线标注说明，效果如图 11-18 所示。

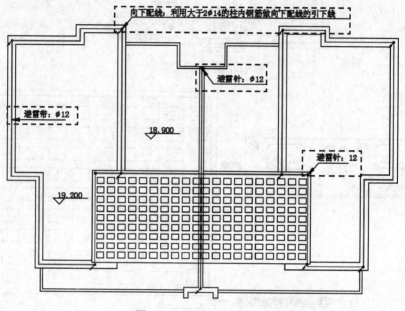

图 11-18　添加引线标注

2．添加图名及比例

（1）执行"多行文字"命令（MT），在图形的下侧标注图名及比例，文字高度为 700，效果如图 11-19 所示。

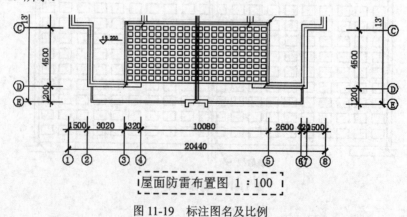

图 11-19　标注图名及比例

（2）结合"多段线"及"直线"命令，在图名标注的下侧绘制两条水平直线段，如图 11-20 所示。

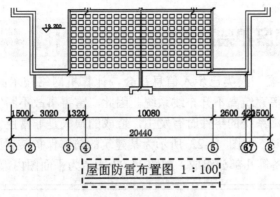

图 11-20 绘制水平线段

在绘制线段时，将上侧的水平线段的线宽加粗，自定设置加粗宽度即可。

（3）最后将图形进行完善，完成最终效果，如图 11-21 所示。

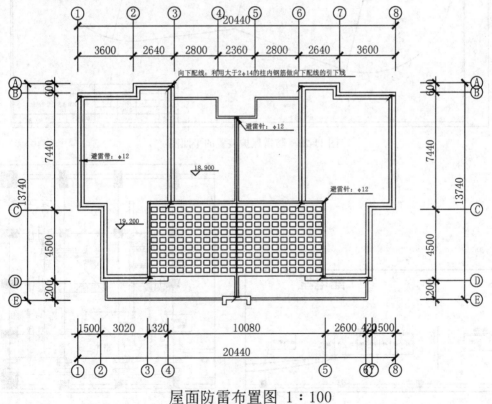

屋面防雷布置图 1：100

图 11-21 最终效果

（4）至此，该建筑的屋顶防雷平面图已经绘制完成，按【Ctrl+S】键进行保存。

11.3　建筑防雷保护装置平面图的绘制

视频\11\某建筑防雷保护平面图绘制.avi
案例\11\防雷保护平面图.dwg

随着科技的不断发展，人类已步入信息社会，计算机网络技术的普及使办公楼、写字楼、医院、银行、宾馆等建筑离不开布线系统。因此，雷害事故不断发生，我国每年因雷击破坏建筑物内计算机网络系统的事件时有发生，造成的损失是非常巨大的，因此，综合系统的防雷设计显得尤其重要。如图 11-22 所示为某建筑的防雷保护装置的平面图，它主要由终端杆、变压器、各种设备等几部分组成。如图 11-23 所示为平面图内部的结构。

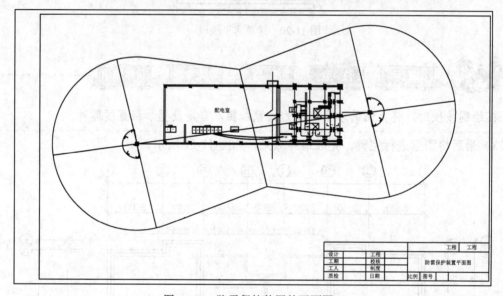

图 11-22　防雷保护装置的平面图

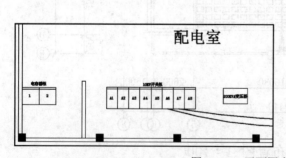

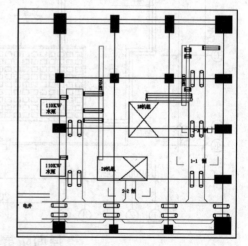

图 11-23　平面图内部的结构

11.3.1　设置绘图环境

在绘制该建筑的防雷保护装置平面图之前，需要对绘图环境进行设置，具体操作步骤如下。

（1）首先启动 AutoCAD 2013 软件，在"快捷访问工具"栏中单击"新建"按钮，从弹出的"选择样板"对话框中选择"案例\11\样板 1.dwt"样板文件，然后单击"打开"按钮即可。

（2）单击"文件"→"另存为"菜单，将该样板文件另存为"案例\11\防雷保护平面图.dwg"文件。

（3）在"常用"标签下的"图层"面板中单击"图层特性"按钮🔲，打开"图层特性管理器"，新建如图 11-24 所示的 5 个图层，将"中心线层"图层设置为当前图层。

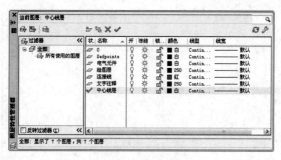

图 11-24　新建图层

11.3.2　绘制平面轮廓图

由图 11-22 可知，该平面图由墙体和墙柱组成，本节将依次介绍墙体和墙柱的绘制。

1. 绘制辅助线

（1）执行"直线"命令（L），在视图中绘制水平垂直相交的两条线段，长度分别 38 603mm 和 12 498mm，如图 11-25 所示。

（2）执行"偏移"命令（O），将垂直线段水平向右偏移距离分别为 25 089mm、3614mm、3300mm、3300mm 和 3300mm，如图 11-26 所示。

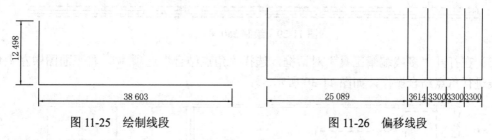

图 11-25　绘制线段　　　　　　　　　　　　　图 11-26　偏移线段

（3）执行"偏移"命令（O），将偏移得到的第 1 条垂直线段，分别向左、右侧各偏移 300mm 和 400mm，如图 11-27 所示。

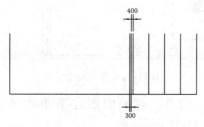

图 11-27　偏移线段

（4）在"图层控制"下拉列表框中，将"绘图层"图层设置为当前图层。

2．绘制墙体

（1）执行"多线"命令（ML），设置多线的比例为 263 和 250，开启"对象捕捉"模式，捕捉最左侧垂直线段下端点为多线的起点，垂直向上绘制比例为 263 的多线，并将对正类型设置为上，如图 11-28 所示。

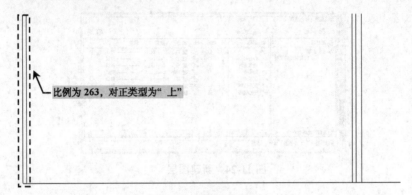

比例为 263，对正类型为" 上"

图 11-28　绘制 263 多线

（2）在使用相同的命令在平面图的上下水平线段处，按照如图 11-29 所示的位置绘制多线。

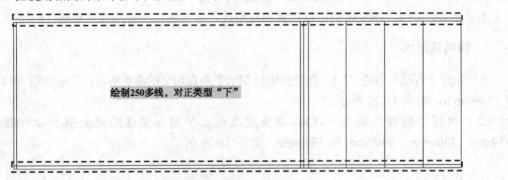

绘制250多线，对正类型"下"

图 11-29　绘制 250 多线

（3）在打开"多线编辑工具"对话框，选择"角点结合"选项 L，将平面图中左上角的的多线进行角点结合操作，如图 11-30 所示。

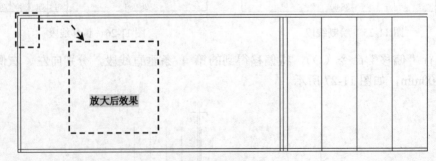

放大后效果

图 11-30　角点结合

（4）执行"直线"命令（L），在平面图左下角水平右侧处 4538mm 处，绘制 3962mm×250mm 的矩形，如图 11-31 所示。

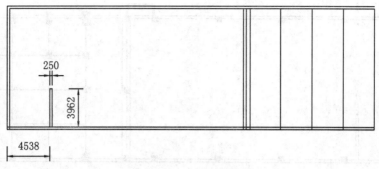

图 11-31　绘制矩形

（5）执行"多段线"命令（PL），按照如图 11-32 所示的尺寸在指定的位置处绘制多段线，并将绘制的多段线向内侧偏移 120mm。

（6）执行"偏移"命令（O），按照如图 11-33 所示的尺寸偏移，

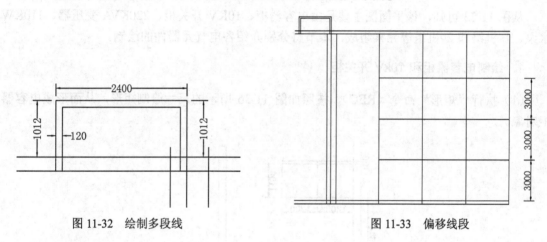

图 11-32　绘制多段线　　　　　　　　　　　　图 11-33　偏移线段

3．绘制墙柱

（1）执行"矩形"命令（REC），在视图中分别绘制 500mm×525mm、700mm×700mm、1000mm×500mm、1000mm×1000mm 和 700mm×1200mm 的几个矩形，代表不同大小的墙柱。

（2）执行"图案填充"命令（H），为上一步绘制的矩形内部填充"SOLID"图案，如图 11-34 所示。

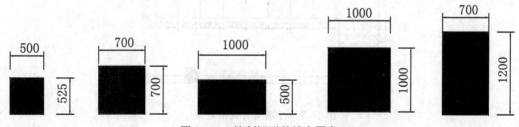

图 11-34　绘制矩形并填充图案

（3）执行"复制"命令（CO），按照如图 11-35 所示位置将所填充的矩形复制到图中，从而完成平面图框架的绘制。

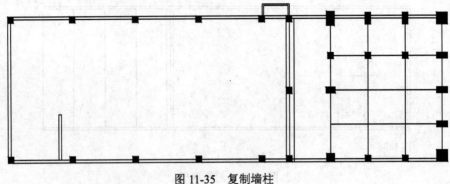

图 11-35　复制墙柱

11.3.3　绘制电气元器件

从图 11-23 可知，该平面图主要是由电容器柜、10KV 开关柜、220KVA 变压器、110KW 水泵、1#机组和 2#机组等元素组成，本节将分别介绍各电气元器件的绘制。

1．绘制电容器柜和 10kV 开关柜

（1）执行"矩形"命令（REC），按照如图 11-36 所示的尺寸绘制矩形，从而形成电容器柜对象。

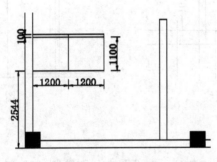

图 11-36　电容器柜

（2）执行"矩形"命令（REC），按照如图 11-37 所示的尺寸绘制 10kV 开关柜对象。

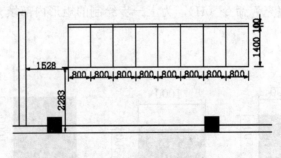

图 11-37　10KV 开关柜对象

2．绘制 220kVA 变压器和 110kW 水泵

（1）执行"矩形"命令（REC），按照如图 11-38 所示给出的尺寸绘制 220kVA 变压器。

（2）执行"矩形"命令（REC），按照如图 11-39 所示的尺寸绘制出两个 110KW 水泵。

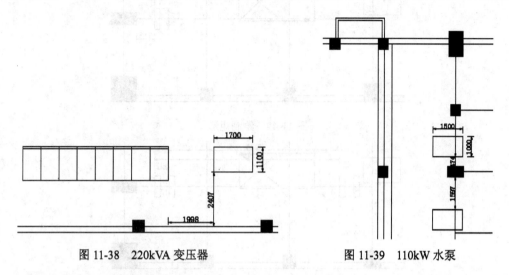

图 11-38　220kVA 变压器　　　　图 11-39　110kW 水泵

3．绘制 1#机组和 2#机组

（1）执行"矩形"命令（REC），按照如图 11-40 所示的尺寸绘制两个矩形。

（2）执行"直线"命令（L），分别上下的角点为起点，至上下水平线段中点处，从而形成 1#机组和 2#机组对象，如图 11-41 所示。

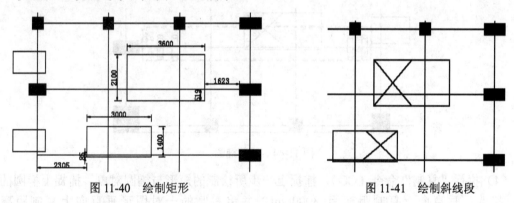

图 11-40　绘制矩形　　　　　　　图 11-41　绘制斜线段

11.3.4　绘制各区域间的图形符号

从图 11-23 可知，该平面图是由 1-1 剖至 3-3 剖间的分割区域，下面将介绍各个分割区域间的符号，利用"直线"、"椭圆"、"复制"和"修剪"等命令来进行操作。

1．绘制 1-1 剖区域所示的符号

（1）执行"矩形"命令（REC），按照如图 11-42 所示所给出的尺寸绘制矩形。

（2）执行"复制"命令（CO），捕捉上一步矩形右垂直中心为基点，水平向左偏移距离分别为 567mm、7377mm 和 7944mm，效果如图 11-43 所示。

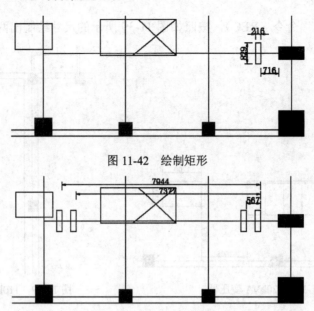

图 11-42　绘制矩形

图 11-43　复制矩形

（3）执行"椭圆"命令（EL）选择圆心选项，分别捕捉上一步矩形的上下水平中点为圆心，以矩形的水平线段为长轴，半轴为 64 的椭圆对象，再将椭圆内的多余线段修剪掉，效果如图 11-44 所示。

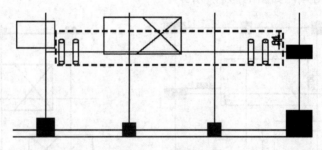

图 11-44　绘制椭圆

（4）执行"复制"命令（CO），捕捉上一步所绘制的矩形与椭圆对象，捕捉上椭圆的圆心为基点，垂直向上复制距离为 3000mm，并将右侧的一对图形垂直向上复制距离为 3000mm，如图 11-45 所示。

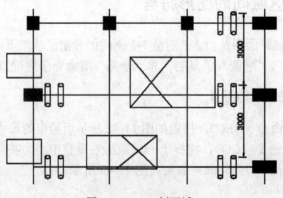

图 11-45　1-1 剖区域

2. 绘制 2-2 剖区域所示的符号

（1）执行"矩形"命令（REC），按照如图 11-46 所示给出的尺寸绘制矩形。

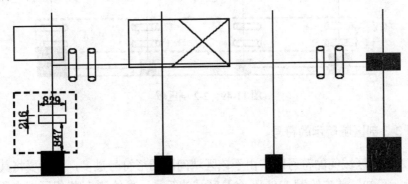

图 11-46 绘制矩形

（2）执行"复制"命令（CO），捕捉上一步矩形的上水平中点为基点，垂直向下复制距离为 567mm 的复制对象，如图 11-47 所示。

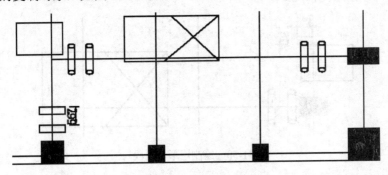

图 11-47 复制矩形

（3）执行"复制"命令（CO），选中上一步的两个矩形，捕捉矩形的左垂直中心点为基点，水平向右复制距离分别为 3158mm、6653mm 和 9818mm 的对象，如图 11-48 所示。

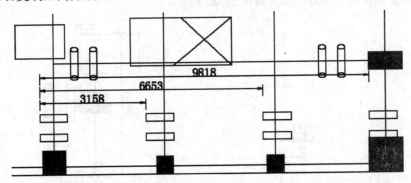

图 11-48 复制矩形

（4）再以之前 1-1 剖区域间的符号中所绘制的椭圆对象的方法，来绘制 2-2 剖区域间的椭圆对象，然后将椭圆内的线段修剪，完成 2-2 剖区域中的符号对象，效果如图 11-49 所示。

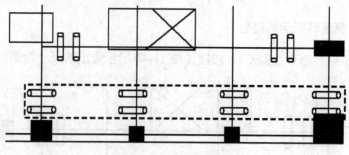

图 11-49   2-2 剖区域

3. 绘制 3-3 剖区域所示的符号

在绘制 2-2 剖区域间的符号时，由于该区域间的图形符号过多，所以要将其分开绘制，从图 11-28 所示可知，首先绘制 110kW 水泵区域的符号，再绘制 1#机组区域内所示的符号，最后将所有的区域内的图形完善即可。

（1）执行"矩形"命令（REC），按照如图 11-50 所示的尺寸绘制矩形，再捕捉该矩形的上左、右垂直中点绘制水平线段。

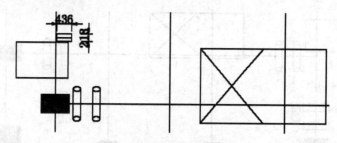

图 11-50   绘制矩形与线段

（2）在以前面绘制椭圆对象的方法一致，绘制如图 11-51 所示的椭圆对象，将椭圆内的线段修剪掉。

（3）执行"复制"命令（CO），选中上两步所绘制的图形，捕捉图形的下水平中点为基点，垂直向下复制距离为 3600mm，如图 11-52 所示。

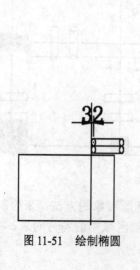

图 11-51   绘制椭圆

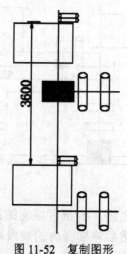

图 11-52   复制图形

（4）执行"矩形"命令（REC），按照如图 11-53 所示的尺寸绘制矩形，并捕捉左右中点绘制水平线段。

（5）在以之前相同的命令，绘制椭圆对象，并把椭圆内的线段修剪，如图 11-54 所示。

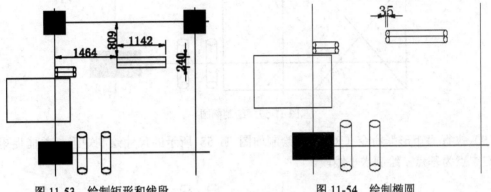

图 11-53　绘制矩形和线段　　　　　　　图 11-54　绘制椭圆

（6）执行"复制"命令（CO），选中上两步所绘制的符号，捕捉下水平中点为基点，垂直向下复制距离分别为 1000mm 和 1600mm 的对象，完成 3-3 剖区域间的最侧部分符号对象，效果如图 11-55 所示。

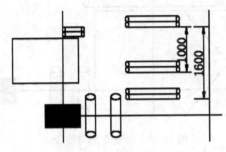

图 11-55　复制符号

（7）执行"直线"命令（L），按照如图 11-56 所示的尺寸绘制水平线段，并将该水平线段垂直向上偏移距离分别为 120mm、240mm 和 440mm 的水平线段，并将所偏移的线段两端相连接。

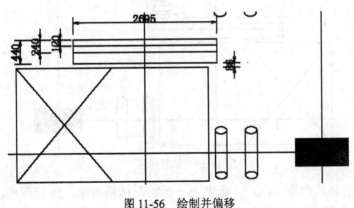

图 11-56　绘制并偏移

（8）再执行以上绘制椭圆对象相同的方法，绘制如图 11-57 所示的尺寸绘制椭圆对象。并将椭圆内的线段删除掉。

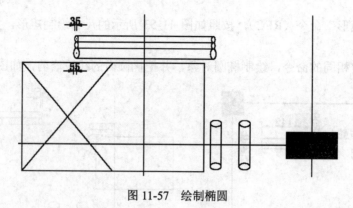

图 11-57　绘制椭圆

（9）执行"矩形"命令（REC），绘制如图 11-58 所示的尺寸绘制矩形，并捕捉矩形的左、右中点为基点，绘制水平线段。

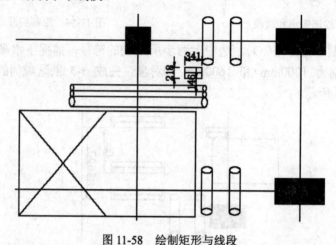

图 11-58　绘制矩形与线段

（10）执行相同命令，绘制如图 11-59 所示的椭圆对象，并将椭圆内的多余线段修剪掉。

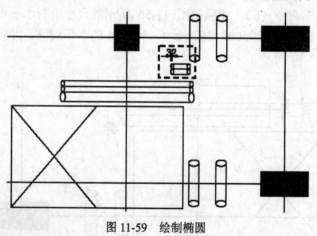

图 11-59　绘制椭圆

（11）执行"复制"命令（CO），选中上一步矩形椭圆对象，捕捉图形下水平中点为基点，垂直向上复制距离分别为 1963mm 和 2363mm 的对象，如图 11-60 所示。

（12）执行"矩形"命令（REC），在平面图的右上角处，按照如图 11-61 所示给出的尺寸绘制矩形和水平中心线段。

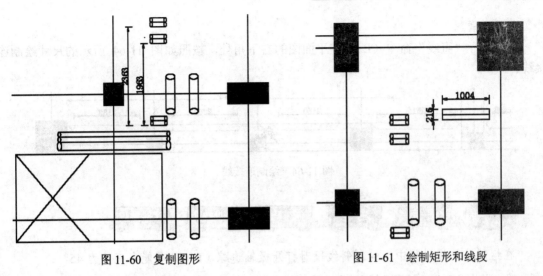

图 11-60　复制图形　　　　　　　　图 11-61　绘制矩形和线段

（13）执行以上绘制的椭圆对象的方法，绘制如图 11-62 所示的椭圆对象，将椭圆内的线段修剪掉。

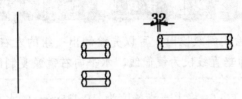

图 11-62　绘制椭圆

（14）至此，各个区域间的所有的图形符号已经全部绘制完成，最终效果如图 11-63 所示。

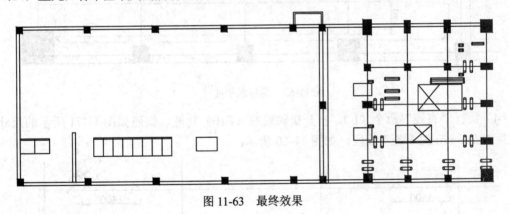

图 11-63　最终效果

11.3.5　绘制连接线

从图 11-23 可知，平面图中由各种连接线段、圆的切线和其他线段组成，利用"多段线"、"直线"、"圆"、"矩形"、"偏移"、"复制"和"修剪"等命令来进行操作。

1. 绘制 2-2 剖区域间的连接线

（1）在"图层控制"下拉列表框中，将"连接线"图层设置为当前图层，并将"电气元件"图层隐藏。

（2）执行"直线"命令（L），在平面图的右下角处，按照如图 11-64 所示的尺寸绘制连接线，

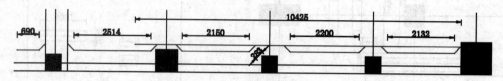

图 11-64　绘制连接线

在绘制连接线过程中，绘制斜线段时打开极轴追踪（F10）功能，夹角为 45°。

从图 11-69 可知，在绘制斜线段时。可以先绘制出一组的左右斜线段和水平线段，然后以平面轮廓的每一条辅助垂直线段为镜像线，水平向右镜像复制即可。

（3）执行"偏移"命令（O），将上一步长度为 10 425mm 的水平线段垂直向上偏移，偏移距离为 1000mm，如图 11-65 所示。

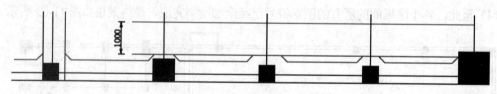

图 11-65　偏移水平线段

（4）执行"直线"命令（L），打开极轴追踪（F10）功能，按照如图 11-71 所示的尺寸绘制长度为 283mm 的 6 条斜线段，如图 11-66 所示。

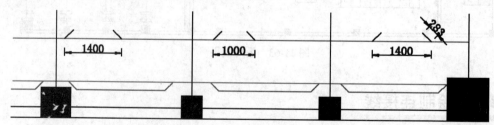

图 11-66　绘制斜线段

2. 绘制 2-2 和 3-3 剖区域间的连接线

（1）以上一步绘制的连接线在此基础上绘制，执行"直线"命令（L），捕捉最左侧斜线段的上端点为起点，垂直向上绘制长度为 6544mm 的垂直线段，如图 11-67 所示。

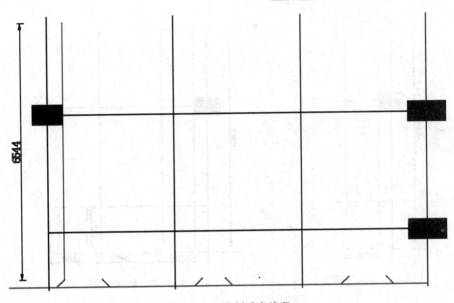

图 11-67　绘制垂直线段

（2）执行"偏移"命令（O），将绘制的垂直线段水平向右偏移，偏移距离分别为 1000mm、2600mm、600mm、893mm、2307mm 和 1000mm 的偏移对象，如图 11-68 所示。

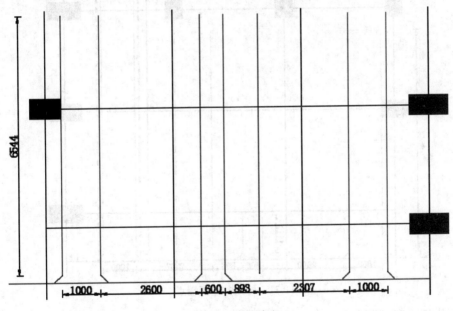

图 11-68　偏移线段

（3）执行"直线"命令（L），将最左侧间距为 1000mm 的垂直线段上两个端点连接，绘制连接线段，如图 11-69 所示。

（4）利用夹点编辑命令，将间距为 600mm 的的垂直线段，将其长度修改为 1112mm，如图 11-70 所示。

（5）利用夹点编辑命令，将最右侧间距为 1000mm 的两条垂直线段的长度修改为长度为 9199mm，利用直线命令，将线段上两端点相连接，如图 11-71 所示。

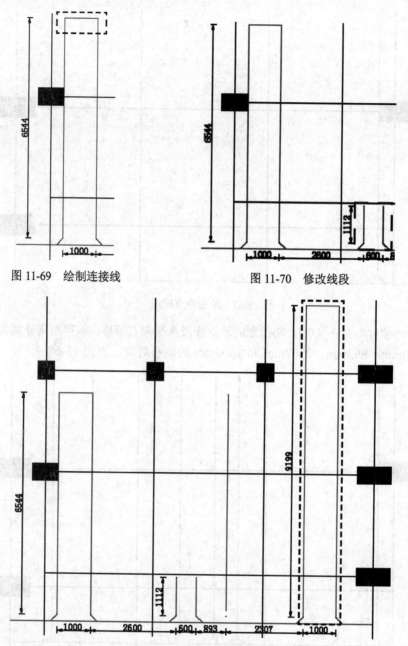

图 11-69 绘制连接线 　　　　　　图 11-70 修改线段

图 11-71 修改并连接端点

（6）再执行"直线"命令（L），按照如图 11-72 所示的尺寸绘制线段。

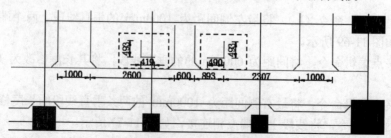

图 11-72 绘制线段

（7）执行"复制"命令（CO），选中上一步绘制线段的右相交角点为基点，复制到如图 11-73 所示指定位置。

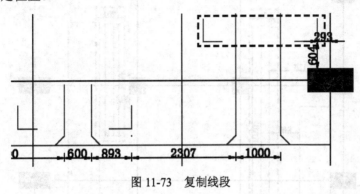

图 11-73　复制线段

（8）执行"直线"命令（L），按照如图 11-74 所示的指定位置及尺寸绘制相交线段。

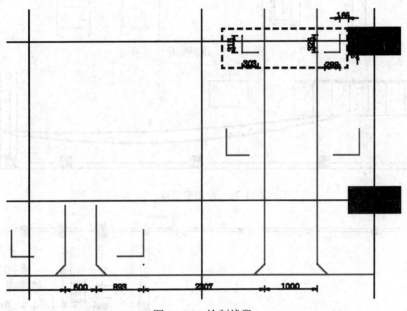

图 11-74　绘制线段

3．绘制 2-2 和 3-3 剖区域间的矩形和多段线

前面已经将各个区域间的连接线段绘制好了，下面将介绍在 2-2 和 3-3 剖区域间的矩形和 10kV 开关柜的多段线。

（1）执行"矩形"命令（REC），在平面图右上角处，按照如图 11-75 所示指定位置处按照尺寸绘制两个矩形。

（2）将隐藏的"电气元件"图层打开。

（3）执行"多段线"命令（PL），设置起始宽度为 30mm，按照如图 11-76 所示连接 10kV 开关柜和电井。

（4）至此，就将所有平面轮廓中的连接线绘制完成了，最终效果如图 11-77 所示。

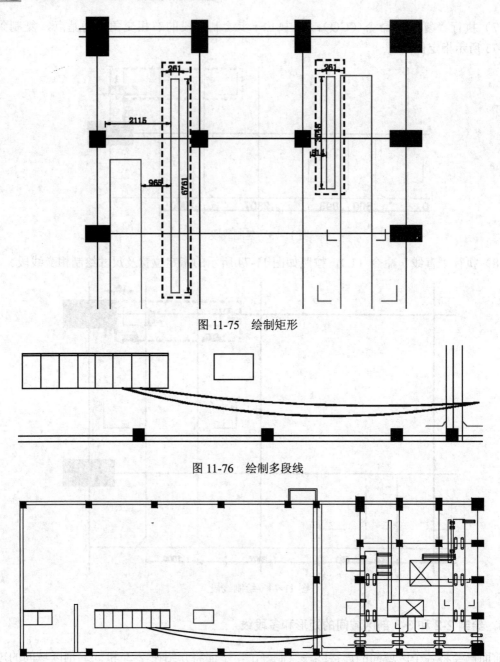

图 11-75　绘制矩形

图 11-76　绘制多段线

图 11-77　最终效果

11.3.6　绘制细节和圆切线

平面轮廓外部是由大圆、小圆、直线、复制、角钢图例等命令和图例绘制而成。

1. 绘制水平线段和圆

（1）执行"直线"命令（L），在平面图两侧绘制长度均为 6000mm 的水平线段，按照如图 11-78 所示的指定位置。

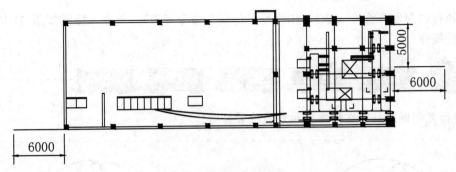

图 11-78　绘制水平线段

（2）执行"圆"命令（C），捕捉上一步线段的两侧端点为圆心，绘制半径为 3146mm 的两个圆，如图 11-79 所示。

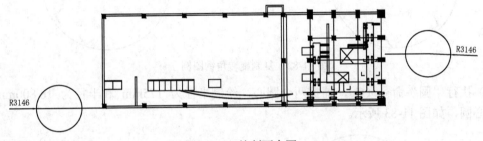

图 11-79　绘制两个圆

2．绘制矩形、圆与角钢图例

（1）执行"矩形"命令（REC），以圆心为矩形的中心点，绘制边长均为 750mm 的两个正方形，并连接矩形的对角线，如图 11-80 所示。

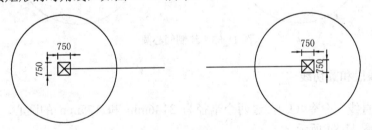

图 11-80　绘制矩形

（2）执行"多段线"命令（PL），设置起始宽度为 30，按照如图 11-81 所示指定位置的尺寸绘制角钢图例。

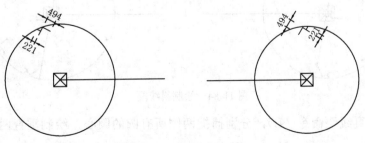

图 11-81　绘制角钢图例

（3）执行"复制"命令（CO）和执行"旋转"命令（RO）命令，按照如图 11-82 所示的效果进行操作。

在进行复制时，只需在图中所示适当位置即可。

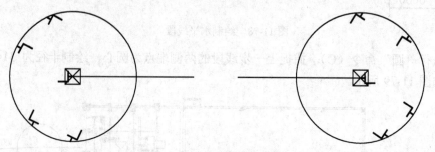

图 11-82　复制旋转角钢图例

（4）执行"圆"命令（C），捕捉两个圆心，绘制半径为 175mm 和半径为 18 800mm 的两组同心圆，如图 11-83 所示。

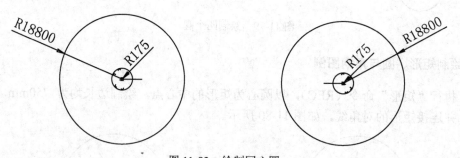

图 11-83　绘制同心圆

3．绘制斜线段和圆切线

（1）执行"直线"命令（L），过两个半径为 3146mm 和 175mm 的圆心，分别绘制两条斜线段，效果如图 11-84 所示。

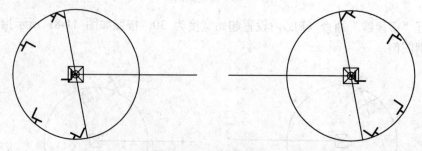

图 11-84　绘制斜线段

（2）执行"直线"命令（L），分别捕捉两侧所有圆的圆心，绘制垂直两条斜线段，如图 11-85 所示。

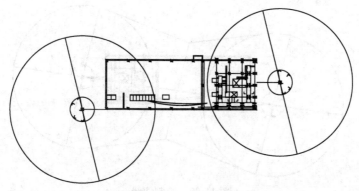

图 11-85　绘制斜线段

（3）执行"直线"命令（L），过所有圆的圆心绘制水平线段，如图 11-86 所示。

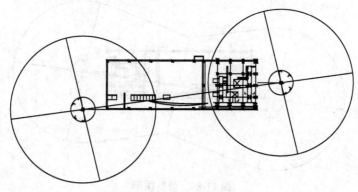

图 11-86　过圆心的水平线段

（4）执行"直线"命令（L），捕捉上一步水平线段的中点绘制与两条过圆心的斜线段平行长度为 26 100mm 的斜线段，如图 11-87 所示。

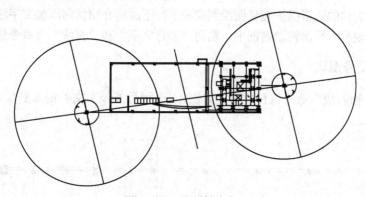

图 11-87　绘制斜线段

（5）执行"直线"命令（L），分别捕捉大圆上、下的切点"⊙"为起点，中心斜线段的上、下端点为终点，绘制切线，如图 11-88 所示。

在绘制切线过程中，单击鼠标右键在快捷菜单中选择切点"⊙"选项，绘制切线即可。

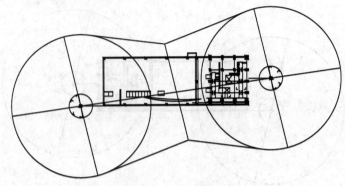

图 11-88　绘制切线

（6）执行"修剪"命令（TR），将所绘制的图形修剪完善图形，如图 11-89 所示。

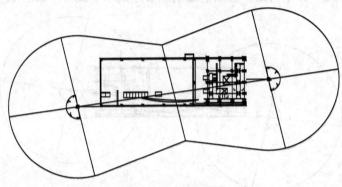

图 11-89　修剪图形

11.3.7　添加文字注释破折号

前面已经将大体的防雷保护装置图绘制完成了，下面将介绍如何添加文字注释，从图 11-23 可知，文字注释说明再平面轮廓内部中，利用"多行文字"和"直线"等命令进行操作。

1．插入破折号图块

（1）执行"插入块"命令（I），将"案例\11\破折号.dwg"文件插入到如图 11-90 所示指定位置。

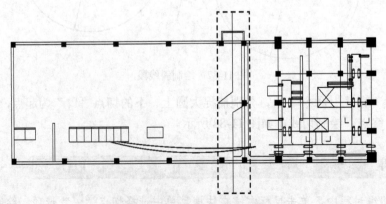

图 11-90　插入"破折号"图块

2. 添加文字注释说明

从图 11-28 可知，将文字注释以破折号为分割线，分别向破折号左、右两部分添加文字注释。

（1）在"图层控制"下拉列表框中，将"文字注释"图层设置为当前图层。

（2）执行"多行文字"命令（T），文字高度设置为"200"和"800"，只有"配电室"文字高度为"800"，其余文字注释均为 200，如图 11-91 所示。

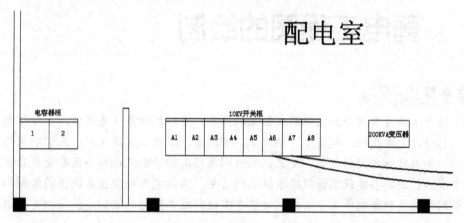

图 11-91　添加左部分文字说明

（3）执行"多行文字"命令（T），文字高度为"200"，添加破折号右边部分的文字注释说明，效果如图 11-92 所示。

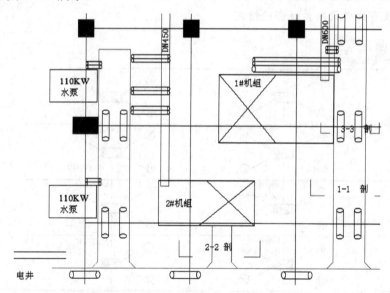

图 11-92　添加右部分文字注释说明

（4）至此，该防雷保护装置平面图已经绘制完成，按【Ctrl+S】键进行保存。

第12章

弱电工程图的绘制

本章导读

建筑弱电系统发展到今天已经形成独立的体系，处理的对象主要是信息，即信息的传送和控制，其特点是电压低、电流小、功率低、频率高。现代住宅建筑中，人们利用信息的传送与控制，完成彼此之间的通信、交流，同时利用信息的传输完成对小区安全及日常生活的管理。本章通过讲解某建筑电话线路系统图的绘制、某住宅可视监控系统图的绘制和某建筑有线电视网系统图的绘制等几个实例，使读者掌握弱电工程图的绘制方法及相关知识。

主要内容

📖 电话线路系统图的绘制
📖 某住宅可视监控系统图的绘制
📖 某建筑有线电视网系统图的绘制

效果预览

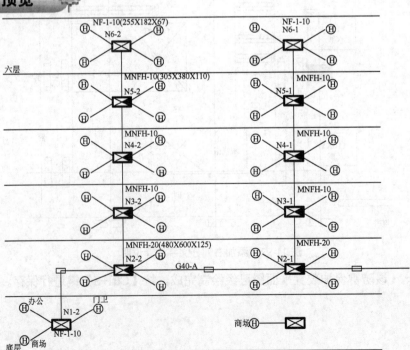

12.1 电话线路系统图的绘制

视频\12\电话线路系统图.avi
案例\12\电话线路系统图.dwg

电话线路由二层进线为单独进线不再分线，所以仅埋一要管，有关进线位置甲方要向电话局征询。电话线路要求直通但办公楼设计直通有困难设计增加过渡接线箱，办公楼距离较长分二端设装电话箱，联管距离较长施工要加装过渡分线箱，如图 12-1 所示为某建筑的电话线路系统图。

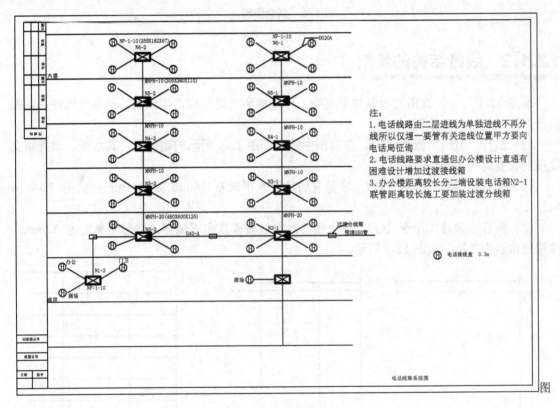

12-1　电话线路系统图

12.1.1 设置绘图环境

在绘制电话线路系统图时，可以将事先准备好的 A4 样板文件打开，并另存为新的 dwg 文件，然后在此新建 4 个图层。

（1）首先启动 AutoCAD 2013 软件，在"快捷访问工具"栏中单击"新建"按钮，从弹出的"选择样板"对话框中选择"案例\12\A4.dwt"样板文件，然后单击"打开"按钮即可。

（2）单击"文件"→"另存为"菜单，将该样板文件另存为"案例\12\电话线路系统图.dwg"文件。

（3）在"常用"标签下的"图层"面板中单击"图层特性"按钮，打开"图层特性管理器"，新建如图 12-2 所示的 4 个图层，然后将"辅助线"图层设置为当前图层。

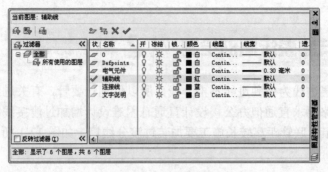

图 12-2　新建图层

12.1.2　线路结构的绘制

从图 12-1 可知，该图的绘制并不复杂，可先绘制线路结构，再绘制其他电气元件，下面将介绍线路结构图的绘制。

（1）执行"直线"命令（L），在视图中绘制如图 12-3 所示的辅助线，其水平、垂直相交线段的长度均为 245mm。

（2）执行"偏移"命令（O），将垂直的线段水平向右 78mm 和 111mm，如图 12-4 所示。

（3）执行"偏移"命令（O），将上侧的水平线段垂直向下偏移，偏移距离均为 35mm，偏移的次数为 7 次，如图 12-5 所示。

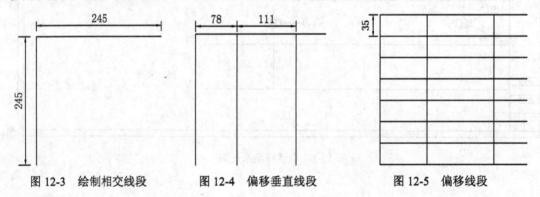

图 12-3　绘制相交线段　　　图 12-4　偏移垂直线段　　　图 12-5　偏移线段

12.1.3　电气元件的绘制

该电话线路主要由电话分线箱和电话接线盒组成，下面将依次介绍电气元件的绘制，利用"矩形"、"直线"、"图案填充"、"圆"和"多行文字"等命令进行操作。

1．绘制电话分线箱和电话接线盒

（1）在"图层控制"下拉列表框中，将"电气元件"图层设置为当前图层。

（2）执行"矩形"命令（REC），在视图中绘制一个 12mm×6mm 的矩形，如图 12-6 所示。

　　由于"电气元件"图层中的线宽设置为 0.30mm，所以此处所绘制的矩形对象的线宽为 0.30mm。

　　（3）执行"直线"命令（L），捕捉矩形上的相应端点绘制对角线，如图 12-7 所示。

　　（4）执行"复制"命令（CO），将上一步绘制的图形复制 1 份。

　　（5）执行"图案填充"命令（H），为上一步复制的图形右侧填充"ANSI31"图案，比例为 1，从而形成电话分线箱对象，如图 12-8 所示。

　　（6）执行"定数等分"命令（DIV），将电话分线箱左侧的垂直线段分为 3 份，如图 12-9 所示。

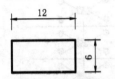
图 12-6　绘制矩形

图 12-7　绘制对角线

选择"ANSI31"
比例为1
图 12-8　电话分线箱

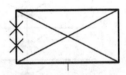
图 12-9　定数等分

　　可选择"格式"→"点样式"菜单，从弹出的"点样式"对话框中设置点的样式为"×"。

　　（7）执行"直线"命令（L），按【F10】键打开"极轴追踪"命令，捕捉上一步电话分线箱等分上侧节点作为起点，绘制夹角为 20°，长度为 17mm 的斜线段，如图 12-10 所示。

　　（8）再按照前面相同的方法，在电话分线箱的左下、右上和右下侧位置，绘制相同的斜线段以此作为电话分线箱的分支线，如图 12-11 所示。

　　（9）执行"矩形"命令（REC），绘制一个 6mm×4mm 的矩形，如图 12-12 所示。

　　（10）执行"圆"命令（C），绘制半径为 3mm 的圆，再执行"多行文字"命令（T），在圆内输入文字"H"，文字高度为"5"，从而作为电话接线盒对象，如图 12-13 所示。

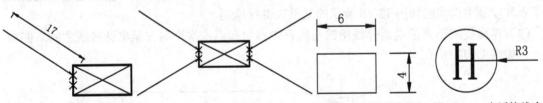

图 12-10　绘制斜线段　　　图 12-11　绘制斜线段　　　图 12-12　绘制矩形　　图 12-13　电话接线盒

　　可以使用"镜像"命令（MI），将上一步所绘制的斜线段以其矩形左、右侧的中点来进行垂直镜像复制操作。另外，由于此处的等分点对象是作为绘制分支线的辅助点，这里应重新执行"点样式"命令，将点的样式设置为"无"，从而将看不到点"×"效果。

12.1.4 组合图形

前面已经将线路结构图和电气元件绘制完成了，下面讲解将所有的电气元件组合在线路结构中。

（1）执行"编组"命令（G），将前面所绘制的电话分线箱和分支线对象进行群组操作，从而作为一个整体。

（2）执行"复制"命令（CO），将上一步所编组的对象分别复制到辅助线结构的相应位置处，效果如图 12-14 所示。

（3）执行"复制"命令（CO），将电话接线盒复制到相应的分支线上，效果如图 12-15 所示。

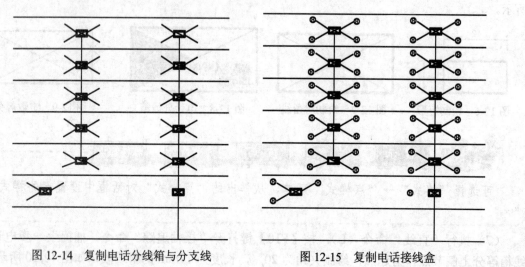

图 12-14 复制电话分线箱与分支线　　　图 12-15 复制电话接线盒

12.1.5 连接线的绘制

本节将介绍该线路图的连接线的绘制，利用"直线"和"复制"等命令进行操作。

（1）执行"直线"命令（L），添加最下侧两个电话分线箱的连接线，捕捉电话分线箱上侧中点和左侧中点按照如图 12-16 所示的效果来进行绘制。

（2）再捕捉右下角的电话分线箱的左垂直中点为起点，水平向左至电话接线盒的右侧象限点，如图 12-17 所示。

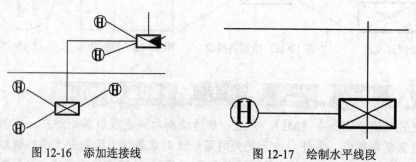

图 12-16 添加连接线　　　图 12-17 绘制水平线段

（3）执行"直线"命令（L），捕捉图 12-16 的添加连接线的电话分线箱的右垂直中心点为起点水平向右至右侧的电话分线的中点处为端点，效果如图 12-18 所示。

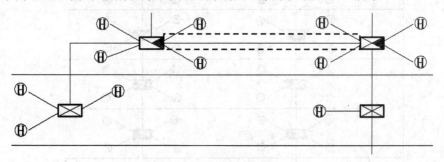

图 12-18　绘制水平线段

（4）执行"直线"命令（L），捕捉上一步图 12-20 右上角的电话分线箱的右垂直中点为起点绘制水平向右长度为 68mm 的水平线段，如图 12-19 所示。

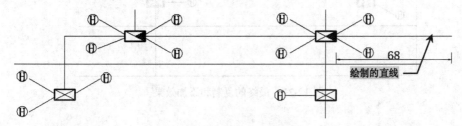

图 12-19　绘制水平线段

（5）执行"复制"命令（CO），捕捉图 12-10 的矩形的中心点为基点，分别复制到所绘制的连接线的角点与中点处，按照如图 12-20 所示的位置来进行复制。

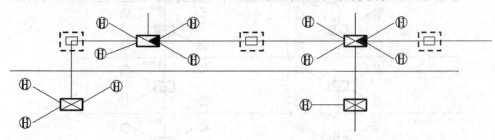

图 12-20　复制矩形

（6）最终，以上所添加的连接线和复制的电气元件符号的效果如图 12-21 所示。

12.1.6　添加文字注释和引线标注

在绘制完电话线路系统图后，需要对图中的相应内容添加文字说明，主要使用"引线标注"和"多行文字"命令进行操作。

（1）在"图层控制"下拉列表框中，将"文字说明"图层设置为当前图层。

（2）执行"多行文字"命令（T），在图形的相应位置添加文字说明，文字高度为"3"，如图 12-22 所示。

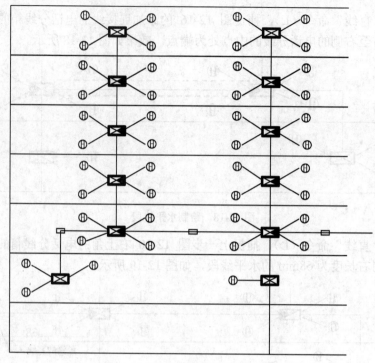

图 12-21　最终的复制和添加效果

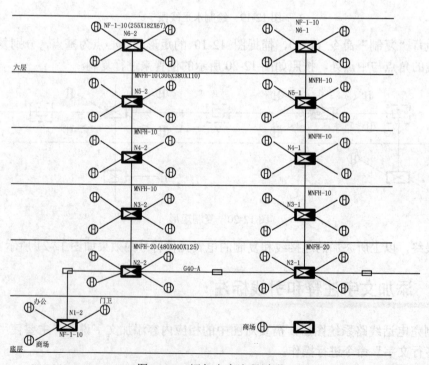

图 12-22　添加文字注释说明

（3）执行"引线标注"（LE），按照如图 12-23 所示的指定位置来进行引线标注。

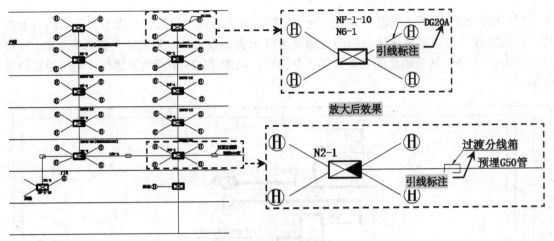

图 12-23　添加引线标注

（4）按照如图 12-24 所示的效果，为图形绘制图框及添加文字标注，从而完成电话线路系统图的绘制。

（5）至此，电话线路系统图的绘制已完成，按【Ctrl+S】键进行保存。

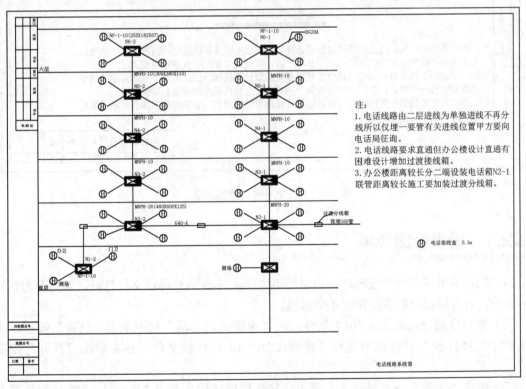

图 12-24　最终的效果

AutoCAD 2013

12.2　某住宅可视监控系统图的绘制

视频\12\住宅可视监控系统图的绘制.avi
案例\12\住宅可视监控系统图.dwg

建筑住宅可视监控系统图所使用的各种监视器，按功能区分，主要有图像监视器、接收监视两用机和电视接收机 3 类，这 3 类又都有黑白和彩色之分，至于监视器的大小，一般按屏幕对角线的长度用英寸来表示，这时因为早期的显像管都是用直径来表示大小的圆形示波管，后来发展成为矩形显像管就沿用对象线来表示大小规格，一般的矩形管的高：宽：对角线之比为 3：4：5，目前的显像管多采用 2~9 英寸，如图 12-25 所示为某建筑住宅可视监控系统图。

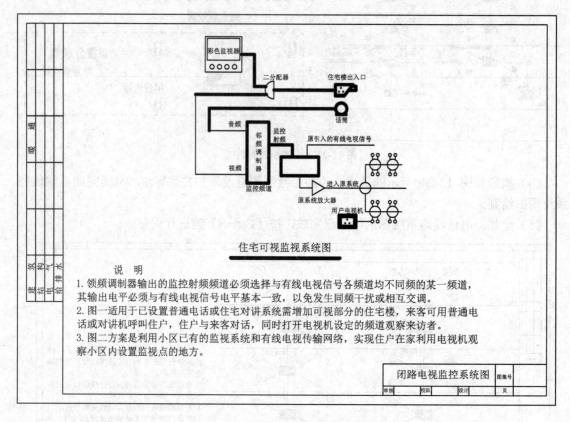

图 12-25　住宅可视监控系统图

12.2.1　设置绘图环境

在绘制住宅可视监控系统图时，可以将事先准备好的 A3 样板文件打开，并另存为新的 dwg 文件，然后根据绘制需要新建 4 个图层。

（1）首先启动 AutoCAD 2013 软件，在"快捷访问工具"栏中单击"新建"按钮，从弹出的"选择样板"对话框中选择"案例\12\A3.dwt"样板文件，然后单击"打开"按钮即可。

（2）单击"文件"→"另存为"菜单，将该样板文件另存为"案例\12\住宅可视监控系统图.dwg"文件。

（3）在"常用"标签下的"图层"面板单击"图层特性"按钮，打开"图层特性管理器"，新建如图 12-26 所示的 4 个图层，然后将"线路结构"图层设置为当前图层。

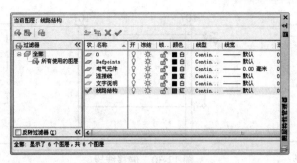

图 12-26 设置图层

12.2.2 线路结构的绘制

从图 12-25 可知，该图要先绘制线路结构，再绘制其他监控线路图，下面将介绍线路结构的绘制。

（1）执行"直线"命令（L），在视图中绘制如图 12-27 所示的辅助线，其水平、垂直相交线段的长度为 14 000mm 和长度为 8268mm 的垂直线段。

（2）执行"偏移"命令（O），将水平线段垂直向下偏移，偏移距离分别为 1722mm、438mm、800mm、1150mm 和 2361mm，如图 12-28 所示。

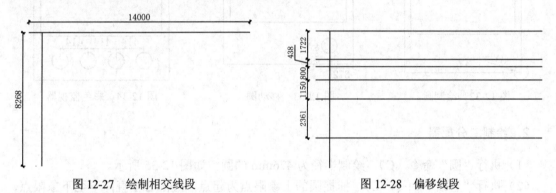

图 12-27 绘制相交线段   图 12-28 偏移线段

12.2.3 监控线路的绘制

由图 12-27 可知，该监控线路主要由彩色监视器、二分配器、住宅楼出入口、话筒、领频调制器和混合器组成，本节将依次介绍这些电气元件的绘制方法。

1. 绘制彩色监视器

（1）在"图层控制"下拉列表框中，将"电气元件"图层设置为当前图层。

（2）执行"矩形"命令（REC），绘制一个 2006mm×1904mm 的矩形，如图 12-29 所示。

（3）执行"分解"命令（X），将上一步绘制的矩形进行分解。

（4）执行"偏移"命令（O），将矩形左、右侧的垂直边分别向内偏移 107mm，再将矩形的上侧水平边依次向下偏移 93mm 和 1170mm，如图 12-30 所示。

（5）执行"修剪"命令（TR），将图中的多余线段修剪掉，如图 12-31 所示。

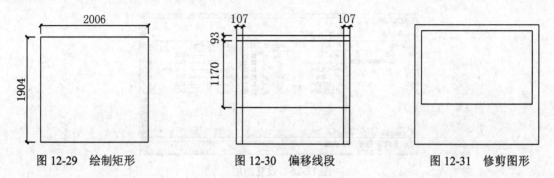

图 12-29　绘制矩形　　　　图 12-30　偏移线段　　　　图 12-31　修剪图形

（6）执行"圆"命令（C），捕捉大矩形左下角点为圆心，绘制一个半径为 119mm 的圆，如图 12-32 所示。

（7）执行"移动"命令（M），捕捉圆心为基点，水平向右移动 372mm，垂直向上移动 282mm，如图 12-33 所示。

（8）执行"复制"命令（CO），捕捉圆心为基点，水平向右复制 3 次，复制距离均为414mm，复制时都以前一个圆为复制对象，从而形成彩色监视器对象，如图 12-34 所示。

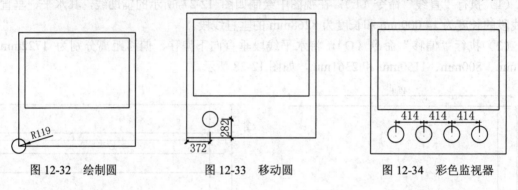

图 12-32　绘制圆　　　　图 12-33　移动圆　　　　图 12-34　彩色监视器

2．绘制二分配器

（1）执行"圆"命令（C），绘制半径为 476mm 的圆，如图 12-35 所示。

（2）执行"直线"命令（L），捕捉圆的上象限点为起点，过圆心垂直向下至下象限点，绘制一条垂直线段，如图 12-36 所示。

（3）执行"修剪"命令（TR），将垂直线段右部分的圆弧修剪掉，从而形成二分配器对象，效果如图 12-37 所示。

图 12-35　绘制圆　　　　图 12-36　绘制垂直线段　　　　图 12-37　二分配器

3．绘制住宅楼出入口

（1）执行"矩形"命令（REC），绘制 974mm×605mm 的矩形，如图 12-38 所示。

（2）执行"直线"命令（L），捕捉矩形右上角点为起点至下侧水平中心点为目标点，绘制斜线段，然后斜线段右侧部分的多余线段修剪，如图 12-39 所示。

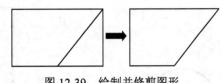

图 12-38 绘制矩形   图 12-39 绘制并修剪图形

（3）执行"多边形"命令（POL），在左下角处绘制边长均为 222mm 的等边三角形，如图 12-40 所示。

（4）执行"圆"命令（C），捕捉三角形的 3 个顶点为圆心，绘制半径为 30mm，并将等边三角形删除，如图 12-41 所示。

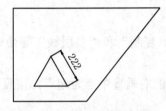

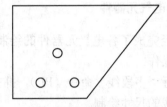

图 12-40 绘制等边三角形   图 12-41 绘制圆并删除等边三角形

（5）执行"图案填充"命令（H），选择图案为"SOLID"的图案，并将图案分别填充到 3 个圆内，如图 12-42 所示。

（6）执行"多段线"命令（PL），捕捉斜线段的中点为起点按照如图 12-43 所示的尺寸效果绘制多段线，将住宅楼出入口图形的线宽设置为 0.3mm，从而形成住宅楼出入口对象，如图 12-43 所示。

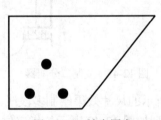

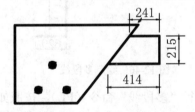

图 12-42 填充图案   图 12-43 住宅楼出入口

4．绘制话筒、邻频调制器和混合器

（1）执行"圆"命令（C），绘制半径为 310mm 的圆，并在圆的下象限点的外侧绘制长度为 539mm 的水平线段，并将图形的线宽设置为 0.3mm，如图 12-44 所示。

（2）执行"矩形"命令（REC），分别绘制 3287mm×1188mm 和 2066mm×1014mm 的两个矩形，如图 12-45 所示。

提 示   注 意   技 巧   专业技能   软件知识

在这里绘制该两个元件图形都是矩形，没有其他的绘图方式，在后面步骤中只需添加文字注释即可。

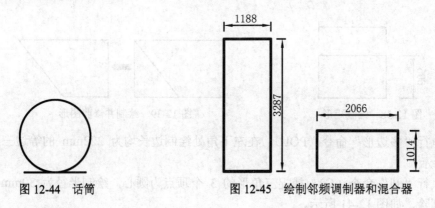

图 12-44 话筒

图 12-45 绘制邻频调制器和混合器

5. 连接电气元器件

前面已经完成了各电气元器件的绘制，下面利用"复制"和"多段线"等命令进行各元器件的连接操作。

（1）执行"多段线"命令（PL），捕捉彩色监视器的右垂直中点为起点，按照如图 12-46 所示的多段线的尺寸绘制。

（2）执行"复制"命令（CO），按照如图 12-47 所示的指定位置复制二分配器。

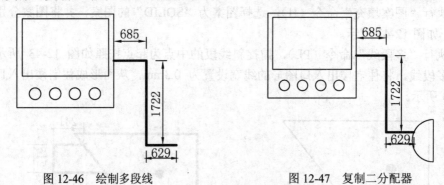

图 12-46 绘制多段线

图 12-47 复制二分配器

（3）执行"多段线"命令（PL），按照如图 12-48 所示的尺寸效果绘制多段线。

（4）执行"复制"命令（CO），将领频调制器复制到如图 12-49 所示的指定位置处。

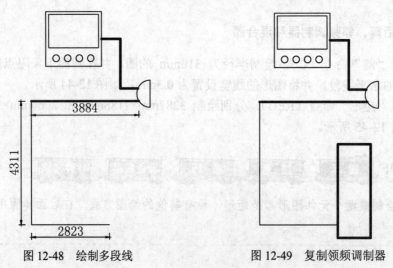

图 12-48 绘制多段线

图 12-49 复制领频调制器

（5）执行"多段线"命令（PL），捕捉领频调制器的左垂直中点向上的 1181mm 位置的点为起点，按照如图 12-50 所示的尺寸进行绘制，并复制话筒元件至图中所示指定的位置。

（6）执行"多段线"命令（PL），捕捉领频调制器的右垂直中点向上 431mm 位置的点为起点，按照如图 12-51 所示的尺寸进行绘制和复制混合器元件至图中所示指定的位置。并将住宅出入口元件和二分配器用一条水平线段连接，图中的尺寸进行绘制，从而完成监控线路图。

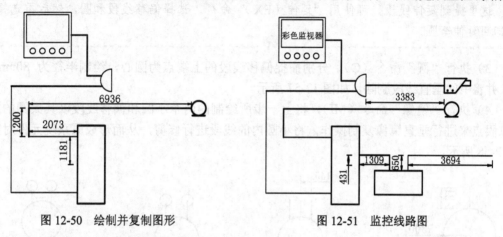

图 12-50 绘制并复制图形   图 12-51 监控线路图

12.2.4 原系统线路的绘制

前面已经完成了监控线路图的绘制，本节将介绍原系统线路的绘制方法，由原系统放大器、用户电视机和原系统元件组成。

1. 绘制原系统放大器和用户电视机

（1）执行"多边形"命令（POL），绘制等边为 785mm 的三角形，从而形成原系统放大器对象，如图 12-52 所示。

（2）执行"矩形"命令（REC），绘制一个 944mm×660mm 的矩形，再执行"偏移"命令（O），将绘制的矩形向内侧偏移 80mm，如图 12-53 所示。

（3）再以之前绘制住宅楼出、入口的圆形和填充图案的方法一致，小矩形内侧按照如图 12-54 所示的效果进行绘制，从而形成电视机对象。

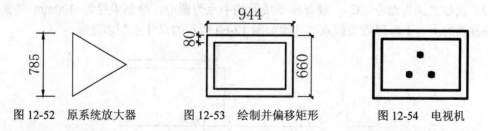

图 12-52 原系统放大器   图 12-53 绘制并偏移矩形   图 12-54 电视机

2. 绘制原系统元件

（1）执行"圆"命令（C），绘制半径为 300mm 的圆，并以圆的上侧象限点为起点，向上绘制一条长度为 221mm 的垂直线段，如图 12-55 所示。

（2）执行"偏移"命令（O），将绘制的垂直线段向左、右侧各偏移 145mm，将偏移得到的线段延伸至圆上，如图 12-56 所示。

这里提到延伸线段，可使用"延伸（EX）"命令。选择偏移线段和圆，然后再选择线段即可延伸至圆。

（3）执行"圆"命令（C），分别捕捉偏移线段的上端点为圆心，绘制半径为 80mm 的圆，并将中间垂直线段删除，如图 12-57 所示。

（4）执行"镜像"命令（MI），将上一步所绘制的两个小圆和偏移线段以其大圆的左、右象限点来进行垂直镜像复制操作，将小圆内的线段进行修剪，从而形成原系统元件对象如图 12-58 所示。

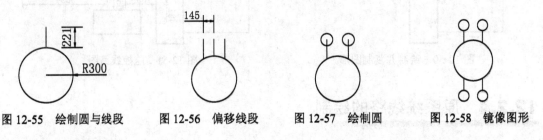

图 12-55　绘制圆与线段　　图 12-56　偏移线段　　图 12-57　绘制圆　　图 12-58　镜像图形

3．连接元器件

前面已经完成了各元器件的绘制，下面利用"圆"、"多段线"、"复制"和"直线"等命令进行各元器件的连接。

（1）执行"多段线"命令（PL），捕捉原系统放大器的左垂直中点为起点，按照如图 12-59 所示的尺寸绘制多段线，在捕捉该元件的右顶点为起点，绘制水平线段。

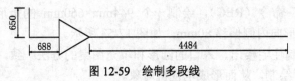

图 12-59　绘制多段线

（2）执行"圆"命令（C），捕捉水平线段的中点为圆心，绘制半径为 300mm 的圆，再分别捕捉圆的上、下象限点为起点，按照如图 12-60 所示的尺寸绘制多段线。

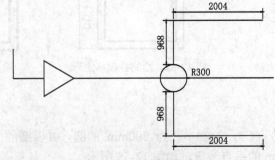

图 12-60　绘制多段线

（3）执行"复制"命令（CO），捕捉原系统元件的中心点为基点，复制到如图 12-61 所示的指定位置处。

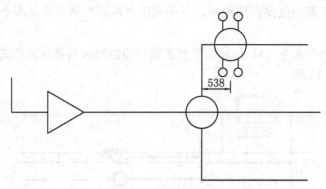

图 12-61 复制原系统元件

（4）执行"复制"命令（CO），捕捉复制的原系统元件的圆心为基点，水平向右复制距离为 960mm，再捕捉两个原系统元件的圆心，垂直向下复制距离为 2536mm，如图 12-62 所示。

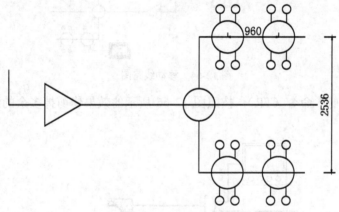

图 12-62 复制原系统元件

（5）执行"直线"命令（L），捕捉左下角原系统元件小圆的左象限点为起点水平向左绘制长度为 817mm，再捕捉电视机的右垂直中点至线段的左端点位置，从而完成原系统线路图，如图 12-63 所示。

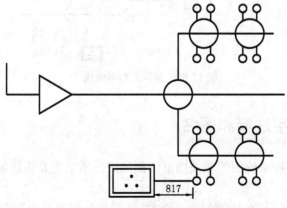

图 12-63 原系统线路图

4．组合线路结构

前面已经完成了两个线路图的绘制，下面利用"移动"命令将其两个线路图连接到线路结构图中。

（1）执行"移动"命令（M），将所绘制的监控线路和原系统线路将其复制到线路结构图中，效果如图 12-64 所示。

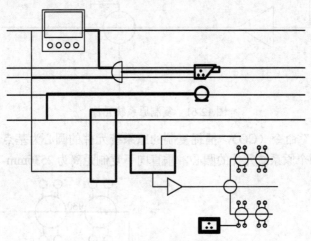

图 12-64　移动线路图

（2）执行"修剪"命令（TR），按照图 12-66 所示的效果修剪掉多余的线段，如图 12-65 所示的图形中。

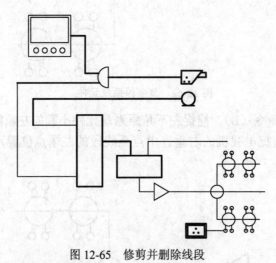

图 12-65　修剪并删除线段

12.2.5　添加文字注释和图名

前面已经将可视监控系统图的相关图形绘制完成，本节主要讲解为绘制完成的图形添加相关的文字说明。

（1）在"图层控制"下拉列表框中，将"文字说明"图层设置为当前图层。

（2）执行"多行文字"命令（MT），在图形的相应位置处添加相关的文字说明，如图 12-66 所示。

（3）执行"多行文字"命令（MT），在图形的下侧相应位置添加图名，从而完成住宅可视监视系统图的绘制，如图 12-67 所示。

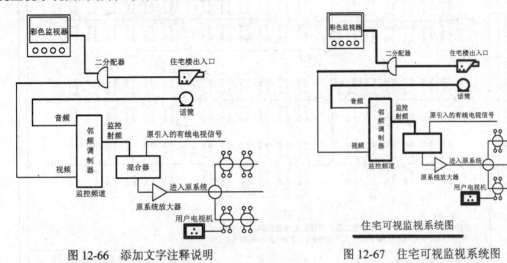

图 12-66　添加文字注释说明　　　　　　　图 12-67　住宅可视监视系统图

（4）至此，该住宅可视监控系统图已经绘制完成，按【Ctrl+S】键保存。

AutoCAD 2013
12.3　某建筑有线电视网系统图的绘制

视频\12\有线电视网系统图的绘制.avi
案例\12\有线电视网系统图.dwg

有线电视系统一般由前端部分、干线部分和分配部分三部分组成。

前端部分提供有线电视信号源，前端设备主要有卫星接收设备、采编、录放（接目制作）设备、调制器、混合器和光发射机等。有线电视信号源可以有各种类型，物业有线电视输出端是主要来源，根据需要，用户如果有自办节目，或者要接收上级有线电视台以外的卫星电视都要设置卫星接收设备和调制器，如果当卫星接收的频道与有线电台播放的频道有冲突时，应将卫星接收频道加频道转换器，转换到 1～64 频道中某一空余频道，如果制式不同还必须加制式转换器，最后与有线电视系统一起混合后传向用户电视系统。

干线主要设备是光发射机、光中继、光接收机和干线放大器，根据距离远近、有线电视用户总数不同，需要干线提供的信号大小也不一样，光发射机、光中继、光接收机和干线放大器用来补偿干线上的传输损耗，把输入的有线电视信号调整到合适的大小输出。

分配系统部分的设备包括接入放大器、分支分配器和用户盒。分支分配器属于无源器件，作用是将一路电视信号分成几路信号输出，相互组合直接接到终端用户的电视面板上，使电视机端的输入电平按规范要求应控制在 64±4dBmV 之间。在用户终端相邻频道之间的信号电平差不应大于 3dB，但邻频传输时，相邻频道的信号电平差不应大于 2dB，将根据此标准采用不同规格的分支分配器。但分配出的线路不能开路，不用时应接入 75Ω 的负载电阻。

如图 12-68 所示为某建筑的有线电视网系统图，本节将详细讲解该图的绘制过程。

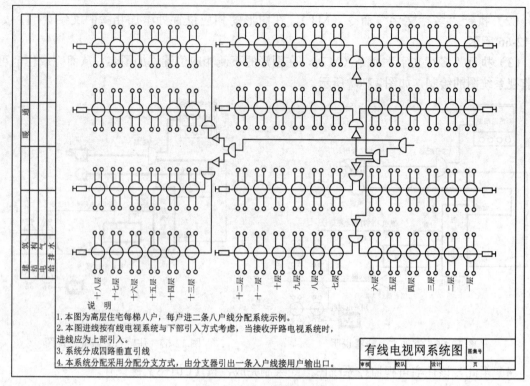

图 12-68　有线电视网系统图

12.3.1　设置绘图环境

在绘制电话线路系统图时，可以将事先准备好的 A3 样板文件打开，并另存为新的 dwg 文件，然后在此新建 4 个图层。

（1）首先启动 AutoCAD 2013 软件，在"快捷访问工具"栏中单击"新建"按钮，从弹出的"选择样板"对话框中选择"案例\12\A3.dwt"样板文件，然后单击"打开"按钮即可。

（2）单击"文件"→"另存为"菜单，并将新建的文件保存为"案例\12\有线电视网系统图.dwg"打开。

（3）在"常用"标签下的"图层"面板单击"图层特性"按钮，打开"图层特性管理器"，新建如图 12-69 所示的 3 个图层，然后将"线路结构"图层设置为当前图层。

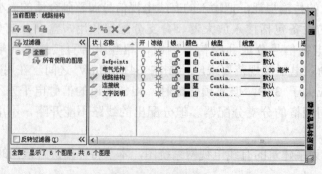

图 12-69　新建图层

12.3.2 线路结构的绘制

从图 12-67 可知，该图要先绘制线路结构，再绘制其他电气元件，然后组合图形添加文字注释，下面将介绍线路结构的绘制。

（1）执行"直线"命令（L），在视图中绘制如图 12-70 所示的辅助线，其水平、垂直相交线段的长度为 26 700mm 和 14 934mm。

（2）执行"偏移"命令（O），将垂直线段水平向右偏移距离分别为 8309mm、8709mm和 8754mm 的偏移线段，如图 12-71 所示。

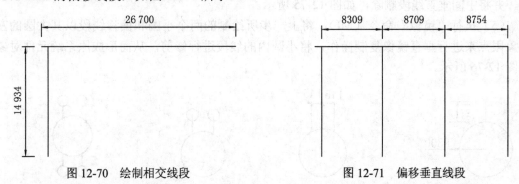

图 12-70　绘制相交线段　　　　　　　图 12-71　偏移垂直线段

（3）执行"偏移"命令（O），将水平线段垂直向下偏移距离分别为 122mm、3478mm、4472mm 和 3601mm，如图 12-72 所示。

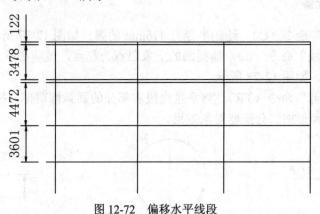

图 12-72　偏移水平线段

12.3.3 电气元件的绘制

从图 12-67 分析，该系统图主要是由原系统元件、二分配器、原系统放大器和分支器组成，本节将介绍如何绘制电气元件。

1. 绘制原系统元件

（1）在"图层控制"下拉列表框中，将"电气元件"图层设置为当前图层。

（2）执行"圆"命令（C），绘制半径为 300mm 的圆，并捕捉圆的上象限点为起点，垂直向上绘制长度为 221mm 的线段，如图 12-73 所示。

（3）执行"偏移"命令（O），将绘制的垂直线段向左、右侧各偏移 145mm，将偏移得到的线段延伸至圆上，如图 12-74 所示。

这里提到延伸线段，可使用"延伸（EX）"命令。选择偏移线段和圆，然后再选择线段即可延伸至圆。

（4）执行"圆"命令（C），分别捕捉偏移线段的上端点为圆心，绘制半径为 80mm 的圆，并将中间垂直线段删除，如图 12-75 所示。

（5）执行"镜像"命令（MI），将上一步所绘制的两个小圆和偏移线段以其大圆的左、右象限点来进行垂直镜像复制操作，将小圆内的线段进行修剪，从而形成原系统元件对象，如图 12-76 所示。

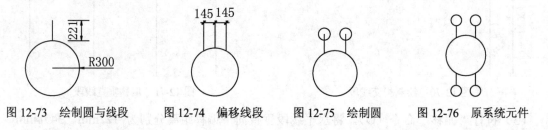

图 12-73　绘制圆与线段　　　图 12-74　偏移线段　　　图 12-75　绘制圆　　　图 12-76　原系统元件

2．绘制二分配器

（1）执行"圆"命令（C），绘制半径为 476mm 的圆，如图 12-77 所示。

（2）执行"直线"命令（L），捕捉圆的上象限点为起点，过圆心垂直向下至下象限点，绘制一条垂直线段，如图 12-78 所示。

（3）执行"修剪"命令（TR），将垂直线段右部分的圆弧修剪掉，按照如图 12-79 所示的尺寸绘制线段从而形成二分配器对象效果。

图 12-77　绘制圆　　　　　图 12-78　绘制垂直线段　　　　　图 12-79　二分配器

3．绘制原系统放大器和分支器

（1）执行"多边形"命令（POL），绘制等边为 504mm 的三角形，从而形成原系统放大器对象，如图 12-80 所示。

（2）执行"矩形"命令（REC），绘制 574mm×262mm 的矩形，如图 12-81 所示。

（3）执行"直线"命令（L），捕捉矩形左垂直中心点为起点，水平向左绘制长度为 210mm 的水平线段，再绘制垂直线段为 298mm，然后将垂直线段的中心点与水平线段的左端点重合，从而形成分支器对象如图 12-82 所示。

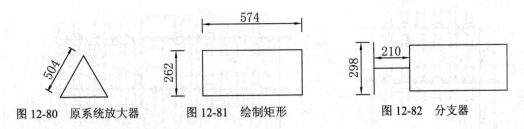

图 12-80 原系统放大器   图 12-81 绘制矩形   图 12-82 分支器

12.3.4 组合图形绘制连接线

前面已经完成了系统图所需的电气元件，利用"移动"、"复制"和"线段"命令，将电气元件连接到线路结构图中。

1. 组合电气元件

（1）执行"复制"命令（CO），捕捉分支器的右垂直中心点为基点，复制到左上角水平向右距离垂直线段 971mm 的位置处，如图 12-83 所示。

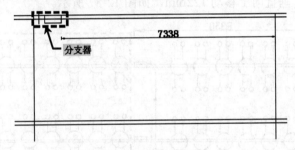

图 12-83 复制分支器

（2）执行"复制"命令（CO），捕捉原系统元件的圆心为基点，距离分支器右侧 707mm，再捕捉原系统元件的中心点为基点，水平向右复制 5 份，复制距离均为 1100mm，如图 12-84 所示。

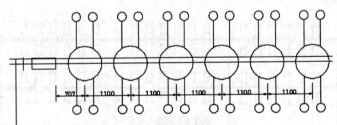

图 12-84 复制原系统元件

（3）执行"复制"命令（CO），选中所有复制的电气元件符号，并捕捉分支器的右垂直中心点为基点，垂直向下复制距离分别为 3601mm、4469mm 和 3601mm 的对象，效果如图 12-85 所示。

（4）执行"复制"命令（CO），选择上一步所复制的所有电气元件，捕捉分支器右垂直中心点为基点，水平向右复制距离均为 8350mm 的对象，如图 12-86 所示。

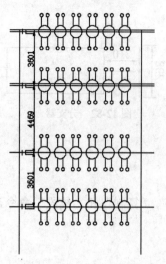

图 12-85　复制电气元件

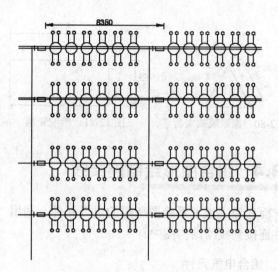

图 12-86　复制电气元件

（5）执行"移动"命令（M），选中并捕捉上一步所得到的图形上两组电气元件分支器的右垂直中心点为基点，垂直向上移动 122mm，如图 12-87 所示。

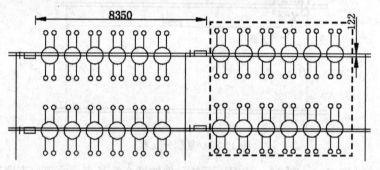

图 12-87　移动电气元件

（6）执行"镜像"命令（MI），中间水平垂直的四组电气元件，水平向右镜像复制操作，如图 12-88 所示。

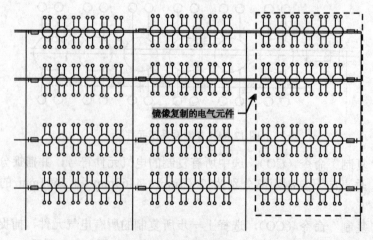

镜像复制的电气元件

图 12-88　镜像操作

在镜像操作时，以左起数第 3 个垂直线段为镜像线进行镜像复制操作即可。

2．绘制分支线路 1

从图 12-61 分析，该系统图主要是由 4 部分的内部分支线路段组成，下面将介绍如何绘制分支线路段。

（1）执行"复制"命令（CO），捕捉二分配器右垂直线段的上端点为基点，复制到上侧数由上至下数第 4 条水平线段与垂直线段相交处，如图 12-89 所示。

再复制二分配器至交点处时，先将其旋转 90°，然后在捕捉右垂直线段的上端点至交点处即可。

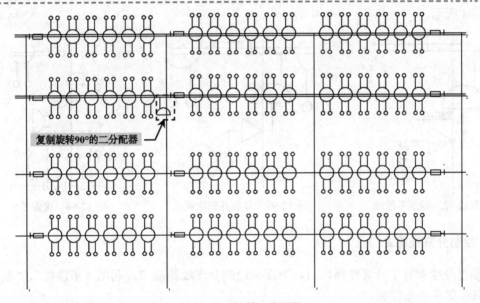

复制旋转90°的二分配器

图 12-89 复制二分配器

（2）执行"多段线"命令（PL），捕捉复制的二分配器的下水平中点为基点，按照如图 12-90 所示的尺寸绘制多段线。

要复制原系统放大器时，要先将其旋转 90°，然后在指定位置处。

（3）执行"复制"命令（CO），捕捉旋转后的原系统放大器的左顶点为基点，复制到如图 12-91 所示的指定位置。

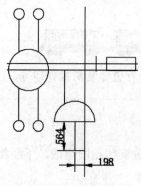

图 12-90　绘制线段

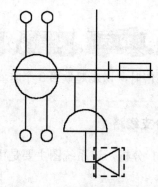

图 12-91　复制原系统放大器

（4）执行"多段线"命令（PL），捕捉原系统放大器的右垂直中心点为起点，按照如图 12-92 所示的尺寸绘制多段线。

（5）执行"复制"命令（CO），捕捉二分配器的左此线段与圆弧的交点为基点，复制到如图 12-93 所示指定的位置。

（6）执行"镜像"命令（MI），选中二分配器、原系统放大器和上一步复制的二分配器，捕捉二分配器的左中心点为镜像点，垂直向下镜像复制操作，从而完成分支线路段 1，如图 12-94 所示。

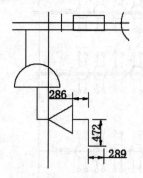

图 12-92　绘制多段线

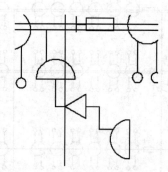

图 12-93　复制并删除线段

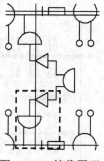

图 12-94　镜像图形

3．绘制分支线路 2

前面已经绘制好了分支线路段 1，下面来绘制分支线路段 2，利用"多段线"、"复制"和"旋转"等命令来绘制。

（1）执行"多段线"命令（PL），捕捉分支线路段的右侧二分配器的垂直中点为起点，按照如图 12-95 所示的尺寸绘制多段线。

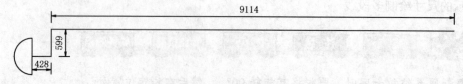

图 12-95　绘制多段线

（2）利用多段线命令和复制命令，将二分配器和原系统放大器复制到如图 12-96 所示的指定位置处。

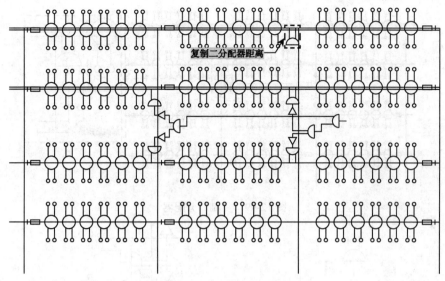

复制二分配器距离

图 12-96 绘制并复制

（3）利用复制、镜像和多段线命令，将二分配器和原系统放大器复制到如图 12-97 所示的指定位置，并按图中的尺寸绘制多段线。

（4）执行"多段线"命令（PL），捕捉右侧二分配器的垂直中心点为起点，按照如图 12-98 所示的尺寸绘制多段线，复制二分配器和直线，从而完成分支线路 2。

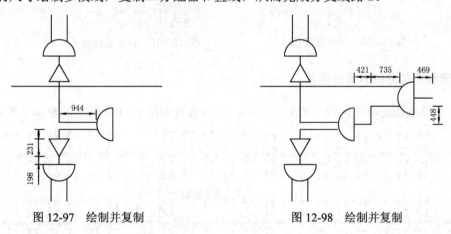

图 12-97 绘制并复制　　　　　　　　图 12-98 绘制并复制

4．绘制分支线路 3 和 4

前面已经绘制好了分支线段 1 和 2，接下来绘制分支线 3 和 4，利用"多段线"和"复制"等命令。

（1）执行"复制"命令（CO），将二分配器复制在分支线路 2 的上侧处，按照如图 12-99 所示的位置复制二分配器。

（2）执行"复制"命令（CO）和多段线命令，按照如图 12-100 所示的尺寸绘制多段线，按图中的指定的位复制原系统放大器，从而完成第 3 部分的分支线路。

（3）执行以上相同的命令，在与分支线路 3 同一垂直线段下侧处，按照如图 12-101 所示的尺寸绘制第 4 部分的分支线路，从而完成第 4 部分的分支线路。

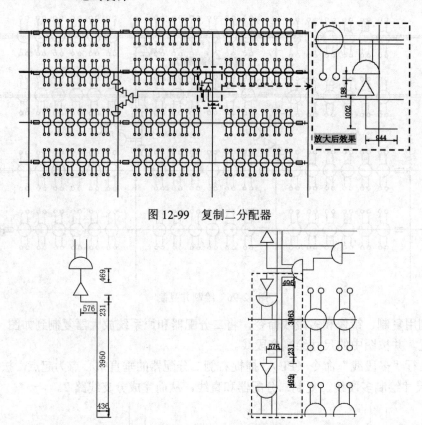

图 12-99　复制二分配器

图 12-100　分支线路段 3　　　　图 12-101　分支线路段 4

5．查看四部分的分支线路段

前面已经绘制完成了四部分的分支线路，可以查看如图 12-102 所示的整体系统图。

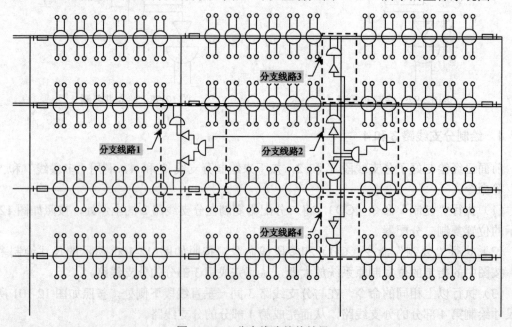

图 12-102　分支线路整体效果

（1）执行"修剪"命令（TR），将系统图的多余的线段修剪掉，效果如图 12-103 所示。

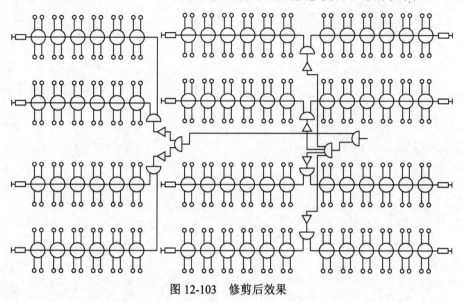

图 12-103　修剪后效果

12.3.5　添加文字注释

在前面已经绘制好了有线电视网系统图的相关图形，接下来在图形的相应位置添加相关的文字说明。

（1）在"图层控制"下拉列表框中，将"文字说明"图层设置为当前图层。

（2）执行"多行文字"命令（MT），在图形的下侧添加相关的文字说明，文字高度为"300"，如图 12-104 所示。

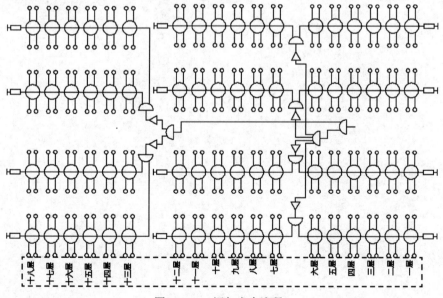

图 12-104　添加文字注释

（3）至此，该建筑的有线电视网系统图已经绘制完成，按【Ctrl+S】键保存。